普通高等教育智能飞行器系列教材

机器学习与航空航天中的结构动力学

杨智春　王　乐　编著

科学出版社
北　京

内 容 简 介

本书内容涉及航空航天结构动力学的基础理论——单自由度系统的振动、多自由度系统的振动，以及航空航天结构动力学建模与分析的基本原理与方法，着重介绍结构动力学有限元模型修正、结构动载荷识别、基于振动的结构损伤检测等航空航天结构动力学分析及应用的高阶问题的基本原理与方法，突出以深度学习为代表的机器学习在结构动力学相关问题中的应用原理与方法，以帮助读者将机器学习与航空航天中的典型结构动力学问题融会贯通，应对大数据和人工智能时代的挑战。

本书可作为高等学校航空航天类专业高年级本科生及低年级研究生的教材，也可作为从事相关领域的工程技术人员的参考书。

图书在版编目（CIP）数据

机器学习与航空航天中的结构动力学 / 杨智春，王乐编著. — 北京 : 科学出版社，2024. 12. --(普通高等教育智能飞行器系列教材).
ISBN 978-7-03-080388-7

Ⅰ. V27-39

中国国家版本馆 CIP 数据核字第 2024ZN3181 号

责任编辑：潘斯斯　张丽花 / 责任校对：王　瑞
责任印制：师艳茹 / 封面设计：迷底书装

科学出版社 出版
北京东黄城根北街 16 号
邮政编码：100717
http://www.sciencep.com

北京九州迅驰传媒文化有限公司印刷
科学出版社发行　各地新华书店经销
*
2024 年 12 月第　一　版　开本：787×1092　1/16
2024 年 12 月第一次印刷　印张：12 1/4
字数：290 000

定价：80.00 元

（如有印装质量问题，我社负责调换）

“普通高等教育智能飞行器系列教材”编委会

序

星河瑰丽，宇宙浩瀚。从辽阔的天空到广袤的宇宙，人类对飞行、对未知的探索从未停歇。一路走来，探索的路上充满了好奇、勇气和创新。航空航天技术广泛融入了人类生活，成为了推动社会发展、提升国家竞争力的关键力量。面向“航空强国”“航天强国”的战略需求，如何培养优秀的拔尖人才十分关键。

“普通高等教育智能飞行器系列教材”的编写是一项非常具有前瞻性和战略意义的工作，旨在适应新时代航空航天领域与智能技术融合发展的趋势，发挥教材在人才培养中的关键作用，牵引带动航空航天领域的核心课程、实践项目、高水平教学团队建设，与新兴智能领域接轨，革新传统航空航天专业学科，加快培养航空航天领域新时代卓越工程科技人才。

该系列教材坚持目标导向、问题导向和效果导向，按照“国防军工精神铸魂、智能飞行器领域优势高校共融、校企协同共建、高层次人才最新科研成果进教材”的思路，构建“工程单位提需求创背景、学校筑基础拔创新、协同提升质量”的教材建设新机制，联合国内航空航天领域著名高校和科研院所成体系规划和建设。系列教材建设团队成功入选了教育部“战略性新兴领域‘十四五’高等教育教材体系建设团队”。

在教材建设过程中，持续深化国防军工特色文化内涵，建立了智能航空航天专业知识和课程思政育人同向同行的教材体系；以系列教材的校企共建模式为牵引，全面带动校企课程、实践实训基地建设，加大实验实践设计内容，将实际工程案例纳入教材，指导学生解决实际工程问题、增强动手能力，打通“从专业理论知识到工程实际应用问题解决方案、再到产品落地”的卓越工程师人才培养全流程，有力推动了航空航天教育体系的革新与升级。

希望该系列教材的出版，能够全面引领和促进我国智能飞行器领域的人才培养工作，为该领域的发展注入新的动力和活力，为我国国防科技和航空航天事业发展作出重要贡献！

侯晓

中国工程院院士　侯晓

前　言

结构动力学及其相关问题是发展航空航天技术所必须面临的一个重要问题，随着我国向制造强国、航天强国迈进，对各类航空航天装备的结构性能要求越来越高，而其工作环境却越来越恶劣，随之出现的结构动力学问题更为凸显。近年来，以深度学习为代表的机器学习方法在解决相关工程问题上显现出了传统方法难以企及的优势，在处理若干典型航空航天结构动力学问题上均取得了一定的进展。党的二十大报告指出：“推动战略性新兴产业融合集群发展，构建新一代信息技术、人工智能、生物技术、新能源、新材料、高端装备、绿色环保等一批新的增长引擎。”学生弄清典型航空航天动力学问题的基本概念、基本原理及基本方法，掌握以机器学习为代表的人工智能技术在航空航天战略性新兴领域的应用原理，有助于更好地理解和解决航空航天结构动力学问题，为应对大数据和人工智能时代的挑战做好准备。

本书是一本机器学习方法在航空航天结构动力学分析中应用的入门教材，内容涉及航空航天中的结构动力学基础理论、分析方法及应用。全书共 6 章：第 1 章介绍航空航天中结构动力学问题及机器学习方法在结构动力学中的应用现状；第 2 章介绍机器学习基础，包括传统机器学习方法、深度学习及相关神经网络模型；第 3 章介绍结构动力学基础理论，包括单自由度系统的自由振动、强迫振动，多自由度系统的振动方程、固有模态、频响函数矩阵和模态叠加法等结构动力学基本概念、基本原理和基本方法，以及航空航天结构动力学建模与分析的基本原则与方法；第 4 章介绍结构动力学有限元模型修正，着重讲述传统机器学习方法和深度学习方法等在模型修正中的应用；第 5 章介绍结构动载荷识别，着重讲述基于机器学习的动载荷识别方法中所涉及的动力学分析、响应特征信号提取，以及相关典型动载荷识别方法的基本原理与步骤；第 6 章介绍结构动力学分析的扩展应用——基于振动的结构损伤检测，着重讲述传统机器学习方法、深度神经网络方法在基于振动的结构损伤检测中的应用原理与实施步骤。

本书对第 3 章的相关内容提供了知识点拓展的微课视频，对第 3～6 章相关示例提供了 Python 程序源代码；书中最后配有思考题参考答案，读者扫描二维码可以查看或下载相关内容。

在本书编写过程中，编者以解决航空航天工程领域的结构动力学问题为导向，突出工程应用及工程思想，并融合团队相关最新科研成果，突出现代教材的高阶性和挑战性，以帮助读者将机器学习方法应用于解决航空航天工程领域中的典型结构动力学问题，并能达到融会贯通、举一反三的效果。

本书的出版得到了西北工业大学教材建设项目的资助，博士生袁博、杨特、田鑫海提供了第 4～6 章的相关素材及示例的 Python 程序，硕士生邱思奥提供了试验设计的相关素材、硕士生郭语校对了书中所有公式，太原科技大学贾有副教授对“结构动载荷识别”的部分内容提供了参考资料并提出了建设性意见。对以上的支持与帮助，编者在此一并表示感谢。另外，编写本书时参阅了相关文献资料，编者在此对文献的作者表示感谢。

由于编者水平有限，若书中存在不妥之处，敬请读者不吝指正。

编　者

2024 年 6 月

目　　录

第 1 章　绪论 …… 1

1.1　航空航天中的结构动力学问题 …… 1

1.1.1　结构动力学基本问题 …… 1

1.1.2　结构动力学模型修正概述 …… 4

1.1.3　结构动态载荷识别概述 …… 7

1.1.4　基于振动的结构损伤检测概述 …… 10

1.2　机器学习方法在结构动力学中的应用概述 …… 12

思考题 …… 14

第 2 章　机器学习基础 …… 15

2.1　传统机器学习方法 …… 15

2.1.1　响应面 …… 15

2.1.2　支持向量机 …… 16

2.1.3　人工神经网络 …… 18

2.1.4　遗传算法 …… 19

2.2　深度学习及相关神经网络模型 …… 21

2.2.1　卷积神经网络 …… 21

2.2.2　堆栈自编码器 …… 24

2.2.3　循环神经网络 …… 25

2.2.4　时延神经网络 …… 29

思考题 …… 30

第 3 章　结构动力学基础理论 …… 31

3.1　单自由度系统的自由振动 …… 31

3.1.1　无阻尼自由振动 …… 31

3.1.2　有阻尼自由振动 …… 35

3.2　单自由度系统的强迫振动 …… 39

3.2.1　简谐激励下的强迫振动 …… 39

3.2.2　周期激励下的强迫振动 …… 48

3.2.3　任意激励下的强迫振动 …… 49

3.3　多自由度系统及其固有模态 …… 56

3.3.1　振动方程 …… 57

3.3.2　固有模态 …… 59

3.3.3 固有振型的加权正交性 …… 60
3.3.4 固有振型的归一化方法 …… 61
3.4 多自由度系统的频响函数矩阵 …… 62
3.4.1 简谐力激励下的稳态响应 …… 62
3.4.2 频响函数矩阵 …… 64
3.5 多自由度系统的模态叠加法 …… 65
3.5.1 模态展开定理 …… 65
3.5.2 振动方程的解耦 …… 66
3.5.3 自由振动响应的模态叠加法 …… 67
3.5.4 强迫振动响应的模态叠加法 …… 69
3.5.5 单位脉冲响应矩阵与强迫振动响应求解 …… 70
3.5.6 频响函数矩阵与强迫振动响应求解 …… 72
3.5.7 模态叠加中的模态截断 …… 74
3.6 航空航天结构的动力学建模与分析 …… 75
3.6.1 动力学建模 …… 75
3.6.2 动力学分析 …… 75
3.6.3 典型示例 …… 78
3.6.4 集中参数三自由度振动系统 …… 80
思考题 …… 81

第 4 章 结构动力学有限元模型修正 …… 84
4.1 模型修正的基本概念 …… 84
4.1.1 为什么要进行模型修正 …… 84
4.1.2 什么是模型修正 …… 85
4.1.3 怎样进行模型修正 …… 85
4.2 模型修正的基本原理 …… 86
4.2.1 设计变量的选择 …… 87
4.2.2 目标函数的构建 …… 87
4.2.3 修正算法的实施 …… 92
4.3 基于机器学习的模型修正方法 …… 94
4.3.1 传统机器学习方法 …… 94
4.3.2 深度神经网络方法 …… 96
4.4 简化结构的模型修正示例 …… 100
4.4.1 基于灵敏度分析的模型修正 …… 101
4.4.2 基于遗传算法的模型修正 …… 103
4.4.3 基于深度神经网络的模型修正 …… 105
4.5 典型航空结构的模型修正示例 …… 109
4.5.1 机翼模型 …… 109

4.5.2 模态试验 …… 109
4.5.3 模型修正过程及结果 …… 111
思考题 …… 117

第 5 章 结构动载荷识别 …… 119
5.1 动载荷识别的基本概念 …… 119
5.1.1 为什么要进行动载荷识别 …… 119
5.1.2 什么是动载荷识别 …… 120
5.1.3 怎样进行动载荷识别 …… 120
5.2 结构动载荷识别的基本原理 …… 120
5.2.1 动载荷识别模型 …… 121
5.2.2 结构动力学响应的测试 …… 121
5.2.3 动载荷识别的不适定问题 …… 122
5.2.4 传统动载荷识别方法 …… 123
5.2.5 基于机器学习的动载荷识别原理 …… 127
5.3 基于机器学习的动载荷识别方法 …… 129
5.3.1 面向动载荷识别的结构动力学分析 …… 129
5.3.2 基于时延神经网络的动载荷倒序识别方法 …… 130
5.4 简化结构的动载荷识别示例 …… 132
5.4.1 基于频响函数矩阵求逆方法的动载荷频域识别 …… 133
5.4.2 基于时延神经网络的动载荷倒序识别 …… 134
5.5 典型航空结构的动载荷识别示例 …… 136
思考题 …… 140

第 6 章 基于振动的结构损伤检测 …… 141
6.1 结构损伤检测的基本概念 …… 141
6.1.1 为什么要进行结构损伤检测 …… 141
6.1.2 结构损伤检测的分类 …… 142
6.1.3 怎样进行结构损伤检测 …… 143
6.1.4 基于振动的结构损伤检测 …… 143
6.2 结构损伤检测的基本原理 …… 144
6.2.1 结构损伤特征参数 …… 145
6.2.2 结构损伤检测的典型方法 …… 152
6.2.3 结构损伤检测的主要问题 …… 155
6.3 基于机器学习的结构损伤检测 …… 156
6.3.1 传统机器学习方法 …… 157
6.3.2 深度神经网络方法 …… 158
6.4 简化结构的损伤检测示例 …… 163

6.4.1 基于内积向量的结构损伤检测 163
6.4.2 基于内积矩阵及卷积神经网络的结构损伤检测 165
6.4.3 基于传递率函数矩阵及卷积神经网络的结构损伤检测 167
6.5 典型航空结构的损伤检测示例 170
6.5.1 典型加筋壁板的螺栓松动检测 170
6.5.2 PMI 泡沫夹层复合材料结构脱黏损伤检测 175
思考题 180

思考题参考答案 181

参考文献 182

第 1 章 绪论

1.1 航空航天中的结构动力学问题

航空航天结构动力学研究飞行器结构在动态载荷(如振动载荷、冲击载荷)作用下的响应、稳定性与振动特性，以确保其在复杂环境中的安全可靠运行。通常，结构动力学问题包含振动问题与冲击问题，本书只涉及航空航天结构的振动相关问题。在结构动力学研究中，通常将能产生运动的机械部件、工程结构等研究对象称为动力学系统或振动系统，简称系统；将初始扰动、激励等外界因素对动力学系统的作用统称为外激励，简称激励；将动力学系统在激励作用下产生的振动运动称为动力学响应或振动响应，简称响应。根据激励、系统、响应的关系，通常将结构动力学划分为三类问题，如图 1-1-1 所示。第一类问题，已知激励及系统参数求解响应，称为振动分析或动力学分析；第二类问题，已知响应及激励求解系统参数，称为系统辨识或参数辨识；第三类问题，已知系统参数及响应求解激励，称为动载荷识别。第一类问题属于结构动力学中的正问题，而后两类问题则属于结构动力学中的反问题，也称逆问题。

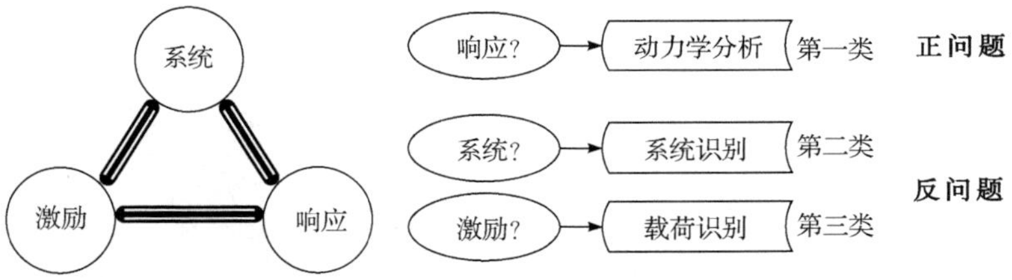

图 1-1-1　三类结构动力学问题

航空航天工程中的结构动力学问题主要包括结构动力学基本问题、结构动力学模型修正、结构动载荷识别等，除此之外，结构动力学分析的扩展应用(如基于振动的结构损伤检测)也是航空航天工程中的一个重要问题。

1.1.1 结构动力学基本问题

结构动力学基本问题是研究其他结构动力学问题的基础，通常包含结构动力学建模、模态分析和响应分析三个方面的内容。

1. 结构动力学建模

结构动力学建模通常指结构动力学有限元建模，是进行结构动力学仿真分析的基础，就是将结构离散化为有限个单元(元素)，这些有限个单元通过节点相互连接，单元内的位移或变形，可以通过节点位移按一定规则(称为插值函数或形函数)插值而得到。这些节点位移就是结构动力学分析所要求解的变量。当然，在求解前，需要对结构施加合理的边界条件及激励载荷和(或)初始条件。结构动力学有限元建模合理与否，直接影响结构振动响应的计算精度及效率，其原则是在满足精度要求的前提下，尽量使模型简化以减少计算分析的工作量。结构动力学有限元建模必须分清主要因素和次要因素，抓住主要矛盾，确定必须进行详细分析和可以简化分析的部件(或部位)。例如，分析机翼结构的振动特性时，机翼结构就应该进行详细的模拟，而机身、垂直尾翼和水平尾翼的结构就可以进行较大的简化。与着眼于细节强度分析的结构静力学有限元模型相比，结构动力学有限元模型着眼于结构总体特性，一般可以在静力学有限元模型的基础上进行简化并加入单元的质量、阻尼特性来得到。但随着计算能力的提高，航空航天工程中通常也会直接采用静力学模型，加入单元的质量、阻尼特性进行动力学分析。

建立结构动力学分析的有限元模型时，应特别注意各部件之间的相对几何位置和连接形式、连接刚度，并充分反映真实结构的传力形式。图 1-1-2 给出了某客机的全机结构动力学有限元模型。该飞机的机身、机翼、水平尾翼、垂直尾翼、发动机，以及副翼、升降舵、方向舵均简化为空间梁模型。机翼、水平尾翼、垂直尾翼与机身之间用刚性元件和弹簧元件连接；副翼和机翼之间、升降舵和水平尾翼之间、方向舵和垂直尾翼之间分别用若干刚性元或弹性元连接；发动机与机翼采用广义元连接。为后续直观显示固有振型，参照翼面前后缘、机身的几何轮廓，还建立了附加的节点和线单元，这些节点通过刚性元固连于对应站位处的结构节点上，注意这些附加的单元不提供任何刚度和质量。

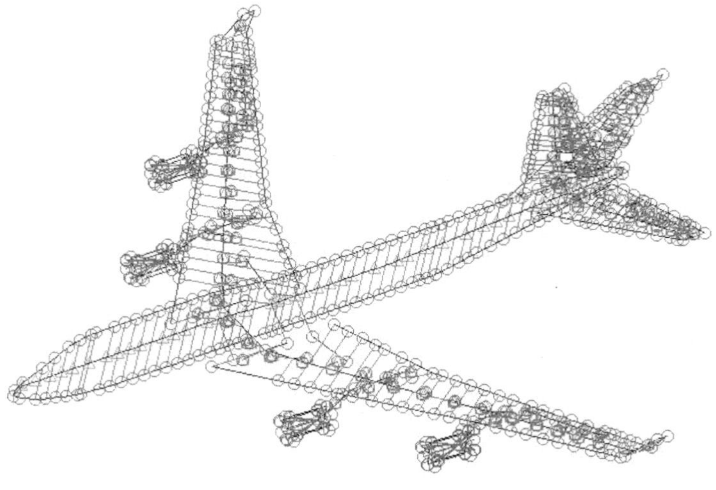

图 1-1-2　某客机的全机结构动力学有限元模型

2. 模态分析

模态分析就是获取结构的固有振动特性，包含固有(模态)频率及固有(模态)振型。广义的模态分析包含通过数值计算手段获取固有振动特性的计算模态分析(通常也称模态计算，这属于结构动力学正问题)以及通过试验手段获取固有振动特性的试验模态分析(通常也称模态识别，这属于结构动力学逆问题)。结构的固有振动特性是描述结构振动特性的重要参数，模态分析是结构动力学在工程应用中最基本、最重要的一项工作。

计算模态分析工作在数学上归结为已知结构质量矩阵 $\boldsymbol{M}$ 及刚度矩阵 $\boldsymbol{K}$ 的一个广义特征值计算问题，目前计算广义特征值问题的数值方法已经非常完善，各种特征值计算方法均有成熟的计算程序可以直接使用，具体的算法流程可查阅相关参考文献，这里仅简要介绍各种方法的使用原则：①对于自由度不多的系统，广义特征值问题的阶次不高，计算部分模态与全部模态的工作量差异不大，可采用诸如 Jacobi 法或 QR 法等矩阵变换法；②对于自由度巨大的系统，广义特征值问题阶次很高，计算全部模态的计算量太大也没有必要，通常仅需要计算若干低阶模态(通常外激励频带仅覆盖结构的若干低阶固有频率)，可采用诸如子空间迭代法、Lanczos 法等特征值迭代计算方法。

按照激励方式划分，试验模态分析方法主要有三种，即锤击法、激振器激励法以及自然激励的工作模态测试方法[1]。锤击法和激振器激励法是实验室及一般工程测试中最常用的模态测试方法，均以频响函数测量为基础，频响函数在频域内描述了结构输出响应与输入激励的关系。工作模态测试，顾名思义，就是在结构或设备正常工作的状态下实现模态测试，采用结构实际工作时的工作载荷作为激励或环境激励作为激励，仅测试结构的响应数据，来实现模态参数的识别。在以频响函数为基础的频域模态识别方法中，是以测试的频响函数为目标，通过确定理论频响函数中的相关参数，使得理论频响函数与测试频响函数之间误差最小，进而利用理论频响函数确定结构的模态参数。目前，模态识别有很多成熟方法，包括：①用于弱耦合模态的单自由度模态识别技术；②用于强耦合模态的多自由度模态识别技术；③用于稳态测量的全局模态识别技术；④用于非稳态测量的局部模态识别技术；⑤用于多输入多输出测量的多参考点模态识别技术。目前在工程领域中应用最为广泛的是 PolyMAX 模态识别技术，也称为多参考点最小二乘复频域法(polyreference least squares complex frequency domain method)，它是最小二乘复频域法的多输入形式。

3. 响应分析

响应分析是指结构动力学响应分析，也称动响应分析或振动响应分析，包含通过数值仿真手段获取结构动响应的动响应仿真分析(通常也称动响应计算)以及通过试验手段获取结构动响应的动响应试验分析(通常也称动响应测试)。动响应是描述结构振动响应水平的物理量，其大小直接与描述结构承载特性的刚度或强度指标相关，其分析结果对工程结构的设计及改型具有重要的指导意义。

动响应数值仿真分析就是在给定的初始条件(包括初始位移和初始速度)下求解结构的振动运动微分方程(简称振动方程)，一般包含频域分析法和时域分析法。频域分析法是在结构频响函数矩阵确定(根据频响函数矩阵定义，当结构系统的动力学模型确定后，其频响函数矩阵就完全确定)的情况下，利用矩阵运算求得响应，具有计算量小、容易实现的优点，但只能用于求解线性系统的稳态响应。而时域分析法一般是采用数值积分法来求解结构振动方程，是指在对振动方程进行求解前，不对其进行任何形式的变换，而是按给定的时间步长对其振动微分方程进行逐步的数值积分来获得振动方程的解。针对工程结构的瞬态响应分析或非线性响应分析，就只能借助于时域法，且完成时域振动响应分析之后，也可利用傅里叶变换来获得频域响应结果。工程上常见的直接积分法包括中心差分法、线性加速度法、Wilson-θ法、Newmark 法、Runge-Kutta 法以及精细积分法等，对其具体的方法原理感兴趣的读者可查阅文献[1]～[3]。

动响应试验分析一般可分为两类，一类是在结构或设备的真实工作状态下对其进行响应测试，另一类是实验室模拟的振动环境试验中的响应测试，其目的都是测试结构的时域或频域振动响应，检验结构在振动环境下的响应量级以及能否正常工作，并服务于结构的故障处理或改型设计。针对第一类动响应测量，由于直接测试结构在工作状态下的动响应，结构的激励来源于真实的工作环境，因此不涉及对激励系统的相关要求。针对第二类响应测量，即通常所说的振动环境试验，对激励的施加要求是一项重要内容，一般都是按照相关行业标准，设置需要的振动环境谱，利用带闭环控制的振动台模拟出所要求的激励环境来进行振动试验，对其具体要求感兴趣的读者可查阅文献[1]和[4]。

1.1.2 结构动力学模型修正概述

模型修正一般指结构的有限元模型修正，在结构动力学领域是指结构动力学有限元模型修正。结构动力学有限元模型修正技术发展至今，大致可分为三个层次：人工模型修改、计算模型修正(model updating，MU)以及模型验证与确认(verification and validation，V&V)。

人工模型修改就是建模人员凭借一些工程经验，通过人工修改方式，直接调整理论模型中的一些初始参数。人工模型修改方法不需要复杂的理论推导，但只有在建模人员具有相当丰富的有限元建模工程经验，并对结构的动力学特性有一定了解的前提下，才能得到较高质量的理论模型。在经验和信息不足的情况下进行人工模型修改，有时不仅不能提高模型的质量，反而会导致模型质量下降。因此，人工模型修改一般应用于一些简单结构的动力学模型修正，或者用于模型修正的初期阶段。

计算模型修正，也就是通常所说的模型修正，它是建模人员利用结构动力学理论和某种优化算法，编程后由计算机自动完成模型修正过程。计算模型修正一般需要较为复杂的优化计算过程，但随着计算机技术的迅速发展，这些问题大都得到了很好的解决，同时计算模型修正使用了优化算法，从理论上讲，能够得到质量更高的理论模型。

模型验证与确认是指通过计算和试验两个方面的分析，对有限元模型在设计空间的响应预报精度进行验证和确认，并在此基础上进行模型修正，为进一步的应用提供精确可信的有限元模型及响应的计算方法，通常其包含五个基本步骤，如图 1-1-3 所示。模型确认通常用四个指标来评价有限元模型：①有限元模型必须能重现模型修正过程中所使用的频带内的测试数据；②有限元模型可以估计在模型修正过程中所使用的频带以外的测试数据；③有限元模型可以估计不同加载条件下的频响函数，而不局限于模型修正过程中使用的加载条件；④有限元模型可以估计结构变化以后的测试数据(如添加质量、添加子结构或者改变边界条件)。其中第一个指标是对有限元模型最低的要求，后面三个指标可以根据模型的用途来判断其是否需要满足。

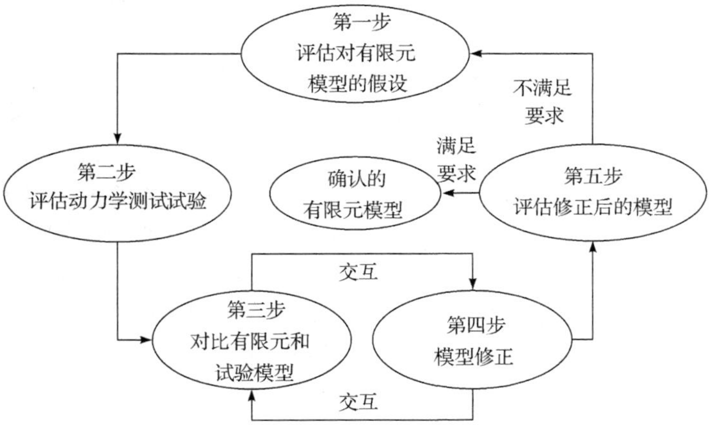

图 1-1-3　模型验证与确认的基本步骤

模型确认是模型修正的最高层次，而模型修正是模型确认的一个最重要的环节，通常采用实测数据对初始有限元模型中的不准确参数进行修正，使得修正后的有限元模型在一定精度范围内可准确描述实际模型。模型修正通常涉及待修正参数的选择、目标函数的构建及修正算法的选择三个重要方面。

1. 待修正参数

通常由于一些假设及简化，初始有限元模型往往包含模型类型误差、模型阶次误差及模型参数误差。模型类型误差通常与选择模型类型有关，一般只能结合经验并通过较为合理的模型假设来降低。模型阶次误差可以通过有限元网格的细分及相应的模型缩聚技术进行减小。因此，模型修正过程中一般修正的就是模型参数误差，也就是有限元模型的初始参数，即模型修正优化算法中的设计变量，如物理参数(如密度、弹性模量等)、几何尺寸(如厚度、截面面积等)以及边界约束等，通常真实结构的边界约束并不是理想约束，可能会存在边界质量、边界阻尼或边界刚度效应等。设计变量的选取原则上应参考初始模型的误差来源，结合目标函数对设计变量的灵敏度分析，选择那些对目标函数灵敏度较高的模型参数作为最终的设计变量。

2. 目标函数

目标函数是描述模型的理论特性与模型的试验特性相关程度的一个数学表达式，由结构的动力学特征参数组成，表示理论模型与试验模型参数之间的误差，通常，结构动力学有限元模型修正归结为一个目标函数的最小化问题。近年来，在结构动力学有限元模型修正研究中，目标函数所使用的动力学参数主要包括模态参数、频响函数及动力学响应。

1) 基于模态参数的模型修正方法

模态参数主要包括固有频率、固有振型、模态阻尼等，然而由于模态阻尼受测试条件及环境的影响较大，基于模态参数的结构动力学有限元模型修正研究主要集中于以固有频率及固有振型为目标函数的修正方法。固有频率是结构的固有振动特性，其测量较为容易且精度较高，因此常用理论计算与试验测试固有频率的误差来组成模型修正的目标函数。由于固有频率包含的结构信息相对较少，后来出现了以固有振型为目标函数的模型修正方法。然而，单独使用固有振型往往会丢掉较为准确的固有频率信息，因此一种更加合理的方法是联合使用固有频率和固有振型作为目标函数，而固有振型主要通过直接和间接两种模式加入到目标函数中。直接利用固有振型的模型修正分为两种形式：第一种是直接使用理论模型与试验模型的各阶固有振型差值的范数作为目标函数；另一种是使用理论模型与试验模型各阶固有振型的模态置信准则(modal assurance criterion，MAC)作为目标函数。间接利用固有振型作为目标函数的模型修正方法得到相当广泛的使用，在这些方法中，固有振型一般作为参数参与到目标函数的建立中，如应变能法、反共振频率法、柔度矩阵法以及其他的一些方法等。

2) 基于频响函数的模型修正方法

模态参数只表示在共振频率附近的结构动力学特性，而频响函数则表示结构在一个较宽的频率范围内的动力学特性。因此，直接使用频响函数进行模型修正可以利用更为丰富的结构信息，且与模态参数相比，直接使用频响函数避免了模态参数识别过程中的误差。在这类方法中，包括基于理论与实测频响函数的误差来建立目标函数，以及利用频响函数的形状相关系数和幅值相关系数来建立目标函数。频响函数虽然包含了丰富的结构动力学信息，然而正如使用固有振型的模型修正方法一样，频响函数的测试精度也将直接影响基于频响函数的模型修正的效果。

3) 基于动力学响应的模型修正方法

虽然频响函数在模型修正中有较多的优越性，但是在有些场合(如环境激励下的在线测试)，却很难测定输入的激励信号，因而很难获得这些情况下的频响函数。这样，就出现了一些直接或间接使用动力学响应的模型修正方法。最基本的方法就是利用时域动力学响应建立目标函数，然而时域响应的测量往往受外界因素影响较大，因此大部分基于响应信号的模型修正方法都使用频域响应，包括响应频谱、传递率函数、定频激励下的工作变形模态等。与固有振型及频响函数一样，动力学响应的测试精度也将直接影响基于动力学响应的模型修正结果的精度。

3. 修正算法

模型修正所使用的算法可分为直接算法和迭代算法两种。直接算法只需要一次计算即可得到模型参数的修正值，一般仅仅利用矩阵运算或者方程组的求解等相关计算技术；迭代算法需要多次重复地运算才能得到模型参数的修正值，一般需要选择设计变量、建立目标函数及相应的优化迭代算法。

1) 直接算法

通常模型修正的直接算法是矩阵型直接算法，即通过矩阵变换及分解来求解模型参数的修正值，其计算效率较高，适合大型超高自由度结构的模型修正。众所周知，对于矩阵可以进行各种各样的变换及分解，这就出现了种类繁多的模型修正直接算法。例如，以矩阵范数的形式构建出表示有限元模型计算数据与实测数据误差的目标函数，然后使用最小二乘的思想直接解得结构的刚度矩阵和质量矩阵。对于大部分基于矩阵运算的直接算法，并没有明确的设计变量，导致修正后的刚度矩阵和质量矩阵的物理意义不明确，甚至丧失其原有的对称性和稀疏性。为了解决这一问题，出现了具有设计变量的直接算法，即参数型直接算法。这些算法一般通过矩阵运算构造出一个以设计变量为未知量的超静定方程组，然后基于最小二乘解的思想，直接求得设计变量的修正值。

2) 迭代算法

迭代算法是模型修正中最广泛使用的方法，一般均为参数型修正方法，通过构造描述有限元计算与试验测试动力学特征参数误差的目标函数，并选择一定的设计变量，然后使用特定的方向及步长逐步更改设计变量值，通过不断的迭代过程，使目标函数最小化来达到修正的目的。这类方法一般首先建立有限元计算与试验测试动力学特征参数(如模态数据、频响函数、响应信号等)的误差向量，然后通过相关加权原则结合误差向量建立目标函数，最后基于灵敏度分析建立迭代算法。这种基于灵敏度分析的迭代方法最关键的一步就是结构动力学特征参数的灵敏度分析。对于动力学特征参数与设计变量之间关系相对简单的模型，可以得到灵敏度矩阵的解析解，然而对于绝大部分灵敏度分析，只能依靠数值解法。

1.1.3 结构动态载荷识别概述

动态载荷识别在结构动力学领域也简称动载荷识别，是指通过测试振动结构的动力学响应，按照一定的识别方法，得到结构上所作用的动态载荷，为后续的工程结构动强度设计，特别是为结构振动疲劳特性评估提供动态载荷基础。动载荷识别也是航空航天领域的一项重要工作。如前所述，动载荷识别问题属于结构动力学的第二类反问题，它是根据结构在动载荷作用下的振动响应(应变、位移、加速度)和模态参数(固有频率、固有振型、模态阻尼比等)来确定结构所受动载荷的过程，一般动载荷识别的过程如图 1-1-4 所示。

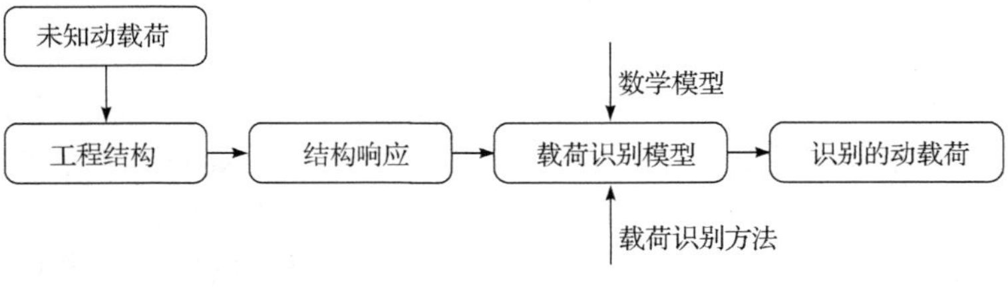

图 1-1-4 动载荷识别过程

动载荷识别方法最早是 20 世纪 70 年代中期在航空领域中被提出来的，当时是为了能够更准确地了解飞机飞行过程中的受载情况，飞机设计工程师将动载荷识别纳入飞机的载荷设计工作中。经过几十年的不断发展，动载荷识别技术已经有了长足的进步，国内外一些学者先后对动载荷识别方法进行了研究。下面通过动载荷识别的核心问题及典型识别方法，对动载荷识别问题进行介绍。

1. 动载荷识别的核心问题

1) 结构动力学建模

根据图 1-1-4 的动载荷识别过程，为了进行结构的动载荷识别，首先需要建立一个能够反映结构动力学特性的数学模型。如 1.1.1 节所述，工程结构的动力学建模通常采用有限元素法，将具体的工程结构进行必要的简化处理，并采用合理的力学假设，将工程结构这种复杂的连续系统，离散成为具有有限多个自由度的离散系统，再结合系统的输入输出建立结构动力学微分方程。有限元素法建模原理简单，但是在具体建模过程中所采用的各种假设和简化处理都与建模人员的工程实践经验有很大的关系。在将具体结构的物理模型转化为力学模型、再建立其数学模型的过程中，不可避免地会产生一定的模型误差。当模型误差达到一定程度时，动载荷的识别精度就会受到很大的影响。为了避免模型简化和相关假设带来的模型误差，可结合相关试验测试数据，利用 1.1.2 节中的相关模型修正技术对初始有限元模型进行修正，以获得满足动载荷识别的结构动力学模型。

2) 结构振动响应测试

准确获取结构的振动响应是进行动载荷识别的前提，结构的振动响应可以通过传感器从振动结构上直接测量得到。为了提高动载荷识别的精度，测量结构振动响应时需要注意两个方面的问题。一方面的问题是传感器的优化布局，传感器位置布置不当，就得不到充分的动响应信息，甚至会导致系统矩阵出现病态，进而降低动载荷识别的精度。因此在布置传感器时需要考虑两个因素，即传感器布置的数量和传感器布局的优化。在大部分动载荷识别方法研究的文献中，对传感器布局优劣的评价都是基于根据测试得到的动力学响应所建立的系统矩阵条件数来进行的。另一方面的问题是振动响应的准确测试，在振动响应的测试过程中，要尽可能减少各类测试噪声的干扰，提高响应测试的信噪比，确保振动响应数据的可靠性。需要指出的是，对于同一种动载荷识别方法，采用不同的振动响应类型会得到不同精度的动载荷识别结果，因此，在选择振动响应类型时需要兼顾到动载荷识别方法的特点和动载荷的类型，例如，用应变响应识别低频动载荷，比用加速度响应识别低频动载荷的精度要高。

3) 动载荷识别方法

任何一种动载荷识别方法都不可能较准确地识别出所有类型的动载荷，这就需要根据实际情况以及对动载荷类型的预先估计，来选取合适的动载荷识别方法。如前所述，动载荷识别问题属于结构动力学的第二类反问题，对工程中的任何反问题进行数学求解时，都需要首先将问题进行离散化，转换为一个有限维数学问题进行求解。对于有限维数学问题的计算，数学上已经有了相当成熟的各种算法，如 QR 算法和奇异值分解等。从数学角度上来讲，大部分反问题都是不适定问题，即反问题至少不满足解的存在性、唯一性和稳定性三个条件中的一个。对于工程中的动载荷识别问题，存在性是必然满足的，因为引起结构振动响应的外载荷肯定是存在的，否则振动响应不会产生。另外两个条件中，当不满足唯一性条件时，称为秩亏损问题，当不满足稳定性条件时，称为离散不适定问题。离散不适定问题的表现，就是结构振动响应的微小变化将会使识别的动载荷产生很大的误差。为了解决秩亏损问题，通常的做法是让振动响应测量点的个数远远大于载荷作用点的个数，使得离散后的代数方程能够在超定条件下进行求解计算。解决离散不适定问题，则需要选择合适的正则化方法，正则化方法是指在求解过程中加入适当的附加条件或边界约束，以便得到稳定的正则化解，其中最常用的就是 Tikhonov(吉洪诺夫)正则化方法。

2. 动载荷识别的典型方法

根据结构模型的特点，可将动载荷识别方法分为确定性结构的动载荷识别方法与不确定性结构的动载荷识别方法两大类。

1) 确定性结构的动载荷识别方法

经过多年的不断发展，已经发展出多种确定性结构的动载荷识别方法，根据动载荷识别方法的类型，可将其划分为直接求逆法、正则化方法、卡尔曼滤波算法和随机方法等。

直接求逆法是先根据结构动力学(正问题)分析理论，建立动载荷与结构振动响应之间的关系式，再通过直接求逆运算来确定动载荷的一种识别方法。直接求逆法原理简单，且易于实施，可以很方便地应用于频域和时域动载荷识别方法中，是早期进行动载荷识别的一种常用方法，但是求逆过程中系数矩阵的病态性和测试噪声的引入，在很大程度上会影响这类方法的识别精度。于是，在后来的动载荷识别方法中引入了正则化思想。

正则化方法最早是在 20 世纪 60 年代由 Tikhonov 提出来的，它是解决不适定问题的有效方法，其基本思想是通过对不适定问题施加合理的附加条件或者边界约束，求出一组可以接受的正则化解，然后从这一组正则化解中挑出最适合方程的解。目前动载荷识别方法研究中常用的正则化方法有两种：直接正则化方法和迭代正则化方法。直接正则化方法一般是通过矩阵分解方式来进行计算的，常用的直接正则化方法有奇异值分解方法、广义奇异值分解方法、截断奇异值分解方法、总体最小二乘方法、Tikhonov 正则化方法等。直接正则化方法是动载荷识别中处理小规模不适定问题的有效方法，它们的收敛速度很快，而且比较稳定，但是当不适定问题的规模很大时，直接正则化方法就显得逊色。迭代正则化方法是动载荷识别中，求解大规模线性、非线性不适定问题的有效方法，它是通过对矩阵和向量的迭代来逼近真实的系统矩阵，同时也使迭代向量收敛到最佳正则化解，常用的迭代正则化方法有牛顿迭代方法、Landweber 迭代方法、共轭梯度方法、Levenberg-Marquardt 迭代方法等。

卡尔曼滤波理论是一个非常著名的状态估计理论，由于其估计的准确性，常被作为状态估计器来估计系统的运行状态。自从 1960 年该理论被提出以后，它就被广泛应用于工程领域中，根据该理论建立的卡尔曼滤波算法，是一种递归的数据处理算法，它不需要存储过多的历史信息，而只需要不断地更新信息，因而占用的计算机存储空间非常小，是一种有效的在线状态估计算法，可以实时地识别工作系统的最新状态。为了了解工程结构所受到的动载荷信息，研究人员引入卡尔曼滤波算法，并与递归最小二乘法相结合来识别结构上的动载荷。为了将该动载荷识别算法推广到非线性系统中，研究人员又引入了扩展卡尔曼滤波算法，其基本思想是在状态估计的最后时刻，将系统模型中的非线性函数进行泰勒展开，略去展开式中的二阶以上的高阶项，得到非线性系统的线性化模型，从而就可以将卡尔曼滤波算法应用于非线性系统的动载荷识别中。

随机方法是从概率统计的角度来研究动载荷识别问题的一种方法，它主要应用于随机动载荷的识别问题。早期的随机动载荷识别方法都是基于直接求逆的思想，但是当该识别问题的病态性很严重时，随机动载荷的识别精度就会受到很大的影响。为了克服上述困难，研究人员在进行随机动载荷识别时引入了谱分解理论，从而形成了各种经典的随机动载荷识别方法，如逆虚拟激励法、加权矩阵法等。

2) 不确定性结构的动载荷识别方法

上面所述的动载荷识别方法都是针对确定性结构的，然而，实际工程结构中经常会存在难以准确确定的刚度参数、边界条件及阻尼参数等各种不确定性因素。这些不确定性因素使得结构实际的动力学特性与名义设计值之间存在较大的偏差，从而严重影响到动载荷识别的精度。因此，研究不确定性结构的动载荷识别方法具有重要的现实意义。不确定性结构的动载荷识别方法，是建立在描述不确定性结构的数学模型基础上的。

描述不确定性结构的数学模型主要有概率模型、模糊模型、凸模型和区间模型。这四种数学模型的分析方法各有侧重，选用什么样的数学模型来研究不确定性结构的动载荷识别应该根据实际情况来决定。如果工程结构中的不确定性因素的统计信息比较完备，且足以确定其概率分布函数，则采用概率模型可以得到比较准确的动载荷识别结果；如果结构中的不确定性因素的样本数据很少，只知道其大致的变化范围，则采用区间模型更合适。目前不确定性结构动载荷识别中常用的数学模型主要为概率模型和区间模型。概率模型也称随机模型，即将不确定性因素看成随机变量或者随机过程，利用概率统计的方法来研究不确定性现象。在概率模型框架下常用的方法有谱分析方法、Karhunen-Loève 展开法、非参数法、贝叶斯方法等。区间分析方法是一种不确定性分析方法。区间模型就是用区间变量来表示不确定性变量，利用区间分析方法来研究结构不确定性现象的一种数学模型。

1.1.4 基于振动的结构损伤检测概述

结构健康监测是航空航天领域的一个重要研究方向，一般指在服役期间定期观测结构的各种响应数据，提取结构损伤特征参数，进而根据对损伤特征参数的相关分析，判定结构当前的健康状态。具体来说，结构健康监测就是利用先进传感/驱动元件，在线实时获取与结构健康相关的物理信息(如应力、应变、温度以及振动响应、波传播特性等)，结合先进的信号信息处理方法，提取结构损伤特征参数，探测、定位结构损伤，确定损伤程度，实现结构安全性的自动化评估。众所周知，结构的振动响应信号中包含了大量的结构信息，且结构振动响应信号的测量相对较为简单、测试成本相对较低，以及计算机技术的飞速发展使得检测的自动化较为容易实现，与此同时，振动信号完全可以在结构的工作状态下采集，这就避免了对某些结构进行离线检测所带来的巨大经济损失。

由于振动响应测试显现出了其他测试方法所不具有的优点，基于振动的结构健康监测已成为结构健康领域研究的一个热点。在基于振动的结构健康监测研究中，随着传感测试技术的发展，各种能表征结构健康状态的原始振动响应信号均可以使用相关传感器测试获得。因此，基于振动的结构健康监测的核心技术就是如何从结构原始响应信号中提取结构损伤特征参数，并以此检测、定位结构损伤并确定其损伤程度，这也是基于振动的结构损伤检测的研究范畴。可以说，基于振动的结构损伤检测是基于振动的结构健康监测的核心问题。

基于振动的结构损伤检测就是利用测试的振动响应数据(含加速度、速度、位移、动态应变等)，结合相关信息或数据处理方法，从振动响应数据中提取出能表征结构损伤状态的关键特征信息，通常称为“损伤指标”，并结合相关损伤识别方法，对结构损伤状态进行评估，如图 1-1-5 所示。

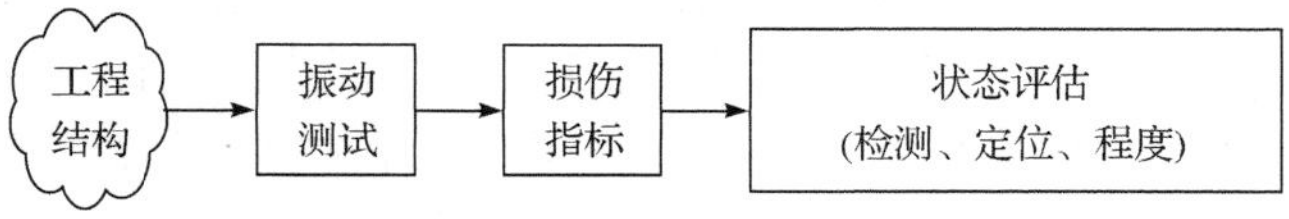

图 1-1-5 基于振动的结构损伤检测

基于振动的结构损伤检测有多种不同的分类方式。最基本的方法就是损伤层次法，它将结构损伤检测分为四个层次：层次 1，判定结构是否有损伤(发现损伤)；层次 2，判定结构损伤的位置(定位损伤)；层次 3，评估损伤的程度(评估程度)；层次 4，预估结构的剩余寿命(寿命预测)。除了损伤层次法之外，基于振动的结构损伤检测方法可根据是否需要建立结构的理论模型，分为基于模型的结构损伤检测方法和不基于模型的结构损伤检测方法。基于模型的结构损伤检测方法首先需要建立结构理论模型(通常为动力学有限元模型)，然后充分挖掘理论模型所包含的结构特性，并联合使用试验模型的相关结构特性，提取损伤特征参数，最终实现结构损伤检测；而不基于模型的结构损伤检测方法不需要建立结构的理论模型，直接利用从试验模型上采集的结构振动信号，并联合振动理论及信号分析与处理技术，建立损伤特征参数，进而实现结构损伤检测。

1. 基于模型的结构损伤检测方法

基于模型的结构损伤检测方法，均涉及结构的动力学理论模型。基于模型的结构损伤检测方法的核心研究内容，就是如何充分挖掘结构理论模型的特性并在损伤检测中得到应用。因此根据对理论模型特性的不同挖掘方式，基于模型的结构损伤检测方法可以分为基于模型修正的结构损伤检测方法以及基于完好结构动力学理论模型的结构损伤检测方法两类。

1) 基于模型修正的结构损伤检测方法

基于模型修正的结构损伤检测方法，就是在结构损伤检测过程中直接利用模型修正的思想，对损伤前后的结构理论模型进行两次修正(通常为动力学有限元模型修正)，进而实现损伤检测。在有些方法中，并未明确提出第一次模型修正，这是因为在这些研究中通常假定在损伤检测之前已经获得了基准模型。

2) 基于完好结构动力学理论模型的结构损伤检测方法

基于完好结构动力学理论模型的结构损伤检测方法，就是利用基准模型(即完好结构理论模型)模拟出各种损伤模型，并使用相关动力学分析方法获得基准模型及各种损伤的相关动力学特性，进而建立结构健康信息数据库，然后使用相关算法，匹配试验模型的相关测试数据与结构健康信息数据库中的相关数据，进而通过数据的匹配程度来确定结构的损伤状态。这类方法也涉及一次模型修正，然而需要注意的是，在这类方法中也有一大部分方法省略了模型修正过程，即假定损伤检测之前已获得了准确的基准模型。

2. 不基于模型的结构损伤检测方法

基于模型的结构损伤检测往往涉及模型修正问题，而模型修正本身就是一个较为复杂的问题，涉及诸如理论模型缩聚、试验模态扩充及病态矩阵的正则化等问题，因而出现了不基于模型的结构损伤检测方法。不基于模型的结构损伤检测方法的一个优点是不需要建立结构的理论模型，直接利用从试验模型上采集的结构振动信号来提取损伤特征参数；另一个优点是可以对实时采集的振动信号进行在线分析，且计算工作量一般较小，进而较容易实现在线健康监测。

不基于模型的结构损伤检测方法通常包含基于模态参数的结构损伤检测方法和基于动响应的结构损伤检测方法。基于模态参数的结构损伤检测方法，就是直接利用试验测试的固有频率、固有振型、模态应变能以及各种模态参数的组合，来构建结构损伤特征参数，并不涉及结构的理论模型。这种方法往往利用损伤前后某些模态参数(组合)的差值(或比值)来构造损伤特征参数，“结构的局部损伤会导致结构局部振型的突变”是这类损伤检测方法进行损伤定位的理论基础。基于动响应的结构损伤检测方法，就是直接利用试验测试的时域响应或频域响应信号，来构建结构损伤特征参数，并不涉及结构的理论模型。

1.2 机器学习方法在结构动力学中的应用概述

随着计算机技术的飞速发展，各种机器学习算法在科学研究及工程领域都有了广泛的应用，结构动力学领域也不例外，如结构动力学模型修正、基于振动的结构健康检测、动态载荷识别等方向均有大量应用机器学习方法的相关研究，尤其是深度学习方法及迁移学习方法的飞速发展，给结构动力学领域带来了新的方向与挑战。

1. 基于机器学习的动力学模型修正

模型修正问题从修正算法上来讲，本质上属于一类优化问题，而在具体的实践过程中，又相当于一个描述输入输出之间关系的参数拟合问题。结合相关机器学习方法的原理及应用方式，基于机器学习的动力学模型修正，是指将相关机器学习方法应用于模型修正之中，通常包括两种应用方式：①采用机器学习方法建立模型修正的修正算法，即采用相关机器学习方法来构建模型修正过程中的修正算法或相关优化算法；②采用机器学习方法建立用于模型修正的代理模型，即采用机器学习方法建立能描述结构动力学特征与结构模型参数之间复杂关系的代理模型，进而通过结构响应特征去识别结构模型参数。对于第一种应用方式，几乎现在所有可用于优化设计的机器学习方法，如遗传算法、粒子群算法、模拟退火算法等，均可用于模型修正算法。对于第二种应用方式，本质上是拟合一个描述输入输出参数关系的代理模型，可用于建立代理模型的相关机器学习方法，如响应面法、支持向量机、人工神经网络等，均可用于建立模型修正的代理模型。

由于第一种应用方式本质上属于模型修正算法问题，在很多结构动力学有限元模型修正文献中均有介绍，同时也没有完全体现出机器学习方法(尤其是近年来飞速发展的深度学习方法)在构建复杂非线性关系中的运算与分析优势，因此本书后续有关基于机器学习的模型修正将主要介绍第二种应用方式，即采用机器学习方法建立用于动力学模型修正的代理模型，并重点介绍深度学习方法在动力学模型修正中的应用。

2. 基于机器学习的动载荷识别

动载荷识别是有别于动力学模型修正和基于振动的结构健康监测的第二类反问题，其本质也可以归结为一类优化问题，可理解为根据结构响应及结构动力学模型去优化结构的输入——动载荷。同样地，在基于机器学习的动载荷识别研究中，机器学习方法的应用也包含两种方式：①采用机器学习方法建立动载荷识别算法，即在动载荷识别算法或相关优化算法中采用机器学习方法；②采用机器学习方法建立动载荷识别的代理模型，即采用机器学习方法建立能描述结构动载荷与结构响应之间复杂关系的数学模型，进而通过结构响应来预测结构的动载荷。

类似地，相比于采用机器学习方法建立动载荷识别算法，采用机器学习方法建立载荷识别代理模型，更能体现机器学习方法在复杂非线性数据映射中的优势。众多机器学习方法都可用于建立动载荷识别的代理模型，而人工神经网络及其最新方向的深度学习方法，因其强大的非线性拟合能力，在动载荷识别中体现出了显著的优势，为今后解决具有复杂非线性、不确定性等结构系统的动载荷识别，开辟了一条有效的途径。本书后续将重点介绍深度学习方法在动载荷识别中的应用。

3. 基于机器学习的结构损伤检测

基于振动的结构损伤检测是结构动力学分析的扩展应用，机器学习方法在基于振动的结构损伤检测中的应用包含两种方式：①采用机器学习方法建立结构损伤检测的识别算法，即在结构损伤检测的识别算法或相关优化算法中采用机器学习方法；②采用机器学习方法建立结构损伤检测的代理模型，即采用机器学习方法建立能描述结构损伤状态与结构动力学特征之间复杂关系的代理模型，进而通过结构动力学特征去预测结构损伤状态。

同样地，相比于采用机器学习方法建立结构损伤检测识别算法，采用机器学习方法建立结构损伤检测代理模型更能体现机器学习方法在复杂非线性数据映射中的优势。另外，对于较为复杂的航空航天结构而言，一般不容易建立其准确的理论模型，因此 1.1.4

节介绍的不基于模型的结构损伤检测方法更容易应用于航空航天结构健康监测。不基于模型的损伤检测方法一般利用结构时域响应、频域响应或模态参数及其组合，并结合相关数据处理方法，建立结构振动响应特征量与结构损伤状态的映射关系。可以看出，数据处理在不基于模型的结构损伤检测方法中有着至关重要的作用，且针对实际工程结构的损伤检测往往涉及大量的测试数据，传统的机器学习方法已经不足以建立结构损伤状态与复杂动力学响应的映射关系，近些年来飞速发展的深度学习方法恰好在处理大数据特征方面展现出了惊人的能力。因此，在基于振动的结构损伤检测研究中结合深度学习方法是该领域的一个重点发展方向，本书后续将重点介绍深度学习方法在基于振动的结构损伤检测中的应用。

4. 建立机器学习代理模型的通用步骤

建立用于动力学模型修正、动载荷识别以及基于振动的结构损伤检测的机器学习代理模型的通用步骤如下。

1) 准备模型训练的输入数据与输出数据

通过基于有限元模型的数值仿真或实际结构的动力学测试试验，来获取激励、结构及响应之间的对应关系，并根据问题需求，对相关数据进行预处理，再分别作为模型的输入数据和输出数据。

2) 设计模型构架、开展模型训练学习

设计模型构架时，需要根据问题的复杂程度来确定模型的复杂程度，并通过各种参数的选择来设计模型构架。模型的训练学习就是利用上述输入数据与输出数据来进行模型辨识，即通过不断地调整模型的待学习参数值，使模型输出值和期望输出值之差的范数达到最小，最终确定的模型能够在最小二乘的意义下逼近输入数据与输出数据之间的非线性映射关系。

3) 代理模型的使用

利用训练好的代理模型和相关目标输入数据，获取相应的模型输出。

思 考 题

1. 简述航空航天工程中的三类动力学问题，并举例。
2. 简述动力学模型修正、动态载荷识别以及基于振动的结构损伤检测等问题的异同。
3. 简述结构动力学问题中常用的深度学习方法，并说明其基本流程。
4. 分析深度学习方法在航空航天结构动力学问题中的应用前景及挑战。

第 2 章

机器学习基础

本章介绍以响应面、支持向量机、人工神经网络、遗传算法为代表的传统机器学习方法，以及以卷积神经网络、堆栈自编码器、循环神经网络、时延神经网络为代表的深度神经网络模型的基本概念与原理方法，以作为后续章节的基础。

2.1 传统机器学习方法

2.1.1 响应面

在函数拟合或回归统计中，响应面(response surface，RS)方法是一种构造近似模型的工具，一般应用于很难或几乎不能用严格的数学公式表达出目标、约束与涉及变量之间函数关系的相关领域。

与响应面方法在其他领域的应用类似，结构动力学的响应面模型就是利用 S 个样本点 $\boldsymbol{x}_i \in \mathbf{R}^n$ 及其 S 个样本值 $y_i \in \mathbf{R}$ ，$i=1,2,\cdots,S$ ，来拟合函数：

$$y=f(\boldsymbol{x}) \tag{2-1-1}$$

其中，$\boldsymbol{x}$ 为参数或设计点，对应于结构动力学响应面模型中的输入数据；y 或 $f(\boldsymbol{x})$ 就是待构造的响应面函数，也就是这里的结构动力学响应面模型；y 或 $f(\boldsymbol{x})$ 的函数值就是结构动力学响应面模型中的输出数据。由于近似函数 $f(\boldsymbol{x})$ 是 N 维空间中的曲面，这也是响应面方法名称中“面”的由来。

由式(2-1-1)可知，结构动力学的响应面模型是一个多输入单输出的模型，即对于任一个响应面模型，输入参数可能包含多个，而输出参数仅有 1 个。这时，若需要建立包含多个输出参数的响应面模型，最简单的做法就是训练多个响应面模型。

由于输入与输出之间的函数关系是未知的，因此必须事先选择函数 y 的形式，较好的函数形式将会使得代理模型的近似更为精确，而且会使其泛化能力更强。通常情况下，响应面函数的形式一般应满足：①在基本能够描述真实函数的前提下尽可能简单；②待定系数尽可能少，以减小训练样本的获取工作量。根据实际工程经验，通常都选取线性或二次多项式的形式，具体表达式分别为

$$y = a_0 + \sum_{l=1}^{N} a_l x_l \tag{2-1-2}$$

$$y = a_0 + \sum_{l=1}^{N} a_l x_l + \sum_{l=1}^{N}\sum_{m=1}^{N} a_{lm} x_l x_m \tag{2-1-3}$$

其中，x_l, x_m 表示设计点 $\boldsymbol{x}$ 中的元素；a_0 为常数项待定系数；a_l 为一次项待定系数；a_{lm} 为二次项待定系数。通常，可利用 S 个样本点及其 S 个响应，结合最小二乘原理建立式(2-1-4)表示的目标函数，并令其取最小值以获得待定系数：

$$E(\boldsymbol{a}) = \sum_{i=1}^{S} (\hat{y}_i - y_i)^2 \tag{2-1-4}$$

其中，$\boldsymbol{a}$ 表示式(2-1-2)或式(2-1-3)中的所有待定系数组成的向量；$\hat{y}_i$ 表示第 i 个样本点的真实响应值；y_i 表示采用式(2-1-2)或式(2-1-3)计算得到的第 i 个样本点的近似函数值。一般可利用求极值的方法建立求解待定系数的线性方程组，即

$$\frac{\partial E(\boldsymbol{a})}{\partial a_l} = 0 \tag{2-1-5}$$

其中，a_l 表示式(2-1-2)或式(2-1-3)中的所有待定系数。

有关响应面的更详细介绍读者可参考文献[5]。

2.1.2 支持向量机

支持向量机(support vector machine，SVM)最开始是从线性可分情况下的最优分类面发展而来的，就是拟合一个最优分类面将两类数据准确分类，后来通过定义适当的损失函数将其推广到了函数拟合之中，这样的支持向量机通常也被称为支持向量回归(support vector regression，SVR)。

与支持向量机方法在其他领域的应用类似，结构动力学中的支持向量机模型就是利用 S 个样本点 $\boldsymbol{x}_i \in \mathbf{R}^n$ 及其 S 个样本值 $y_i \in \mathbf{R}$，$i = 1,2,\cdots,S$，来拟合函数(以线性回归为例)：

$$y = f(\boldsymbol{x}) = \boldsymbol{w} \cdot \boldsymbol{x} + b \tag{2-1-6}$$

其中，$\boldsymbol{w}$ 和 b 就是要通过样本来拟合的待定参数。设所有样本数据在精度 ε 下用线性函数拟合，即

$$\begin{cases} (\boldsymbol{w} \cdot \boldsymbol{x}_i + b) - y_i \leqslant \varepsilon \\ y_i - (\boldsymbol{w} \cdot \boldsymbol{x}_i + b) \leqslant \varepsilon \end{cases}, \quad i = 1,2,\cdots,S \tag{2-1-7}$$

与最优分类面中最大分类间隔相似，优化目标为最小化 $\frac{1}{2}\|\boldsymbol{w}^2\|$，引入非负松弛变量 ξ_i 和 ξ_i^* 以允许拟合误差存在，式(2-1-7)可改写为

$$\begin{cases} (\boldsymbol{w} \cdot \boldsymbol{x}_i + b) - y_i \leqslant \varepsilon + \xi_i \\ y_i - (\boldsymbol{w} \cdot \boldsymbol{x}_i + b) \leqslant \varepsilon + \xi_i^* \end{cases}, \quad i = 1,2,\cdots,S \tag{2-1-8}$$

优化目标函数为

$$E\left(\boldsymbol{w},\xi_i,\xi_i^*\right)=\frac{1}{2}(\boldsymbol{w}\cdot\boldsymbol{w})+C\sum_{i=1}^{S}\left(\xi_i+\xi_i^*\right) \tag{2-1-9}$$

其中，常数$C>0$控制着对超出误差ε的样本的惩罚程度。这样，函数拟合问题可写为

$$\begin{gathered}\min_{\boldsymbol{w},b}\left\{E\left(\boldsymbol{w},\xi_i,\xi_i^*\right)\right\}\\ \text{s.t.}\left(\boldsymbol{w}\cdot\boldsymbol{x}_i+b\right)-y_i\leqslant\varepsilon+\xi_i\\ y_i-\left(\boldsymbol{w}\cdot\boldsymbol{x}_i+b\right)\leqslant\varepsilon+\xi_i^*\\ \xi_i,\xi_i^*\geqslant 0,\quad i=1,2,\cdots,S\end{gathered} \tag{2-1-10}$$

引入 Lagrange 函数：

$$\begin{aligned}L\left(\boldsymbol{w},b,\xi_i,\xi_i^*,\alpha_i,\alpha_i^*\right)=&\frac{1}{2}(\boldsymbol{w}\cdot\boldsymbol{w})+C\sum_{i=1}^{S}\left(\xi_i+\xi_i^*\right)-\sum_{i=1}^{S}\left(\eta_i\xi_i+\eta_i^*\xi_i^*\right)\\ &-\sum_{i=1}^{S}\alpha_i\left[\varepsilon+\xi_i+y_i-\left(\boldsymbol{w}\cdot\boldsymbol{x}_i+b\right)\right]\\ &-\sum_{i=1}^{S}\alpha_i^*\left[\varepsilon+\xi_i^*-y_i+\left(\boldsymbol{w}\cdot\boldsymbol{x}_i+b\right)\right]\end{aligned} \tag{2-1-11}$$

其中，Lagrange 乘子$\eta_i,\eta_i^*,\alpha_i,\alpha_i^*\geqslant 0$。将式(2-1-11)分别对$\boldsymbol{w},b,\xi_i,\xi_i^*$求偏导并令其为零，可得式(2-1-10)的等价对偶问题：

$$\begin{gathered}\min_{\alpha,\alpha^*}\left\{\frac{1}{2}\sum_{i=1}^{S}\sum_{j=1}^{S}\left(\alpha_i^*-\alpha_i\right)\left(\alpha_j^*-\alpha_j\right)\left(\boldsymbol{x}_i\cdot\boldsymbol{x}_j\right)+\varepsilon\sum_{i=1}^{S}\left(\alpha_i^*+\alpha_i\right)-\sum_{i=1}^{S}y_i\left(\alpha_i^*-\alpha_i\right)\right\}\\ \text{s.t.}\ \sum_{i=1}^{S}\left(\alpha_i-\alpha_i^*\right)=0\\ 0\leqslant\alpha_i,\alpha_i^*\leqslant C,\quad i=1,2,\cdots,S\end{gathered} \tag{2-1-12}$$

式(2-1-10)是一个二次型优化问题，有全局唯一最优解$\bar{\boldsymbol{\alpha}},\bar{\boldsymbol{\alpha}}^*$，可得回归函数为

$$y=f(\boldsymbol{x})=\boldsymbol{w}\cdot\boldsymbol{x}+b=\sum_{i=1}^{S}\left(\bar{\alpha}_i^*-\bar{\alpha}_i\right)\left(\boldsymbol{x}\cdot\boldsymbol{x}_i\right)+\bar{b} \tag{2-1-13}$$

其中，阈值$\bar{b}$可选择位于开区间$(0,C)$的$\bar{\alpha}_j$或$\bar{\alpha}_k^*$构造：

$$\bar{b}=y_j-\sum_{i=1}^{S}\left(\bar{\alpha}_i^*-\bar{\alpha}_i\right)\left(\boldsymbol{x}_i\cdot\boldsymbol{x}_j\right)+\varepsilon,\quad\forall\bar{\alpha}_j\neq 0 \tag{2-1-14}$$

$$\bar{b}=y_k-\sum_{i=1}^{S}\left(\bar{\alpha}_i^*-\bar{\alpha}_i\right)\left(\boldsymbol{x}_i\cdot\boldsymbol{x}_k\right)-\varepsilon,\quad\forall\bar{\alpha}_k^*\neq 0 \tag{2-1-15}$$

当输入输出参数存在较强的非线性因素时，上述线性支持向量机模型并不能准确地实现函数拟合，可以采用非线性变换函数将n维向量空间中的向量$\boldsymbol{x}$映射到高维特征空

间中，然后在高维特征空间进行线性分类。可以看到，上述线性支持向量机的构建依赖于内积$(\boldsymbol{x}_i \cdot \boldsymbol{x}_j)$和$(\boldsymbol{x} \cdot \boldsymbol{x}_i)$，可认为内积是描述数据相似性的工具。这样，只需要采用相关非线性核函数$k(\boldsymbol{x}_i \cdot \boldsymbol{x}_j)$代替上述式(2-1-12)～式(2-1-15)中的内积$(\boldsymbol{x}_i \cdot \boldsymbol{x}_j)$，即可实现非线性函数拟合。常见的核函数有多项式函数、傅里叶核函数、高斯径向基函数及 Sigmoid 函数等。

有关支持向量机的更详细介绍读者可参考文献[6]和[7]。

2.1.3 人工神经网络

典型的人工神经网络(artificial neural network，ANN)包括单层向前网络(如单层感知器)、多层前馈网络(如多层感知器、径向基网络)、反馈网络(如 Hopfield 网络)、随机神经网络(如 Boltzmann 机)、竞争神经网络(如 Hamming 网络)等，采用误差逆传播算法(back propagation algorithm，BP)的多层前馈神经网络是代理模型中最常用的一种神经网络模型，也可称为 BP 神经网络或 BP 网络，这里介绍一下 BP 网络，其他网络模型及更详细的相关介绍读者可参考文献[8]和[9]。

典型的 BP 网络构型如图 2-1-1 所示，假设输入层数据用x_n表示($n=1,2,\cdots,N$表示网络有N个输入数据)，输出层数据用y_m表示($m=1,2,\cdots,M$表示网络有M个输出数据)，隐含层用H_l表示($l=1,2,\cdots,L$表示网络共包含L个隐含层)，每个隐含层都有若干个节点(也称单元)，且各个隐含层的节点数目不一定相等。

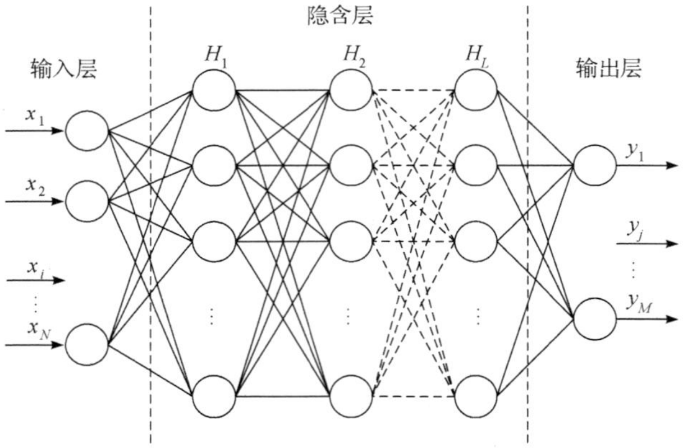

图 2-1-1 典型的 BP 网络

BP 的主要思想是把学习过程分为两个阶段：第一阶段(正向传播过程)，给出输入信息通过输入层经隐含层逐层处理并计算每个单元的实际输出值；第二阶段(反向传播过程)，若在输出层未能得到期望的输出值，则逐层递归计算实际输出与期望输出的差值(即误差)，以便采用最速下降法更新权值。两个过程反复运用，当误差或学习次数达到预定值时，网络的学习过程就结束。

假设给定S个样本$(\boldsymbol{x}_k, \hat{\boldsymbol{y}}_k)$($k=1,2,\cdots,S$)，当输入第$k$个样本时，网络输入向量为$\boldsymbol{x}_k=(x_{1k},x_{2k},\cdots,x_{Nk})$、输出向量为$\hat{\boldsymbol{y}}_k=(\hat{y}_{1k},\hat{y}_{2k},\cdots,\hat{y}_{Mk})$，网络第$l$层第$j$个节点的输入

值 I_{jk}^{l} 为

$$I_{jk}^{l} = \sum_{i=1}^{n_{l-1}} w_{ij} O_{ik}^{l-1} + \theta_j \tag{2-1-16}$$

其中，k 表示样本序号；上标 l 和 $l-1$ 表示网络层号；i 表示第 $l-1$ 层的第 i 个节点(该层节点总数为 n_{l-1})；O_{ik}^{l-1} 表示输入第 k 个样本时第 $l-1$ 层第 i 个节点的输出；w_{ij} 表示节点 i 到节点 j 的权值(weight)；θ_j 表示第 l 层第 j 个节点的偏差(biases)。

获得网络第 l 层第 j 个节点的输入值 I_{jk}^{l} 之后，利用第 j 个节点的激活函数可获得网络第 l 层第 j 个节点的输出值 O_{jk}^{l}，即

$$O_{jk}^{l} = f\left(I_{jk}^{l}\right) \tag{2-1-17}$$

其中，$f(\cdot)$ 表示第 j 个节点的激活函数，常用的激活函数为 Sigmoid 型函数。

反向传播时，定义网络的期望输出 $\hat{\boldsymbol{y}}_k$ 与实际输出 $\boldsymbol{y}_k$ 的误差平方和为目标函数，即

$$E_k = \frac{1}{2}\sum_{j=1}^{M}\left(\hat{y}_{jk} - y_{jk}\right)^2 \tag{2-1-18}$$

S 个样本的总误差，即整体目标函数，定义为

$$E = \sum_{k=1}^{S} E_k \tag{2-1-19}$$

这样，网络的学习问题就等价于无约束最优化问题：

$$\min_{\boldsymbol{w},\boldsymbol{\theta}}\left\{E(\boldsymbol{w},\boldsymbol{\theta})\right\} \tag{2-1-20}$$

其中，$\boldsymbol{w}$ 表示所有权值 w_{ij} 组成的向量；$\boldsymbol{\theta}$ 表示所有偏差 θ_j 组成的向量。根据 BP 算法，权值 w_{ij} 及偏差 θ_j 的迭代关系为

$$w_{ij}^{(t+1)} = w_{ij}^{(t)} - \eta\frac{\partial E}{\partial w_{ij}} \tag{2-1-21}$$

$$\theta_j^{(t+1)} = \theta_j^{(t)} - \eta\frac{\partial E}{\partial \theta_j} \tag{2-1-22}$$

其中，t 为迭代次数；η 为学习率(也称步长)；$\frac{\partial E}{\partial w_{ij}}$ 和 $\frac{\partial E}{\partial \theta_j}$ 分别为目标函数 E 对权值 w_{ij} 和偏差 θ_j 的灵敏度，可根据目标函数 E 的定义结合链式求导获得。

2.1.4 遗传算法

遗传算法(genetic algorithm，GA)是一种通过模拟自然进化过程搜索最优解的方法，

它模拟自然选择和遗传进化中发生的繁殖、交配和突变现象，从任意一个初始种群出发，通过随机选择、交叉和变异操作，产生一群新的更适应环境的个体，使群体进化到搜索空间中越来越好的区域。在求解较为复杂的组合优化问题时，无须建模和进行复杂运算，只要利用遗传算法的选择、交叉和变异三种算子就能得到最优解，相对一些常规的优化算法，通常能够较快地获得较好的优化结果[10]。

采用遗传算法进行问题求解的基本步骤如下。

(1) 编码：遗传算法在求解之前，先将问题解空间的可行解表示成遗传空间的基因型串结构数据，串结构数据的不同组合，构成不同的可行解。

(2) 生成初始群体：根据设计变量的取值范围，随机产生 N 个初始串结构数据，每个串结构数据成为一个个体，N 个个体组成一个群体，遗传算法以该群体作为初始迭代点。

(3) 适应度评估检测：根据目标函数计算个体的适应度，评判个体的优劣，即该个体所代表的可行解的优劣。

(4) 选择算子：从当前群体中选择优良的(适应度高的，即目标函数数值小的)个体，使它们有机会被选中进入下一次迭代过程，舍弃适应度低的个体，体现了进化论的适者生存原则。

(5) 交叉算子：遗传操作，下一代中个体的信息来自父辈个体，体现了信息交换的原则。

(6) 变异算子：随机选择中间群体中的某个个体，以某一变异概率改变个体某位基因的值，体现了变异的原则。

典型的遗传算法流程如图 2-1-2 所示，算法完全依靠三个遗传算子进行求解，当满足优化目标或达到最大循环次数时，停止迭代并输出优化结果。

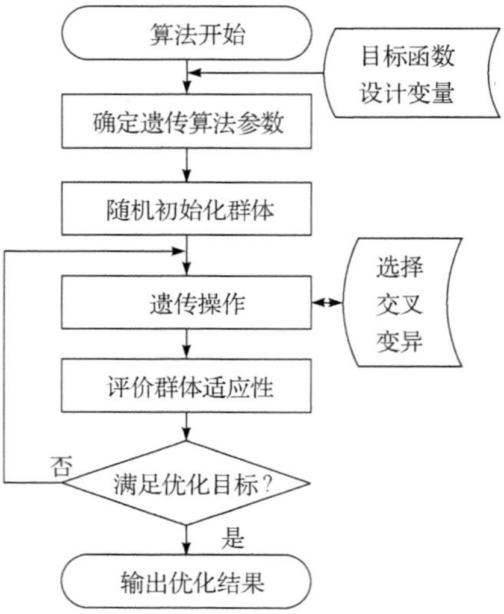

图 2-1-2 典型的遗传算法流程

2.2　深度学习及相关神经网络模型

深度学习本质上是指一类对具有深层结构的神经网络进行有效训练的方法，典型的深层网络存在梯度消失或爆炸问题，导致很难用传统的反向传播算法进行训练。迄今为止并没有公认的区分深层网络和浅层网络的深度划界标准，一般认为深层网络至少包含 3 个非输入层，而非常深的网络的非输入层数应该至少大于 10，工程实践中的深层网络通常是一个多层人工神经网络。结合深层网络构型，在表达同样的复杂函数时，与浅层网络相比，深层网络可能只需要很少的节点和很少的参数，也就是说，在总节点数大致相同的情况下，深层网络的函数表达能力通常比浅层网络更强[11]。

结构动力学中目前常用的神经网络模型包括卷积神经网络(convolutional neural network，CNN)、堆栈自编码器(stacked autoencoder，SAE)、循环神经网络(recurrent neural network，RNN)及时延神经网络(time delay neural network，TDNN)等。下面介绍这些神经网络的基本知识，关于这些神经网络的更多介绍详见文献[11]～[16]。

2.2.1　卷积神经网络

卷积神经网络是一种包含卷积计算且具有深层次结构的前馈型神经网络，通常由一个特征提取器和一个分类器组成，而特征提取器由卷积层和池化层交替组成[12]。与经典的全连接网络相比，CNN 具有局部感知、权值共享、池化降维等优点，在提取重要特征的情况下，减少了训练参数的数量。特征提取器是 CNN 的核心，下面对特征提取器的卷积、池化操作过程进行介绍。

1) 卷积操作

卷积层是 CNN 进行特征再提取的重要部分，主要通过卷积运算对输入数据进行相关特征提取，以便于后续池化处理，在该部分只涉及离散卷积运算。每一层卷积层含有多个卷积核，一般认为卷积核的个数越多，从输入数据中提取到的特征就会越丰富。从前一层 $l-1$ 到当前层 l 的卷积运算表示如下：

$$X_i^l = f\left(X_k^{l-1} * \omega_{ik}^l + b_i^l\right) \tag{2-2-1}$$

$$f\left(X\right) = \max\left(0, X\right), \quad X > 0 \tag{2-2-2}$$

其中，X_k^{l-1} 为第 $l-1$ 层的第 k 个卷积核的输出；$*$为卷积运算；ω_{ik}^l 表示第 $l-1$ 层的第 k 个卷积核到第 l 层的第 i 个卷积核的权重；b_i^l 为第 l 层的第 i 个卷积核的偏置；$f(\cdot)$ 为激活函数，通常选用非线性函数 ReLU，增加 CNN 的非线性表达能力，加速 CNN 收敛，ReLU 函数图像如图 2-2-1 所示。

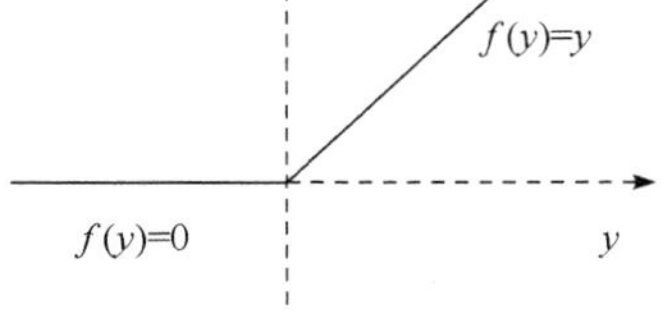

图 2-2-1　ReLU 激活函数

卷积操作即为卷积核权重与卷积核大小所覆盖的

输入数据进行的加权运算，卷积核权重相当于权值，网络的训练过程就是根据目标函数不断修正权值的过程，使得加权运算后的结果满足后续特征提取的需求。在卷积操作的计算过程中有两个重要的超参数，即卷积核的大小和步长，这两个超参数的设置对网络的训练过程及结果起着至关重要的作用。图 2-2-2 以输入数据维数为 3×3、卷积核大小为 2×2、步长为 1 为例，展示了卷积操作的运算过程。

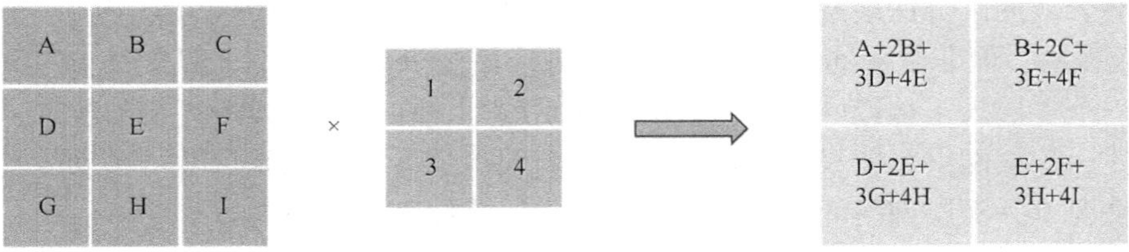

图 2-2-2 卷积操作运算过程

2) 池化操作

输入数据在卷积层进行特征提取后，通常情况下输出的特征图的维数依然很高，池化操作的目的就是对高维特征图进行降采样，在降低数据维数的同时减少网络的可训练参数，可以在一定程度上减轻过拟合。另外，池化操作也是对卷积层的输出数据进行特征二次选择与信息过滤，使得选择后的特征更加合理。池化层包含预设定的池化操作函数，其作用是将特征图中相邻区域的单个点替换为特征图统计量，一般包括最小池化、最大池化和平均池化，顾名思义，就是在池化区域内分别取最小值、最大值和平均值。在池化操作的计算过程中同样有两个重要的超参数，即池化的大小和步长，这两个超参数的设置同样对网络的训练过程及结果起着至关重要的作用。图 2-2-3 以输入数据维数为 4×4、卷积核大小为 2×2、步长为 2 为例，展示了池化操作的运算过程。

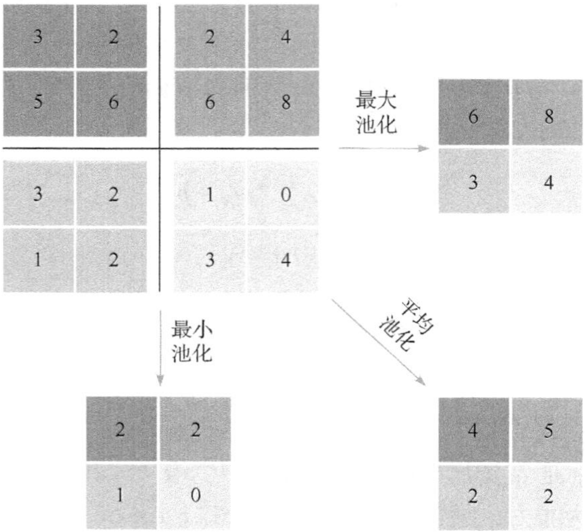

图 2-2-3 池化操作运算过程

3) 参数设置

CNN 的训练是用梯度下降算法来进行的，对于 CNN 超参数(如卷积层数、卷积核数、卷积核大小、池化层数、池化大小、学习率、小批量等)的设置，需要根据具体的数据维数与大小进行不断调优。对于特定的 CNN 模型和数据，当参数的设置不合适时，CNN 将很难有效地学习到数据特征与数据状态的映射关系。CNN 模型部分参数的设置可以参考以下规则。

(1) 卷积层数、核数：卷积层数、核数与模型提取到的特征数量和收敛速度直接相关，一般认为卷积层数、核数越多，模型提取到的特征数量就越多，训练过程中模型的收敛速度就越快。但较多的卷积层数、核数会导致模型的训练时间变长，甚至导致过拟合的情况发生。针对不太复杂的问题，可以先使用 2 层卷积层，卷积核数分别为 32、64 的组合进行预训练，当准确率达到预期水平的情况下收敛速度较慢时，可以增加 1 层卷积层，卷积核数设置为 64 或 128；若收敛速度足够快时发生了过拟合情况，则降低卷积层中的卷积核数进行微调。而针对复杂问题，预先难以确定卷积层数和核数，往往需要根据经验和不断调试来确定。

(2) 池化层数、大小：在特征提取器中卷积层和池化层一般交替布置以逐渐提取特征和进行数据降维，但当输入数据的维数已足够低时，仅需要在最后 1 层卷积层后布置 1 层池化层即可。其大小一般为 2×2。

(3) 小批量的大小：如果将整个训练集的所有样本同时输入网络进行训练，会导致权重、偏置等参数的更新计算量巨大，训练的效率非常低。因此通常选择将训练集分成包含若干个训练样本的小批量，以小批量的形式对网络模型进行训练，这样不仅可以充分利用 GPU 矩阵运算的优势，还降低了计算梯度时的计算量，可以大大提高计算效率。一般来说，小批量中应包含来自不同类的训练样本，那么理想的小批量的尺寸应该等于总的类别数，但由于训练样本事先会进行打乱，所以通常取类别数目的 3～4 倍样本数量作为一个小批量。

(4) 学习率：如果学习率设置过大，有可能会导致损失函数在最小值附近来回震荡，训练不容易收敛，甚至会发散，使得优化越过最小值，权值改变量增大导致梯度爆炸；反之，如果学习率设置过小，会导致训练非常慢，而且容易达到局部最优。一般的做法是，开始训练阶段选择较大的学习率，使得网络模型快速收敛到最优点附近，然后再使用较小的学习率进行训练，使得损失函数逐渐达到最小。所以通常选择呈指数型变化的学习率来训练模型。

(5) L_1、L_2 正则化：使用正则化的主要目的是减少在训练过程中出现的过拟合现象，一般是在损失函数后面增加一个惩罚项，有 L_1 正则化和 L_2 正则化之分，前者是所有权重的绝对值之和乘以一个正则化系数，而后者是所有权重的平方和乘以一个正则化系数。L_1 正则化可以产生稀疏权值矩阵，可用于特征选择；L_2 正则化可以防止模型过拟合，提升模型的泛化能力。L_1、L_2 正则化可根据实际训练情况进行选择。

除了以上提到的卷积层数、池化层数、小批量、学习率、正则化参数等，在 CNN 模型中，还有很多其他的参数如权重和偏置的初始值、全连接层数、神经元个数等，这些参数的设置均会对训练过程及结果造成一定的影响。具体参数的设置往往需要根据自身的经验、对训练过程的监视以及训练结果等情况进行具体的调整。

2.2.2 堆栈自编码器

堆栈自编码器也称为栈式自编码器或堆叠自编码器，它是由多个自编码器堆叠而成的[12]。自编码器(autoencoder，AE)是一种无监督的神经网络模型，其核心的作用是能够学习输入数据的深层表示，主要应用是特征提取及数据降维。最原始的 AE 网络是一个三层的前馈神经网络结构，由输入层、隐含层和输出层构成，如图 2-2-4 所示。

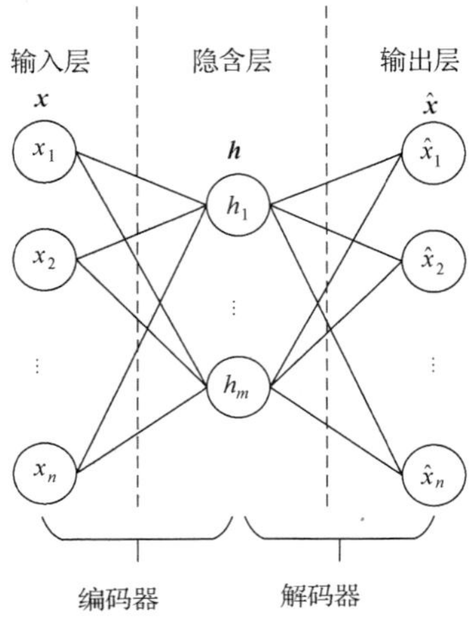

图 2-2-4 自编码器结构

输入层用 $\boldsymbol{x}=(x_1,x_2,\cdots,x_n)^{\mathrm{T}}$ 表示，输出层用 $\hat{\boldsymbol{x}}=(\hat{x}_1,\hat{x}_2,\cdots,\hat{x}_n)^{\mathrm{T}}$ 表示，隐含层用 $\boldsymbol{h}=(h_1,\cdots,h_m)^{\mathrm{T}}$ 表示，输入层的神经元个数与输出层的个数相同。整个 AE 由两部分操作构成，具体如下。

(1) 编码(encoder)，指从输入层到隐含层的过程，其表达式为

$$\boldsymbol{h}(\boldsymbol{x})=f(\boldsymbol{W}\boldsymbol{x}+\boldsymbol{b}) \tag{2-2-3}$$

其中，$\boldsymbol{W}$ 表示编码器的映射权重矩阵；$\boldsymbol{b}$ 表示偏置矢量；$f(\cdot)$ 表示激活函数。

(2) 解码(decoder)，指从隐含层到输出层的过程，其表达式为

$$\hat{\boldsymbol{x}}(\boldsymbol{h})=f(\hat{\boldsymbol{W}}\boldsymbol{h}+\hat{\boldsymbol{b}}) \tag{2-2-4}$$

其中，$\hat{\boldsymbol{W}}$ 表示解码器的映射权重矩阵；$\hat{\boldsymbol{b}}$ 表示偏置矢量；$f(\cdot)$ 表示激活函数。将 $\hat{\boldsymbol{x}}$ 看作对 $\boldsymbol{x}$ 的预测，通常反向映射的权重矩阵 $\hat{\boldsymbol{W}}$ 等于正向映射权重矩阵 $\boldsymbol{W}$ 的转置，即 $\hat{\boldsymbol{W}}=\boldsymbol{W}^{\mathrm{T}}$。

AE 是一个无监督学习的网络，其学习的目的是将输入层数据 $\boldsymbol{x}$ 通过转换得到其隐含层的表示 $\boldsymbol{h}(\boldsymbol{x})$，然后由隐含层重构，还原出新的输入数据 $\hat{\boldsymbol{x}}$。AE 的训练目标就是使重构后的数据 $\hat{\boldsymbol{x}}$ 能够尽量还原输入层数据 $\boldsymbol{x}$。因此，通常采用均方误差来定义损失函数，即

$$L\left(\boldsymbol{W},\boldsymbol{b},\hat{\boldsymbol{b}}\right)=\sum_{i=1}^{n}\left(x_i-\hat{x}_i\right)^2 \tag{2-2-5}$$

利用梯度下降等最优化算法，可以求解出模型的最优参数$\boldsymbol{W}$、$\boldsymbol{b}$和$\hat{\boldsymbol{b}}$。可以看到隐含层的数量决定 AE 的具体用途：当隐含层神经元个数小于输入层神经元个数时，输入层到隐含层的变换本质上是一种降维的操作，网络试图以更小的维度去描述原始数据而尽量不损失数据信息，从而得到输入层的压缩表示，通常用于特征提取；当隐含层神经元个数大于输入层神经元个数时，一般用于稀疏编码器，可以获得稀疏的特征表示，也就是隐含层中有大量的神经元取值为 0。

SAE 是将多个自编码器进行叠加，利用上一层的隐含层表示作为下一层的输入，得到更抽象的表示，具体来说：对第i个自编码器进行训练，得到其输入层数据$\boldsymbol{x}^{(i)}$的隐含层表示$\boldsymbol{h}^{(i)}$以及输出层$\hat{\boldsymbol{x}}^{(i)}$；在此基础上，构建第$i+1$个自编码器，并丢弃第$i$个自编码器的输出数据$\hat{\boldsymbol{x}}^{(i)}$，以$\boldsymbol{h}^{(i)}$作为第$i+1$个自编码器的输入数据，则$\boldsymbol{x}^{(i+1)}=\boldsymbol{h}^{(i)}$；重复执行这个操作，将多个自编码器逐层叠加，得到 SAE 模型结构，如图 2-2-5 所示。

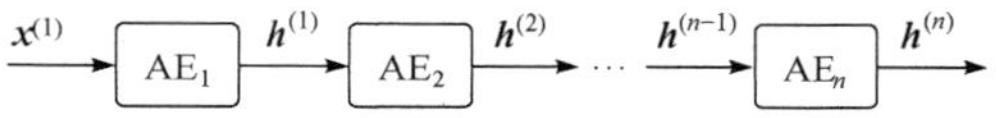

图 2-2-5 堆栈自编码器结构

SAE 的一个很重要应用是通过逐层预训练来初始化网络权重参数，从而提升深层网络的收敛速度和减缓梯度消失的影响，之后就是微调，即像训练普通的深层网络一样，通过输出层的损失函数，利用梯度下降等方法来迭代求解最优参数。

除堆栈自编码器外，常见的自编码器还有降噪自编码器(denoising autoencoder，DAE)和稀疏自编码器(sparse autoencoder，Sparse AE)。若在构建自编码器时，将全连接网络改为卷积神经网络，则可组成卷积自编码器(convolutional autoencoder，CAE)。

2.2.3 循环神经网络

传统的前馈神经网络将所有神经元都依次连接起来，当样本维度较高时，使用该种网络会大幅增加计算代价，同时还可能增加网络过拟合的风险。为此，Elman[14]在处理序列数据时提出了循环神经网络，其神经元结构如图 2-2-6 所示。

RNN 的神经元接收输入$\boldsymbol{x}=(x_1,x_2,\cdots,x_n)^{\mathrm{T}}$，在经过激活函数$\sigma$、权重值$w_i$以及偏置项$b$进行求和运算外，还需要结合权重值$w'$和上一时刻神经元的输出$y'$，才能得到当前时刻神经元的输出值$y$。该神经元的输出表达式为

$$y=\sigma\left[\left(\sum\nolimits_i w_i x_i\right)+w'y'+b\right] \tag{2-2-6}$$

与传统前馈神经网络相比，RNN 具有短时记忆性，可以更充分地挖掘数据中的特征，并且能有效减少网络需要学习的参数，降低网络出现过拟合的风险。但是在随机梯度下降算法执行过程中，RNN 会出现梯度消失以及梯度爆炸问题，且从式(2-2-6)可知，RNN

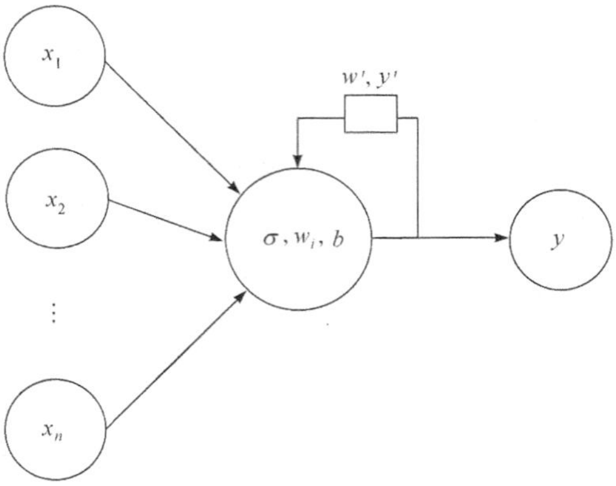

图 2-2-6　RNN 神经元示意图

在每个隐含单元最后一步计算时都要经过激活函数，导致输出值经过多次循环后衰减很快，所以此网络无法记住较早时刻的数据信息。为解决此问题，20 世纪 90 年代中期研究人员提出了一种循环网络变体，即长短期记忆(long short-term memory，LSTM)神经网络[15]，其神经元内部结构如图 2-2-7 所示。

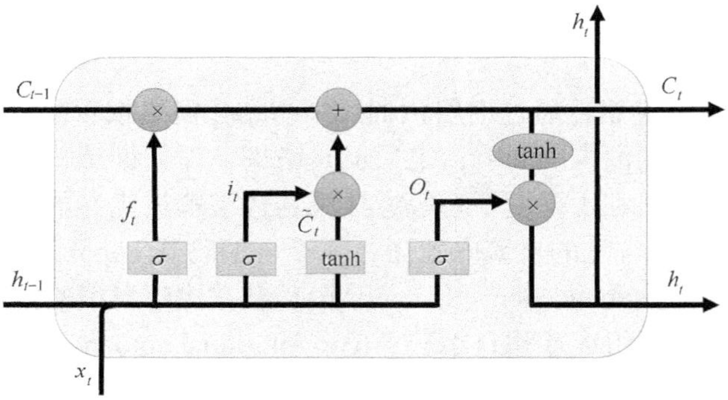

图 2-2-7　LSTM 神经元

LSTM 的核心在于其单元状态，该状态的线性作用很小并且贯穿整个链式结构(图 2-2-8)，在信息传播的同时单元状态不会改变。

LSTM 通过内部“门限”结构对输入信息进行相应操作，从而控制神经元状态。“门限”结构是一种筛选信息的方式，由 Sigmoid 层和逐点相乘器组成，其结构如图 2-2-9 所示。输入数据通过 Sigmoid 层被映射至区间[0,1]，0 代表数据都不会通过，1 代表数据全部通过。一个 LSTM 神经元包括三个门限：输入门、遗忘门和输出门。

输入信息(包含上一时刻该神经元的输出 h_{t-1} 以及当前时刻上一层神经元的输出 x_t)首先会经过一个由 Sigmoid 层组成的“遗忘门”，数据被映射至区间[0,1]。其中，输出“0”代表输入数据完全被遗忘，输出“1”代表数据完全被保留。LSTM 神经元结构的遗忘门示意图如图 2-2-10 所示。

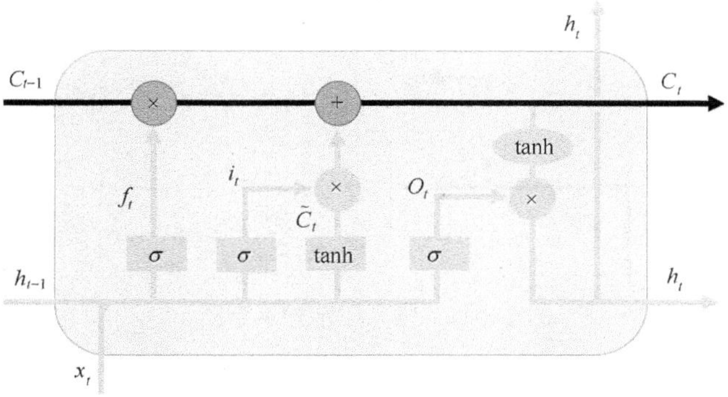

图 2-2-8　LSTM 神经元状态

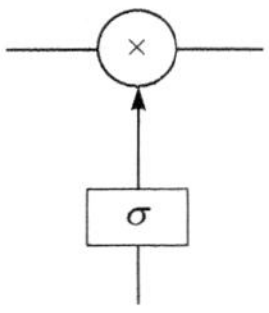

图 2-2-9　门限结构

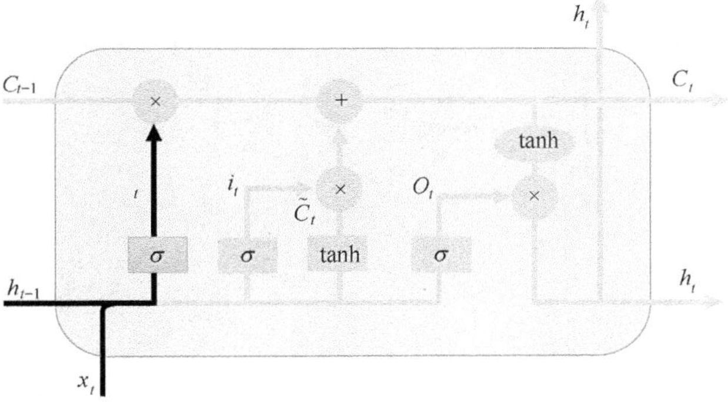

图 2-2-10　遗忘门结构示意图

遗忘门的输出可表示为

$$f_t = \sigma\left(\boldsymbol{W}_{\mathrm{f}} \cdot \left[h_{t-1},\quad x_t\right] + b_{\mathrm{f}}\right) \tag{2-2-7}$$

其中，$\boldsymbol{W}_{\mathrm{f}}$ 代表权重矩阵；b_{f} 代表偏置项；σ 代表 Sigmoid 函数。经过 Sigmoid 激活函数后，数据会被映射至区间[0,1]。随后，输入信息还会通过“输入门”和一个 tanh 函数层，经过激活函数计算得到两个新值 i_t、$\tilde{C}_t$ 用于后续更新神经元状态。输入门结构示意图如图 2-2-11 所示。

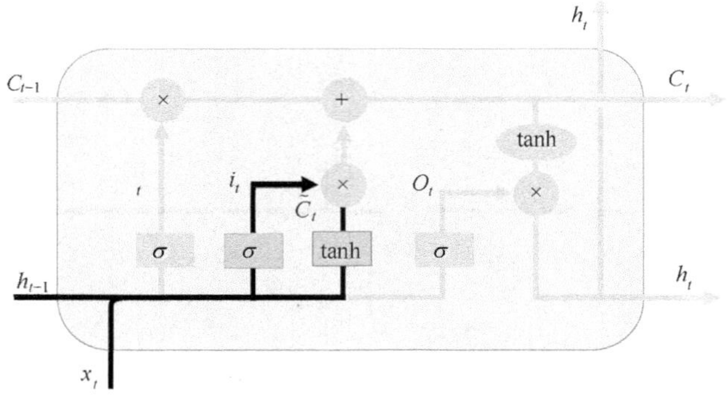

图 2-2-11 输入门结构示意图

输入门的计算过程可表示为

$$i_t = \sigma\left(\boldsymbol{W}_\mathrm{i} \cdot \left[h_{t-1}, x_t\right] + b_\mathrm{i}\right) \tag{2-2-8}$$

$$\tilde{C}_t = \tanh(\boldsymbol{W}_\mathrm{c} \cdot \left[h_{t-1}, x_t\right] + b_\mathrm{c}) \tag{2-2-9}$$

其中，$\boldsymbol{W}_\mathrm{i}$ 和 $\boldsymbol{W}_\mathrm{c}$ 代表权重矩阵；b_i 和 b_c 代表偏置项；σ 代表 Sigmoid 函数；tanh 代表 tanh 激活函数。输入数据经过遗忘门和输入门后，将得到的三个新值用于更新 $t-1$ 时刻的神经元状态 C_{t-1}，如图 2-2-12 所示。

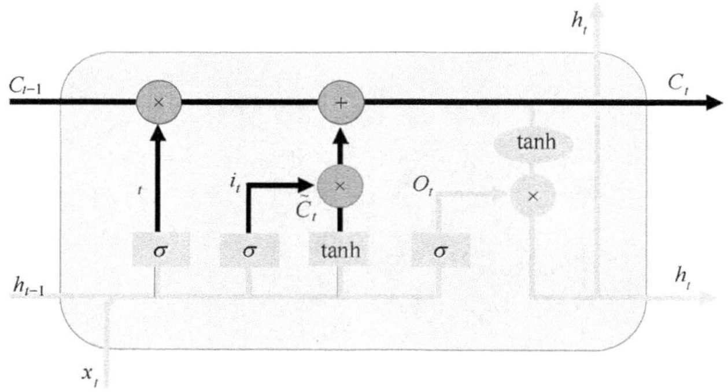

图 2-2-12 神经元状态更新

更新神经元状态过程的表达式为

$$C_t = f_t \times C_{t-1} + i_t \times \tilde{C}_t \tag{2-2-10}$$

最后，由输入数据和更新后的神经元状态分别经过输出门和一个 tanh 层得到最终的神经元输出 h_t，如图 2-2-13 所示。

输出门的计算表达式为

$$O_t = \sigma\left(\boldsymbol{W}_\mathrm{o} \cdot \left[h_{t-1}, x_t\right] + b_\mathrm{o}\right) \tag{2-2-11}$$

$$h_t = O_t \times \tanh(C_t) \tag{2-2-12}$$

其中，$\boldsymbol{W}_\mathrm{o}$ 代表权重矩阵；b_o 代表偏置项；σ 代表 Sigmoid 函数；tanh 代表 tanh 激活函数。

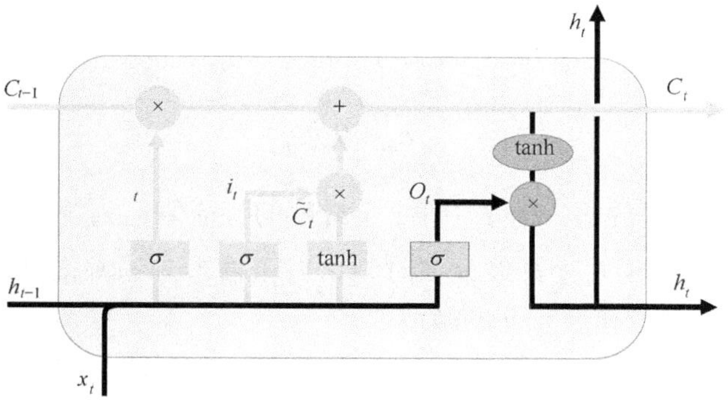

图 2-2-13　输出门结构示意图

综上所述，LSTM 网络作为 RNN 的一个变种，在继承了 RNN 处理序列数据优势的同时，解决了 RNN 的长期依赖问题(long-term dependency problem，表现为模型难以捕捉序列数据中相距较远的时间步之间的关联关系)，并缓解了 RNN 训练过程中梯度消失及梯度爆炸问题，成为现代深度神经网络中不可或缺的一部分。

2.2.4　时延神经网络

时延神经网络属于传统人工神经网络的变种[16]。传统神经网络都是由输入层、输出层和一个或若干个隐含层组成的，每一个输入对应一个输出，由神经网络建立起“输入—输出”之间的映射关系。这样传统神经网络在处理时间序列问题上，如通过已知序列的前序输入预测后序内容时就存在困难。不同于传统神经网络，时延神经网络通过在输入层对输入进行延迟实现对前序输入的记忆，如图 2-2-14 所示，以一个 3 层、3 个延迟步的时延神经网络为例，通过在输入层对输入进行延迟，使网络可以利用之前的 3 步输入与当前的输入共同预测当前时间点的输出。

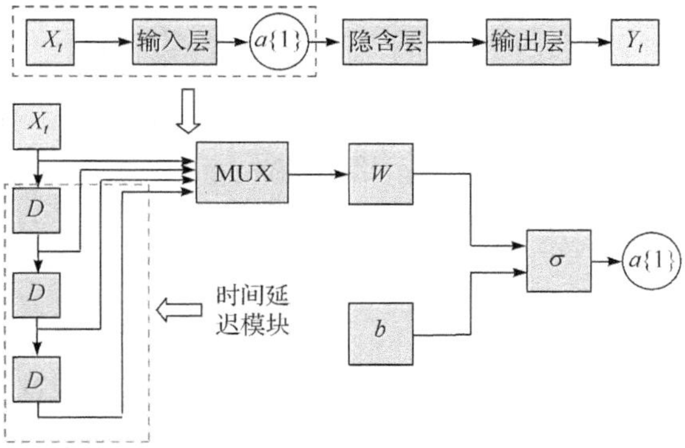

图 2-2-14　时延神经网络结构

对于一个输入层延迟步数为 T 的时延神经网络，其输入向量 X_t 的维度为 I，输入层拥有 H 个神经元，则输出 $a\{1\}$维度为 H，那么该层的前向传播算法为

$$z_h = \sum_{i=1}^{I}\sum_{t=1}^{T}(w_{it}^{h}x_i^t + b_{it}^{h}) \tag{2-2-13}$$

$$a_h = \theta_h\left(z_h\right) \tag{2-2-14}$$

其中，x_i^t 表示第 t 步延迟的输入向量中第 i 个维度的特征值；w_{it}^h 表示第 h 个神经元对于 x_i^t 的连接权重；b_{it}^h 表示第 h 个神经元在时刻 t 对于输入 x_i^t 的偏置值；θ_h 表示神经元 h 使用的激活函数；a_h 表示神经元 h 的激活值。

以 H 维向量 $a\{1\}$作为输入，进入拥有 K 个神经元的隐含层，该层的前向传播算法为

$$z_k = \sum_{h=1}^{H}\left(w_h^k a_h + b_h^k\right) \tag{2-2-15}$$

$$b_k = \theta_k\left(z_k\right) \tag{2-2-16}$$

其中，a_h 表示输入向量 $a\{1\}$中第 h 个维度的特征值；w_h^k 表示第 k 个神经元对于 a_h 的连接权重；b_h^k 表示第 k 个神经元对于输入 a_h 的偏置值；θ_k 表示神经元 k 使用的激活函数；b_k 表示神经元 k 的激活值。

最后，将 K 维向量 $b\{1\}$作为输入，进入具有 M 个神经元的输出层，得到 t 时刻的输出结果：

$$y_m^t = \sum_{k=1}^{K} w_k^m b_k \tag{2-2-17}$$

其中，y_m^t 表示输出向量 Y_t 中第 m 个维度的特征值；w_k^m 表示第 m 个神经元对于 b_k 的连接权重。

可以简单地把输入序列 X 与输出序列 Y 之间的关系表示成如下形式：

$$Y\left(t\right) = R\left[X\left(t\right), X\left(t-1\right), \cdots, X\left(t-d\right)\right] \tag{2-2-18}$$

其中，R 表示时延神经网络的前向传播算子；d 表示延迟步数。通常，时延神经网络通过反向传播算法的梯度下降来更新神经网络中的权重。

思考题

1. 简述响应面、支持向量机、人工神经网络及遗传算法的基本原理。
2. 简述卷积神经网络、堆栈自编码器及卷积自编码器的基本原理。
3. 简述深度神经网络与传统浅层神经网络学习方法的异同。
4. 搜集深度神经网络在结构动力学中的应用案例并说明其优势。

第 3 章

结构动力学基础理论

为了建立振动系统的数学模型——振动微分方程，首先必须建立一个描述系统运动的坐标系。描述一个振动系统运动状态的独立坐标，称为这个系统的自由度，而将独立坐标的数目称为系统的自由度数。对于实际工程结构的动力学建模，通常都采用有限元法将其离散为有限自由度系统，超过一个自由度的系统，称为多自由度系统，只有一个自由度的系统，称为单自由度系统。例如，当一个空间质点做自由运动时，确定其位置需要三个独立的坐标，它的自由度数为 3；对于一个空间刚体质量块，由于刚体运动可以分解为随质心的平动和绕质心的转动，描述其在空间的运动需要确定其沿直角坐标 x, y, z 的三个平动位移和绕 x, y, z 轴的三个转角，其自由度数为 6；当一个质量块被约束在只能沿某一个坐标轴如 x 轴方向振动时，只需一个坐标 x 就能确定其位置，它的自由度数为 1。

单自由度系统是最简单的振动系统，其振动分析过程较为简单，其基本概念、原理和分析方法完全适用于多自由度系统。另外，在后续学习中可以看到，对多自由度系统，在引入固有模态的概念和模态坐标变换的原理后，其振动特性和振动分析问题就成为若干个独立的单自由度系统的振动分析问题。因此，研究结构动力学的基础理论问题，就可以从单自由度系统开始，逐步学习单自由度系统的振动及多自由度系统振动的基本原理。

3.1 单自由度系统的自由振动

自由振动是指系统受到初始扰动后，仅靠弹性恢复力来维持的振动，也是最简单的振动形式。只由惯性元件(质量块)和弹性元件(线性弹簧)组成的振动系统称为无阻尼系统，它是最基本、最简单的振动系统，也是理想化的振动系统。本节将通过无阻尼单自由度系统和有阻尼单自由度系统来讲述单自由度系统的自由振动。

3.1.1 无阻尼自由振动

典型的无阻尼单自由度系统的力学模型及坐标系如图 3-1-1(a)所示，以弹簧没有任何变形的位置为坐标原点(该点也可称为系统的静平衡位置或势能零点)、质量块向右运动为正。在质量块受到某种初始扰动而发生振动后，在时刻 t 时运动到了正向位置 $x(t)$ 处，则其受力图如图 3-1-1(b)所示。质量块在弹簧的弹性恢复力作用下做加速运动。

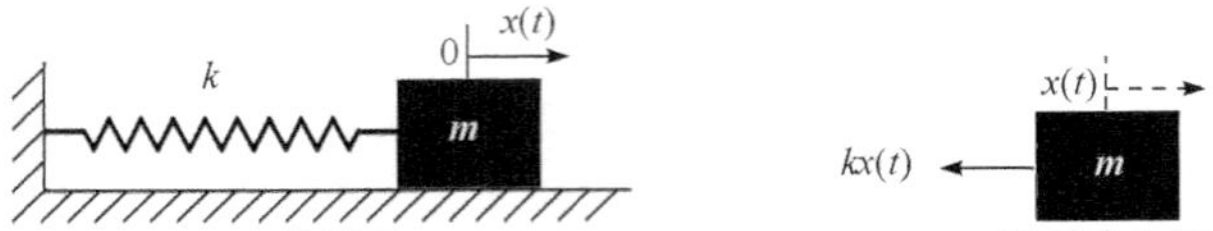

(a) 力学模型　　(b) 受力分析

图 3-1-1　典型的无阻尼单自由度系统

利用牛顿第二定律，可得

$$m\ddot{x}(t) = -kx(t) \tag{3-1-1}$$

移项可得

$$m\ddot{x}(t) + kx(t) = 0 \tag{3-1-2}$$

式(3-1-2)描述了质量块 m 在时刻 t 的运动规律，在数学上它是一个二阶常系数线性微分方程。

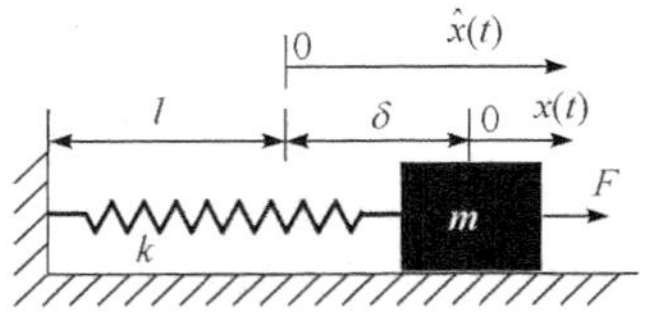

图 3-1-2　质量块上作用——沿着运动方向的常力

现在考虑一种特殊情况。假设在质量块上施加一个沿着 x 正方向的常力 F，如图 3-1-2 所示，在常力 F 的作用下，弹簧将产生一个初始变形 δ，则根据胡克定律，有 $F = k\delta$，此时系统将处于静平衡状态，若仍然以质量块的静平衡位置为坐标原点、向右运动为正，假设质量块受到某种扰动而发生振动运动，在时刻 t 到达正向的位置 $x(t)$ 处，则同样可以利用牛顿第二定律得到如下方程：

$$m\ddot{x}(t) = F - k\left(\delta + x(t)\right) \tag{3-1-3}$$

代入 $F = k\delta$，整理可得

$$m\ddot{x}(t) + kx(t) = 0$$

从方程(3-1-2)看到，如果我们以静平衡位置为坐标原点建立振动方程，在建立方程时，就可以不考虑沿振动方向的常力、常力引起的静变形，而只考虑振动位移及其引起的弹性力。在结构振动分析中，通常都是以结构的静平衡位置为坐标原点来建立振动方程的，即不考虑静力引起的静响应(含静态位移、应力、应变)，此时获取的振动响应(简称动响应，包含动态位移、应力、应变)是关于其平衡位置的增量响应。在结构强度校核中，需要考虑结构所受的所有载荷，此时，静载荷引起的静响应不能被忽略，这就需要将振动分析获得的动响应与静力学分析获得的静响应叠加起来作为结构的总响应，并利用总响应产生的应力来进行结构强度校核。

引入一个参数 $\omega_\mathrm{n} = \sqrt{k/m}$，称为无阻尼单自由度系统做自由振动的圆频率 ω_n，它与初始条件无关，只与系统的质量 m 和刚度系数 k 即系统的固有参数有关，故通常称 ω_n 为系统的固有振动圆频率，简称固有频率，其国际标准单位为 rad/s。方程(3-1-2)可以写为

$$\ddot{x} + \omega_\mathrm{n}^2 x = 0 \tag{3-1-4}$$

由常微分方程理论可知，方程(3-1-4)的解可表示为

$$x(t)=Ae^{st} \tag{3-1-5}$$

将其代入方程(3-1-4)，可得其特征方程为

$$s^2+\omega_n^2=0 \tag{3-1-6}$$

求解特征方程(3-1-6)，可得其特征根为

$$s_{1,2}=\pm j\omega_n \tag{3-1-7}$$

该特征根为不相等的两个虚数，则根据常微分方程理论，方程的通解(称为无阻尼单自由度系统的自由振动响应)由两个特征根对应的解的叠加来表示：

$$x(t)=A_1e^{j\omega_n t}+A_2e^{-j\omega_n t} \tag{3-1-8}$$

其中，A_1 和 A_2 为待定常数。利用欧拉公式 $e^{j\omega t}=\cos\omega t+j\sin\omega t$，式(3-1-8)可简化为

$$x(t)=C_1\sin\omega_n t+C_2\cos\omega_n t \tag{3-1-9}$$

其中，$C_1=j(A_1-A_2)$ 和 $C_2=A_1+A_2$ 为解的形式改写后的待定常数，可由初始条件(即质量块在 $t=0$ 时刻的初始位移和初始速度)

$$x(0)=x_0,\quad \dot{x}(0)=\dot{x}_0 \tag{3-1-10}$$

来决定。将式(3-1-10)代入式(3-1-9)，可得

$$C_1=\frac{\dot{x}_0}{\omega_n},\quad C_2=x_0 \tag{3-1-11}$$

则无阻尼单自由度系统的自由振动响应为

$$x(t)=\frac{\dot{x}_0}{\omega_n}\sin\omega_n t+x_0\cos\omega_n t \tag{3-1-12}$$

进一步利用三角函数关系，式(3-1-12)可改写为

$$x(t)=A\sin(\omega_n t+\varphi) \tag{3-1-13}$$

其中

$$A=\sqrt{x_0^2+\left(\frac{\dot{x}_0}{\omega_n}\right)^2} \tag{3-1-14}$$

$$\varphi=\arctan\frac{\omega_n x_0}{\dot{x}_0} \tag{3-1-15}$$

可以看到，式(3-1-13)是一个典型的简谐运动，其中，A 表示振动物体距离其平衡位置的最大位移，称为振动的幅值(amplitude)，简称振幅；简谐运动 $\sin(\omega_n t+\varphi)$ 对应的旋转矢量与 x 轴的夹角，即 $\omega_n t+\varphi$，称为相角或相位角(phase angle)，其国际标准单位为 rad，其中 φ 称为初相角或初相位(initial phase angle)，如图 3-1-3 所示。两个简谐运动相角的差异称为相位差(phase difference)，例如，简谐运动 $\sin(\omega_n t+\varphi)$ 与简谐运动 $\sin\omega_n t$ 的相位差恒为 φ，表示简谐运动 $\sin\omega_n t$ 滞后简谐运动 $\sin(\omega_n t+\varphi)$ 的相位角为 φ。

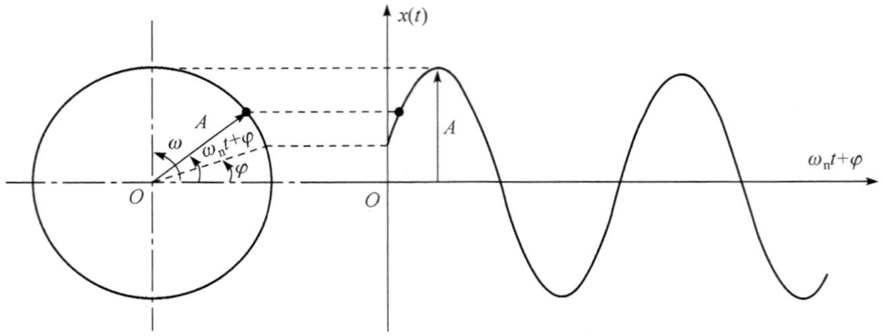

图 3-1-3 简谐运动及对应的旋转矢量

由式(3-1-13)～式(3-1-15)可知，无阻尼单自由度系统的自由振动响应的固有频率 $\omega_n = \sqrt{k/m}$ 由其刚度及质量确定，而振动的幅值 A 和初相位 φ 均由系统参数及初始条件决定，同时易知初相位 φ 的取值范围为 $\varphi \in [0, 2\pi)$。显然，系统的质量 m 越大或刚度系数 k 越小，则固有频率 ω_n 越低，反之亦然。

无阻尼单自由度系统自由振动重复一次所需的时间，称为振动响应的周期，也称为固有周期，记为 T_n，固有频率与固有周期的关系为

$$T_n = \frac{2\pi}{\omega_n} = 2\pi\sqrt{\frac{m}{k}} \tag{3-1-16}$$

显然，固有频率越高，固有周期越小，反之亦然。固有周期 T_n 的倒数也称为赫兹固有频率，记为 f_n，表示单位时间内振动运动重复的次数，其单位为赫兹(Hz)，在不引起混淆的情况下，也称为固有频率。赫兹固有频率与固有周期的关系为

$$f_n = \frac{1}{T_n} \tag{3-1-17}$$

则易知

$$\omega_n = 2\pi f_n \tag{3-1-18}$$

式(3-1-18)给出了固有频率 ω_n 与赫兹固有频率 f_n 的关系。如前所述，在振动分析时，只要不引起混淆，ω_n 和 f_n 都可称为固有频率，只通过其单位来区分。

将式(3-1-13)对时间求导，可以获得无阻尼单自由度系统自由振动速度响应 $\dot{x}(t)$ 及加速度响应 $\ddot{x}(t)$ 如下：

$$\dot{x}(t) = A\omega_n \cos(\omega_n t + \varphi) = A\omega_n \sin(\omega_n t + \varphi + \frac{\pi}{2}) \tag{3-1-19}$$

$$\ddot{x}(t) = -A\omega_n^2 \sin(\omega_n t + \varphi) = A\omega_n^2 \sin(\omega_n t + \varphi + \pi) \tag{3-1-20}$$

可以看出，位移响应相位滞后速度响应相位 $\pi/2$，滞后加速度响应相位 π。

3.1.2　有阻尼自由振动

在有阻尼结构的动力学分析中，通常采用黏性阻尼假设，黏性阻尼力 $f_c = -c\dot{x}(t)$，其中 c 为黏性阻尼系数。黏性阻尼单自由度系统的力学模型如图 3-1-4(a)所示，以静平衡位置为坐标原点，假设质量块有正向的位移 $x(t)$，其受力分析如图 3-1-4(b)所示，则利用牛顿第二定律可得如下方程：

微课 3.1

$$m\ddot{x}(t) = -kx(t) - c\dot{x}(t) \tag{3-1-21}$$

整理可得

$$m\ddot{x}(t) + c\dot{x}(t) + kx(t) = 0 \tag{3-1-22}$$

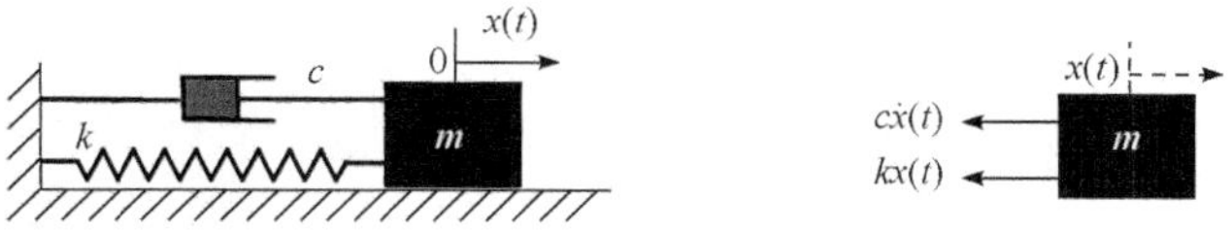

(a) 力学模型　　(b) 受力分析

图 3-1-4　典型的有阻尼单自由度系统

可以看出，黏性阻尼单自由度系统的自由振动方程是一个典型的二阶常系数齐次线性微分方程。引入参数 $\omega_n = \sqrt{k/m}$，$c_0 = 2\sqrt{mk}$，$\zeta = c/c_0$，方程(3-1-22)可以改写成：

$$\ddot{x}(t) + 2\zeta\omega_n\dot{x}(t) + \omega_n^2 x(t) = 0 \tag{3-1-23}$$

其中，ω_n 为系统的无阻尼固有频率；c_0 称为临界阻尼系数，它仅与系统的质量及刚度特性有关；ζ 称为阻尼比，也称相对阻尼系数、阻尼因子或阻尼率，它描述了系统阻尼系数 c 与临界阻尼系数 c_0 的关系，是表示阻尼水平的一个无量纲量。由常微分方程理论可知，方程(3-1-23)的解可表示为

$$x(t) = Ae^{st}$$

将其代入方程(3-1-23)，可得其特征方程为

$$s^2 + 2\zeta\omega_n s + \omega_n^2 = 0 \tag{3-1-24}$$

求解特征方程(3-1-24)，可得其特征根为

$$s_{1,2} = \left(-\zeta \pm \sqrt{\zeta^2 - 1}\right)\omega_n \tag{3-1-25}$$

系统的阻尼系数 c 一般为正数，则根据阻尼比 ζ 取值不同，上述特征根的形式和系统运动的性质就不同，方程的通解形式也不同，下面分别加以讨论。

1. 当 $0 < \zeta < 1$ 时

当 $0 < \zeta < 1$ 时，称为欠阻尼或亚临界阻尼，此时特征根为

$$s_{1,2} = \left(-\zeta \pm j\sqrt{1-\zeta^2}\right)\omega_n = -\zeta\omega_n \pm j\omega_d \tag{3-1-26}$$

其中，$\omega_{\mathrm{d}}=\sqrt{1-\zeta^2}\omega_{\mathrm{n}}$，称为阻尼自由振动频率，工程中也称其为有阻尼固有频率。此时，特征根为不相等的两个共轭复数，对应的响应通解由两个特征根表示的响应叠加而成：

$$x(t)=A_1\mathrm{e}^{s_1t}+A_2\mathrm{e}^{s_2t} \tag{3-1-27}$$

其中，A_1 和 A_2 为待定常数。利用欧拉公式 $\mathrm{e}^{\mathrm{j}\omega t}=\cos\omega t+\mathrm{j}\sin\omega t$，并代入 $s_1=-\zeta\omega_{\mathrm{n}}+\mathrm{j}\omega_{\mathrm{d}}$、$s_2=-\zeta\omega_{\mathrm{n}}-\mathrm{j}\omega_{\mathrm{d}}$，式(3-1-27)可改写为

$$x(t)=\mathrm{e}^{-\zeta\omega_{\mathrm{n}}t}\left(C_1\sin\omega_{\mathrm{d}}t+C_2\cos\omega_{\mathrm{d}}t\right) \tag{3-1-28}$$

其中，$C_1=\mathrm{j}(A_1-A_2)$ 和 $C_2=A_1+A_2$ 为待定常数，由初始条件确定。将系统的初始条件 $x(0)=x_0$、$\dot{x}(0)=\dot{x}_0$ 代入式(3-1-28)，可得

$$C_1=\frac{\dot{x}_0+\zeta\omega_{\mathrm{n}}x_0}{\omega_{\mathrm{d}}},\quad C_2=x_0 \tag{3-1-29}$$

则欠阻尼单自由度系统的自由振动响应为

$$x(t)=\mathrm{e}^{-\zeta\omega_{\mathrm{n}}t}\left(\frac{\dot{x}_0+\zeta\omega_{\mathrm{n}}x_0}{\omega_{\mathrm{d}}}\sin\omega_{\mathrm{d}}t+x_0\cos\omega_{\mathrm{d}}t\right) \tag{3-1-30}$$

进一步利用三角函数关系，式(3-1-30)可改写为

$$x(t)=A\mathrm{e}^{-\zeta\omega_{\mathrm{n}}t}\sin\left(\omega_{\mathrm{d}}t+\varphi\right) \tag{3-1-31}$$

其中，A 为振幅；φ 为初相位，且

$$A=\sqrt{x_0^2+\left(\frac{\dot{x}_0+\zeta\omega_{\mathrm{n}}x_0}{\omega_{\mathrm{d}}}\right)^2} \tag{3-1-32}$$

$$\varphi=\arctan\frac{\omega_{\mathrm{d}}x_0}{\dot{x}_0+\zeta\omega_{\mathrm{n}}x_0} \tag{3-1-33}$$

可以看到，欠阻尼单自由度系统的自由振动的振幅 A 和初相位 φ 均由系统参数及初始条件决定，同时易知初相位 φ 的取值范围为 $\varphi\in[0,2\pi)$。典型的欠阻尼单自由度系统的自由振动响应时间历程如图 3-1-5 所示，它的振幅随时间逐渐减小，我们称这种振动为“衰

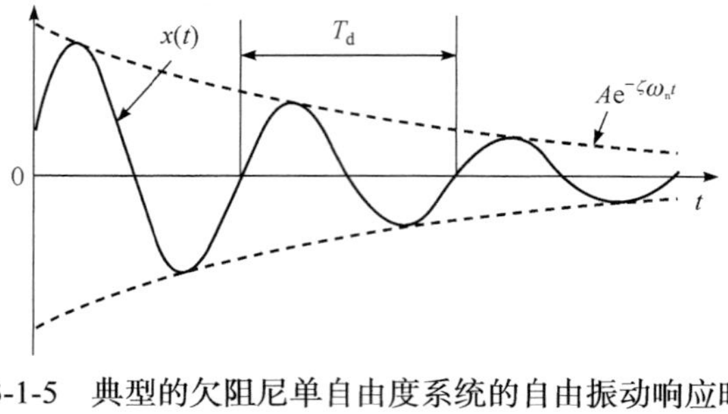

图 3-1-5 典型的欠阻尼单自由度系统的自由振动响应时间历程

减振动”。同时可以发现，如果式(3-1-31)～式(3-1-33)中的阻尼比$\zeta=0$，这些公式就完全退化为无阻尼单自由度系统的自由振动响应公式，即分别与式(3-1-13)～式(3-1-15)完全相同，这说明欠阻尼情况下得到的自由振动响应公式也适用于无阻尼情况。

显然，有阻尼单自由度系统的振幅随时间按指数规律衰减，其振动响应已不具有周期性，但仍具有等时性，用有阻尼固有频率ω_d来描述这种等时性，习惯上，在不引起误解的前提下，也称

$$T_d=\frac{2\pi}{\omega_d}=\frac{2\pi}{\omega_n\sqrt{1-\zeta^2}} \tag{3-1-34}$$

为衰减振动的周期。注意到，衰减振动响应的任意两个相差T_d时间的幅值之比为常数(振幅为 0 的时刻除外)，其自然对数δ，称为衰减振动幅值的对数衰减率，根据式(3-1-31)可知：

$$\delta=\ln\frac{x_i}{x_{i+T}}=\ln e^{\zeta\omega_n T_d}=\zeta\omega_n T_d \tag{3-1-35}$$

将式(3-1-34)代入式(3-1-35)可得对数衰减率与阻尼比的关系为

$$\delta=\frac{2\pi\zeta}{\sqrt{1-\zeta^2}} \tag{3-1-36}$$

从而，可以用测量得到的系统衰减响应的对数衰减率来求系统的阻尼比。对数衰减率与阻尼比的关系曲线如图 3-1-6 所示，可以看出，当$\zeta<<1$时，有

$$\delta\approx 2\pi\zeta \tag{3-1-37}$$

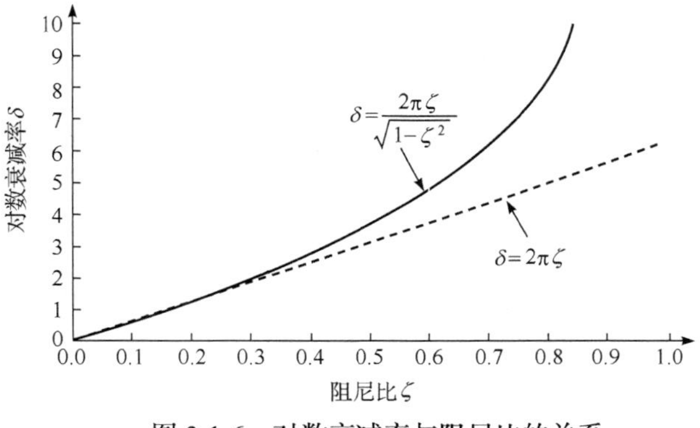

图 3-1-6 对数衰减率与阻尼比的关系

2. 当$\zeta=1$时

当$\zeta=1$时，系统的阻尼称为临界阻尼，此时有

$$s_{1,2}=-\omega_n \tag{3-1-38}$$

即特征根为相等的两个负实数，根据微分方程理论，响应通解可由如下两个解的叠加来表示：

$$x(t) = A_1 e^{s_1 t} + A_2 t e^{s_2 t} \tag{3-1-39}$$

其中，常数 A_1 和 A_2 由系统的初始条件决定。将 $x(0)=x_0$、$\dot{x}(0)=\dot{x}_0$、$s_1=s_2=-\omega_n$ 代入式(3-1-39)，可得

$$A_1 = x_0, \quad A_2 = x_0\omega_n + \dot{x}_0 \tag{3-1-40}$$

图 3-1-7 绘制了典型的临界阻尼单自由度系统的自由振动响应时间历程。可以看出，系统响应不具有振动特性，一般是响应先出现一个超调，然后再按指数规律衰减并最终趋于零。

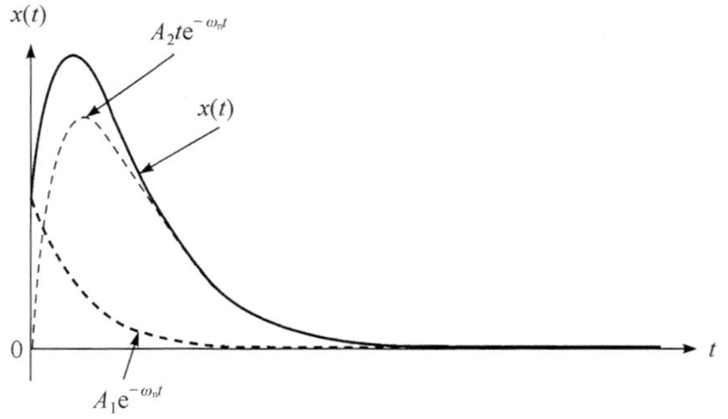

图 3-1-7 临界阻尼单自由度系统的自由振动响应时间历程

3. 当 $\zeta>1$ 时

当 $\zeta>1$ 时，称为过阻尼或超临界阻尼，此时有

$$s_{1,2} = \left(-\zeta \pm \sqrt{\zeta^2-1}\right)\omega_n \tag{3-1-41}$$

即特征根为不相等的两个负实数，根据微分方程理论，响应通解由两个特征根对应的响应的叠加来表示：

$$x(t) = A_1 e^{s_1 t} + A_2 e^{s_2 t} \tag{3-1-42}$$

其中，常数 A_1 和 A_2 由系统的初始条件来决定。将 $x(0)=x_0$、$\dot{x}(0)=\dot{x}_0$ 代入式(3-1-42)，可得

$$A_1 = \frac{x_0 s_2 - \dot{x}_0}{s_2 - s_1}, \quad A_2 = \frac{x_0 s_1 - \dot{x}_0}{s_1 - s_2} \tag{3-1-43}$$

图 3-1-8 绘制了典型的过阻尼单自由度系统的自由振动响应时间历程。可以看出，与临界阻尼情况类似，系统响应也不具有振动性，最终也是按指数规律衰减并趋于零。

图 3-1-9 给出了某单自由度系统在无阻尼($\zeta=0$)、欠阻尼($0<\zeta<1$)、临界阻尼($\zeta=1$)以及过阻尼($\zeta>1$)情形下的振动响应时间历程。可以看出，随着阻尼的引入及阻尼的不断增加，系统的振动由简谐振动($\zeta=0$)逐渐变为衰减振动($0<\zeta<1$)、不振动($\zeta\geqslant1$)，说明阻尼对振动起到阻碍作用或耗散振动能量的作用。后续若无特别说明，研究的系统都

是欠阻尼振动系统。

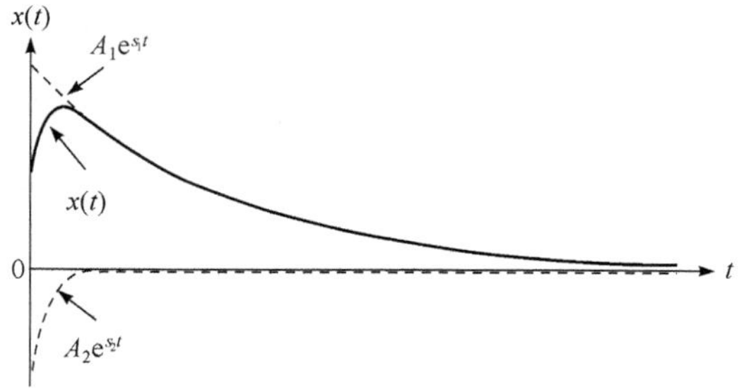

图 3-1-8 过阻尼单自由度系统的自由振动响应时间历程

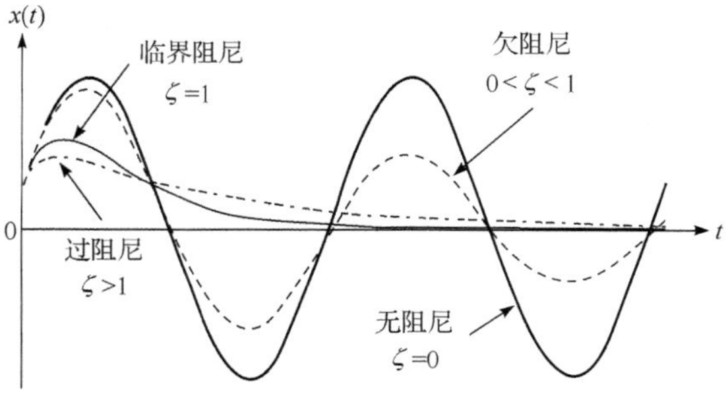

图 3-1-9 单自由度系统的自由振动响应时间历程

3.2 单自由度系统的强迫振动

微课 3.2

3.2.1 简谐激励下的强迫振动

简谐激励下的强迫振动是指系统受到简谐激励时的振动响应。简谐激励是强迫振动中最简单的激励类型，包含简谐力激励、旋转不平衡质量激励和简谐基础运动激励三种类型，而简谐力激励又是简谐激励的最简单形式，这里仅介绍简谐力激励下的强迫振动响应求解方法，其他两种简谐激励求解方法与之类似，读者可参阅文献[1]。

如图 3-2-1 所示的有阻尼单自由度系统，沿运动方向受到简谐力 $F_0\sin\omega t$ 的作用，假设质量块有正向的位移 $x(t)$，则利用牛顿第二定律可得

$$m\ddot{x}(t)=F_0\sin\omega t-kx(t)-c\dot{x}(t) \tag{3-2-1}$$

整理，可得

$$m\ddot{x}(t)+c\dot{x}(t)+kx(t)=F_0\sin\omega t \tag{3-2-2}$$

这是一个典型的二阶非齐次线性微分方程。根据微分方程理论，对这类方程主要有三角函数解法和复数解法两类，下面分别予以介绍。

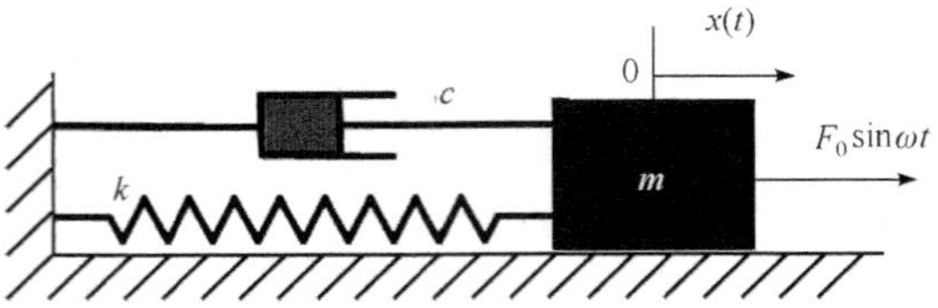

图 3-2-1 受简谐激励的有阻尼单自由度系统

1. 三角函数解法

由微分方程理论可知，系统的响应可表示为

$$x(t)=\hat{x}_{\mathrm{t}}(t)+x_{\mathrm{s}}(t) \tag{3-2-3}$$

其中，$\hat{x}_{\mathrm{t}}(t)$ 为对应齐次方程 $m\ddot{x}(t)+c\dot{x}(t)+kx(t)=0$ 的通解；$x_{\mathrm{s}}(t)$ 为非齐次方程 $m\ddot{x}(t)+c\dot{x}(t)+kx(t)=F_0\sin\omega t$ 的特解。

对于欠阻尼系统，通解即为有阻尼单自由度系统的自由振动响应，即

$$\hat{x}_{\mathrm{t}}(t)=\hat{A}\mathrm{e}^{-\zeta\omega_{\mathrm{n}}t}\sin(\omega_{\mathrm{d}}t+\hat{\varphi}) \tag{3-2-4}$$

其中，$\hat{A}$ 和 $\hat{\varphi}$ 为由系统初始条件决定的未知常数。

对于任意阻尼系统，特解可表示为

$$x_{\mathrm{s}}(t)=X\sin(\omega t-\phi) \tag{3-2-5}$$

其中，X 表示响应的幅值；ϕ 表示响应滞后于外激励的相位角，即相位差。需要注意的是，相位差前面的负号是为了直观地表示由于阻尼的存在，响应总会滞后于激励一个相位角。

将特解表达式(3-2-5)代入方程(3-2-2)，方程变为一个代数方程，利用三角函数关系式，可得

$$X=\frac{F_0}{\sqrt{(k-\omega^2m)^2+\omega^2c^2}} \tag{3-2-6}$$

$$\phi=\arctan\frac{\omega c}{k-\omega^2m} \tag{3-2-7}$$

考虑到系统质量 m、阻尼系数 c 以及刚度系数 k 均为正值，可以证明，相位差 $\phi\in[0,\pi]$。

然后，将式(3-2-4)和式(3-2-5)代入式(3-2-3)，并考虑初始条件 $x(0)=x_0$、$\dot{x}(0)=\dot{x}_0$，可得

$$x(t)=\hat{x}_{\mathrm{t}}(t)+x_{\mathrm{s}}(t)=x_{\mathrm{t}}(t)+x_{\mathrm{ts}}(t)+x_{\mathrm{s}}(t) \tag{3-2-8}$$

其中

$$x_{\mathrm{t}}(t)=A\mathrm{e}^{-\zeta\omega_{\mathrm{n}}t}\sin(\omega_{\mathrm{d}}t+\varphi) \tag{3-2-9}$$

$$A=\sqrt{x_0^2+\left(\frac{\dot{x}_0+\zeta\omega_n x_0}{\omega_d}\right)^2} \tag{3-2-10}$$

$$\varphi=\arctan\frac{\omega_d x_0}{\dot{x}_0+\zeta\omega_n x_0} \tag{3-2-11}$$

$$x_{ts}(t)=A_{ts}e^{-\zeta\omega_n t}\sin(\omega_d t+\varphi_{ts}) \tag{3-2-12}$$

$$A_{ts}=X\sqrt{(\sin\phi)^2+\left(\frac{\zeta\omega_n\sin\phi-\omega\cos\phi}{\omega_d}\right)^2} \tag{3-2-13}$$

$$\varphi_{ts}=\arctan\frac{\omega_d\sin\phi}{\zeta\omega_n\sin\phi-\omega\cos\phi} \tag{3-2-14}$$

系统响应表达式(3-2-8)的第一项 $x_t(t)$ 就是有阻尼自由振动的响应表达式，为一个衰减振动，称为系统的自由振动响应，其幅值 A 及初相位 φ 仅与系统参数及初始条件有关，对于有阻尼系统，由于这部分响应只持续一段相对较短的时间，故称为初始条件引起的瞬态响应，简称瞬态响应。

系统响应表达式(3-2-8)的第三项 $x_s(t)$ 就是方程(3-2-2)的特解，是一个简谐振动，称为系统的稳态振动响应 $x_s(t)$，简称稳态响应，其幅值 X 和相位滞后角 ϕ 的表达式分别见式(3-2-6)和式(3-2-7)，仅与系统参数及外激励参数有关。

系统响应表达式(3-2-8)的第二项 $x_{ts}(t)$ 也是一个衰减振动，但其幅值 A_{ts} 和初相位 φ_{ts} 与系统参数及外激励有关，称为系统的伴随自由振动响应，对于有阻尼系统，这部分响应也只持续一段很短的时间，故也称为由外激励引起的瞬态响应。同时，根据系统参数及 ϕ 的取值范围，可知 $\varphi_{ts}\in[0,\pi]$。通常，$x_t(t)$ 和 $x_{ts}(t)$ 统称为瞬态响应。

图 3-2-2 给出了欠阻尼单自由度系统在简谐力作用下的振动响应 $x(t)$ 及其分量——自由振动响应 $x_t(t)$、伴随自由振动响应 $x_{ts}(t)$ 以及稳态响应 $x_s(t)$ 的曲线图。结合该曲线图及振动响应 $x(t)$ 的公式，定性分析可得以下结论。

(1) 系统的振动响应是频率为 ω_d 的衰减振动 $x_t(t)$、$x_{ts}(t)$ 及频率为 ω 的简谐振动 $x_s(t)$ 的组合运动。

(2) 由外激励引起的响应 $x_s(t)$ 始终保持等幅振动状态，这也就是将其称为稳态响应的原因。

(3) 无论在什么初始条件下，由于阻尼的作用，经过一段足够的时间，$x_t(t)$ 及 $x_{ts}(t)$ 都将趋于零，系统最终的响应即为稳态响应。

需要强调的是，上述推导过程中，系统的瞬态响应 $x_t(t)$ 是针对欠阻尼情形开展的，当系统阻尼特性为临界阻尼或过阻尼时，若需获得系统的整个响应，需要分别用式(3-1-39)或式(3-1-42)替换式(3-2-4)，并代入式(3-2-3)，采用上述相同的步骤，完成响应的求解。

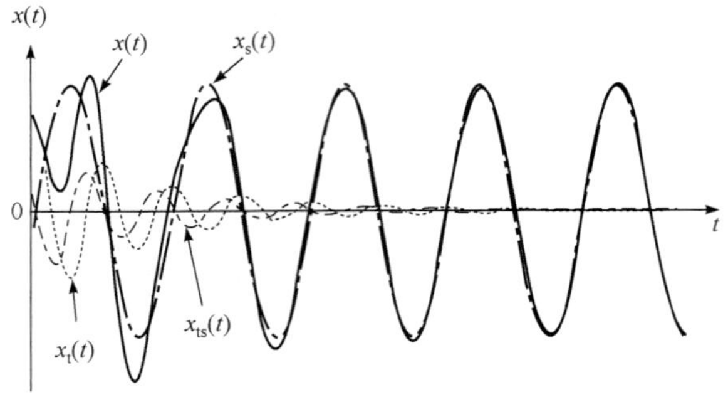

图 3-2-2　欠阻尼单自由度系统在简谐力作用下的振动响应时间历程

微课 3.3

2. 复数解法

在上述求解式(3-2-6)及式(3-2-7)的过程中使用了相关三角函数关系式，求解过程一般较为复杂，本节将结合简谐运动的复数表示方法，给出稳态响应的复数解法，也称复指数解法。

不失一般性，假设图 3-2-1 的单自由度系统分别受到两个简谐激励力，即

$$F_0 \sin(\omega t+\theta) \tag{3-2-15}$$

和

$$F_0 \cos(\omega t+\theta) \tag{3-2-16}$$

其中，F_0 为激励力的幅值；ω 为激励力的频率；θ 为激励力的初相位。当初相位 $\theta=0$ 时，激励力 $F_0\sin\omega t$ 即为上述三角函数解法中的激励力。利用欧拉公式，可将这两个激励力合写为复数形式：

$$F_0 \mathrm{e}^{\mathrm{j}(\omega t+\theta)} = F_0\cos(\omega t+\theta)+\mathrm{j}F_0\sin(\omega t+\theta) \tag{3-2-17}$$

根据复数运算的基本原理和叠加原理，结构在复激励力 $F_0\mathrm{e}^{\mathrm{j}(\omega t+\theta)}$ 下，其响应的实部即为激励力 $F_0\cos(\omega t+\theta)$ 作用下的响应、虚部即为激励力 $F_0\sin(\omega t+\theta)$ 作用下的响应。

为简化推导，用 $\bar{F}_0$ 表示复激励力的复幅值，即

$$\bar{F}_0 = F_0\mathrm{e}^{\mathrm{j}\theta} \tag{3-2-18}$$

则复激励力 $F_0\mathrm{e}^{\mathrm{j}(\omega t+\theta)}$ 可表示为 $\bar{F}_0\mathrm{e}^{\mathrm{j}\omega t}$，系统的强迫振动方程可写为

$$m\ddot{x}(t)+c\dot{x}(t)+kx(t)=\bar{F}_0\mathrm{e}^{\mathrm{j}\omega t} \tag{3-2-19}$$

根据微分方程理论，方程(3-2-19)的特解(即稳态响应)可表示为

$$x_\mathrm{s}(t)=\bar{X}\mathrm{e}^{\mathrm{j}\omega t} \tag{3-2-20}$$

其中，$\bar{X}$ 为响应的复振幅。将式(3-2-20)代入式(3-2-19)，可得复振幅 $\bar{X}$，即

$$\bar{X}=\frac{\bar{F}_0}{\left(k-\omega^2 m\right)+\mathrm{j}\omega c} \tag{3-2-21}$$

将式(3-2-18)代入式(3-2-21)，并整理，可得

$$\overline{X} = X\mathrm{e}^{-\mathrm{j}\phi}\mathrm{e}^{\mathrm{j}\theta} \tag{3-2-22}$$

其中，X 为响应的幅值；ϕ 为响应滞后于激励力的相位角，其表达式见式(3-2-16)及式(3-2-7)。

因此，系统的复响应 $x_{\mathrm{s}}(t)$ 为

$$x_{\mathrm{s}}(t) = \overline{X}\mathrm{e}^{\mathrm{j}\omega t} = X\mathrm{e}^{\mathrm{j}(\omega t+\theta-\phi)} \tag{3-2-23}$$

这样，系统在激励力 $F_0\sin(\omega t+\theta)$ 下的响应即为 $x_{\mathrm{s}}(t)$ 的虚部，即

$$\mathrm{Im}\{x_{\mathrm{s}}(t)\} = X\sin(\omega t+\theta-\phi) \tag{3-2-24}$$

系统在激励力 $F_0\cos(\omega t+\theta)$ 下的响应即为 $x_{\mathrm{s}}(t)$ 的实部，即

$$\mathrm{Re}\{x_{\mathrm{s}}(t)\} = X\cos(\omega t+\theta-\phi) \tag{3-2-25}$$

可以看到，当初相位 $\theta=0$ 时，式(3-2-24)表示的振动响应与前面三角函数解法得到的完全一致。需要注意的是，在上述求解稳态响应的三角函数解法以及复数解法的推导过程中，其稳态响应的假设形式与系统阻尼大小无关，所以上述两种解法求解稳态响应时，系统可以为无阻尼、欠阻尼、临界阻尼及过阻尼系统中的任何一种振动系统。

微课 3.4

3. 稳态响应特征

对于强迫振动问题，由于阻尼的存在，强迫振动响应的两个瞬态振动响应项会逐渐趋于零，因此我们关心的是系统的稳态响应。在结构振动中，只要不专门说明，提到的强迫振动响应一般都是指稳态振动响应。以后只要不引起混淆，通常略去稳态响应 $x_{\mathrm{s}}(t)$ 的下标 s 。现在来考察系统在简谐激励下的稳态响应：

$$x(t) = X\sin(\omega t-\phi) \tag{3-2-26}$$

式(3-2-26)表明，在简谐力作用下，系统将产生一个与激励力频率相同的简谐振动，但响应滞后于激励力一个相位角 ϕ，同时强迫振动响应的振幅和相角与初始条件无关，只取决于系统物理参数及外激励力的幅值和频率。

引入等效静位移 $X_0 = F_0/k$ 和频率比 $\gamma=\omega/\omega_{\mathrm{n}}$，稳态响应振幅 X 可表示为

$$X = \frac{X_0}{\sqrt{(1-\gamma^2)^2+(2\zeta\gamma)^2}} \tag{3-2-27}$$

为了描述相同力幅下振动情况位移幅值与静态情况位移幅值的关系，这里定义位移放大率(称位移放大因子或幅值比或振幅放大系数)如下：

$$\beta = \frac{X}{X_0} = \frac{1}{\sqrt{(1-\gamma^2)^2+(2\zeta\gamma)^2}} \tag{3-2-28}$$

由式(3-2-28)可以看出，位移放大率 β 是阻尼比 ζ 及频率比 γ 的函数，在振动理论分析中，会建立很多类似式(3-2-28)的函数关系。针对这种带有两个自变量的函数关系，一种简便的分析方法是固定一个自变量，分析函数值与另一个自变量的关系。通常情况下，对一个给定的振动系统，其阻尼比是确定的，因此，可对给定的阻尼比 ζ，绘制出位移

放大率 β 与频率比 γ 之间的关系。图 3-2-3 绘制出了不同阻尼比 ζ 下位移放大率 β 随频率比 γ 变化的曲线，这种曲线也称为系统的幅频特性曲线。由分析可得出以下结论。

(1) 当频率比 γ 趋近于零时，位移放大率 β 趋于 1，且与阻尼无关，其物理意义是：当激励频率趋于零时，系统相当于是受静力作用，响应的振幅与大小为 F_0 的静力作用在系统上产生的静位移相接近。

(2) 当频率比 γ 趋近于无穷时，位移放大率 β 趋近于零，也与阻尼无关；其物理意义是：当外激励频率足够大时，系统位移来不及跟随外激励变化，从而保持为零(保持不动)。

(3) 当阻尼比 ζ 较小时，随着频率比 γ 的增加，位移放大率 β 从 1 开始，先增加并达到一个峰值，再迅速下降并逐渐趋近于 0。

(4) 当阻尼比 ζ 较大时，随着频率比 γ 的增加，位移放大率 β 从 1 开始下降逐渐趋近于 0。

(5) 当 $\gamma \approx 1$ 时，随着阻尼比 ζ 的增加，位移放大率 β 显著减小。

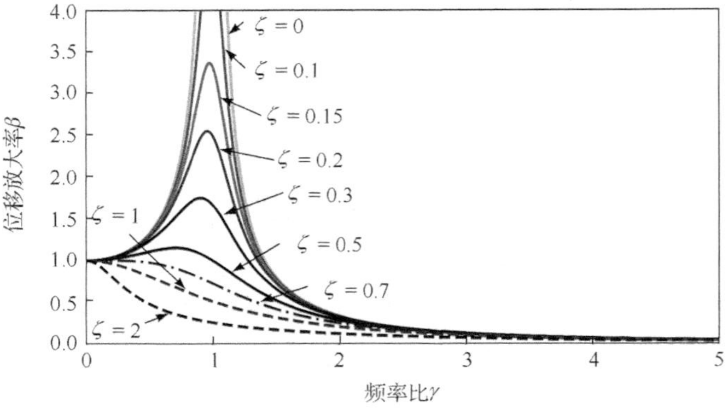

图 3-2-3 简谐力激励下的位移放大率随频率比变化曲线

同时，结合位移放大率 β 的定义式(3-2-28)，进一步分析可得出以下结论。

(1) 当 $\gamma = 1$ 时，即外激励频率 ω 等于系统固有频率 ω_n 时：对于无阻尼系统(即 $\zeta = 0$)，位移放大率 β 将趋于无穷大；对于有阻尼系统(即 $\zeta > 0$)，位移放大率近似达到最大值，且 $\beta = 1/2\zeta$ 。

(2) 对于有阻尼系统，位移放大率的最大值并没有出现在频率比 $\gamma = 1$ 的位置，可利用求极值的方法获取位移放大率最大值对应的频率比。根据式(3-2-28)，可得

$$\frac{\mathrm{d}\beta}{\mathrm{d}\gamma} = \frac{2\gamma - 2\gamma^3 - 4\zeta^2\gamma}{\sqrt{\left[(1-\gamma^2)^2 + (2\zeta\gamma)^2\right]^3}} \tag{3-2-29}$$

① 当 $\zeta > \sqrt{2}/2$ 时，根据 $\mathrm{d}\beta/\mathrm{d}\gamma < 0$ ，可知位移放大率 β 关于频率比 γ 单调递减，其最大值及对应的频率比为

$$\beta_{\max} = 1,\quad \gamma = 0 \tag{3-2-30}$$

即 $\zeta > \sqrt{2}/2$ 时，无论 γ 为何值，$\beta \leqslant 1$ 。

② 当$\zeta \leqslant \sqrt{2}/2$时，根据$\mathrm{d}\beta/\mathrm{d}\gamma = 0$，可知位移放大率$\beta$的最大值及对应的频率比为

$$\beta_{\max} = \frac{1}{2\zeta\sqrt{1-\zeta^2}}, \quad \gamma = \sqrt{1-2\zeta^2} \tag{3-2-31}$$

③ 由式(3-2-31)可知，当$\zeta \ll 1$时，ζ^2与 1 相比是二阶无穷小量，则$\beta_{\max} \approx 1/(2\zeta)$。

通常，将位移振幅取极大值时的现象称为位移共振，对应的外激励频率称为位移共振频率。可以看出，对于无阻尼系统，其位移共振频率就是系统固有频率，而对于有阻尼系统，其位移共振频率略小于系统固有频率。类似地，利用速度响应及加速度响应可分别定义速度放大率β_{v}和加速度放大率β_{a}，具体如下：

$$\beta_{\mathrm{v}} = \frac{\omega X}{\omega_{\mathrm{n}} X_0} = \gamma\beta \tag{3-2-32}$$

$$\beta_{\mathrm{a}} = \frac{\omega^2 X}{\omega_{\mathrm{n}}^2 X_0} = \gamma^2\beta \tag{3-2-33}$$

同样地，分别利用求导的方法，可以获得速度共振频率(此时$\gamma = 1$)及加速度共振频率(此时$\gamma = 1/\sqrt{1-2\zeta^2}$，$\zeta \leqslant \sqrt{2}/2$)。可以看出，对于有阻尼系统，速度共振频率恰好就是系统固有频率(即系统速度共振将准确地发生在外激励频率与系统固有频率相等的情形)，而加速度共振频率略高于系统固有频率。对于阻尼比较小(即$\zeta \ll 1$)的工程结构，上述几种共振频率与系统固有频率的差别很小，在工程上可将外激励频率等于系统固有频率时的振动称为共振，即共振频率就是系统的固有频率。进一步观察图 3-2-3 可以看出，对于阻尼比较小的工程结构，在固有频率及其附近，增大阻尼对振幅有明显的抑制作用。这样，可以获得工程结构减振设计的两个基本要求，即外激励频率应远离结构固有频率；若两者比较接近，为了减小振动，则应尽量增加阻尼。

利用频率比γ及阻尼比ζ，相位滞后角ϕ的表达式也可简化为

$$\phi = \arctan\frac{2\zeta\gamma}{1-\gamma^2} \tag{3-2-34}$$

同样地，相位滞后角ϕ也是阻尼比ζ及频率比γ的函数。图 3-2-4 绘制了不同阻尼

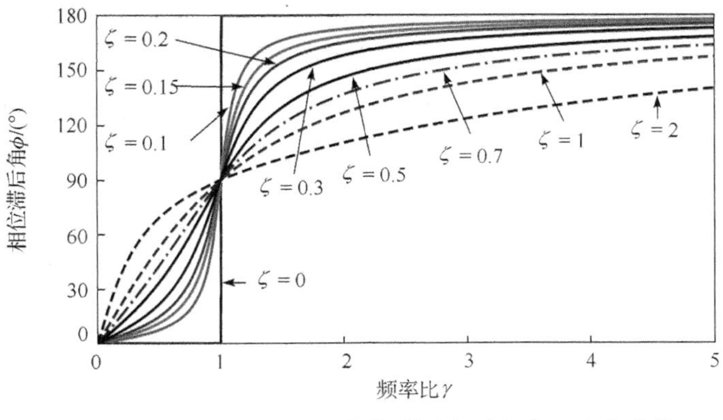

图 3-2-4　简谐力激励下的相位滞后角随频率比变化曲线

比ζ下相位滞后角ϕ随频率比γ变化的曲线，这种曲线也称为系统的相频特性曲线。可以看到，当频率比γ很小，即激励频率很低时，振动位移与激励力几乎同相位，即$\phi \approx 0$；当频率比γ很大，即激励频率很高时，振动位移与激励力相位相反，简称反相，即$\phi \approx \pi$；当$\gamma = 1$，即共振时，不管阻尼比为何值，相位滞后角ϕ恒为$\pi/2$，因此这种共振也称为相位共振。可以看出，相位共振的频率就是系统的固有频率，同时，由于位移的相位也滞后于速度相位$\pi/2$，所以共振时系统的振动速度与激励力是同相位的。

4．频率响应函数

微课3.5

假设外激励频率ω不同时，激励力的复力幅也不同，在不引起歧义的前提下，用$\bar{F}(\omega)$表示复力幅，则系统在复激励下的振动方程(3-2-19)可改写为

$$m\ddot{x}(t)+c\dot{x}(t)+kx(t)=\bar{F}(\omega)\mathrm{e}^{\mathrm{j}\omega t} \tag{3-2-35}$$

相应地，系统的响应可表示为

$$x(t)=\bar{X}(\omega)\mathrm{e}^{\mathrm{j}\omega t} \tag{3-2-36}$$

其中，$\bar{X}(\omega)$为响应的位移复幅值。将式(3-2-36)代入方程(3-2-35)，可得

$$\left(k-\omega^2 m+\mathrm{j}\omega c\right)\bar{X}(\omega)=\bar{F}(\omega) \tag{3-2-37}$$

单自由度系统的频率响应函数(frequency response function，FRF，简称频响函数)定义为：受简谐激励系统的稳态响应的复振幅$\bar{X}(\omega)$与激励力的复力幅$\bar{F}(\omega)$之比，即

$$H(\omega)=\frac{\bar{X}(\omega)}{\bar{F}(\omega)}=\frac{1}{k-\omega^2 m+\mathrm{j}\omega c} \tag{3-2-38}$$

可以看出，系统的频响函数仅与系统参数及外激励频率有关，由式(3-2-38)可知，系统响应的位移复幅值$\bar{X}(\omega)$可表示为

$$\bar{X}(\omega)=H(\omega)\bar{F}(\omega) \tag{3-2-39}$$

因为式(3-2-37)是以位移响应建立的，式(3-2-38)表示的频响函数称为位移频响函数，也称位移导纳，一般也可用$H_{\mathrm{d}}(\omega)$表示。我们也可以分别用速度响应、加速度响应的复幅值来建立类似式(3-2-37)的表达式，根据系统受简谐激励的位移响应的表达式(3-2-36)可以推出，系统速度复幅值$\bar{V}(\omega)$、加速度复幅值$\bar{A}(\omega)$与位移复幅值$\bar{X}(\omega)$有如下关系：

$$\bar{V}(\omega)=\mathrm{j}\omega\bar{X}(\omega) \tag{3-2-40}$$

$$\bar{A}(\omega)=-\omega^2\bar{X}(\omega) \tag{3-2-41}$$

这样，根据位移频响函数的定义，并结合式(3-2-39)，可以定义速度频响函数$H_{\mathrm{v}}(\omega)$及加速度频响函数$H_{\mathrm{a}}(\omega)$，即

$$H_{\mathrm{v}}(\omega)=\frac{\bar{V}(\omega)}{\bar{F}(\omega)}=\mathrm{j}\omega H_{\mathrm{d}}(\omega)=\frac{\mathrm{j}\omega}{k-\omega^2 m+\mathrm{j}\omega c} \tag{3-2-42}$$

$$H_{\mathrm{a}}(\omega)=\frac{\overline{A}(\omega)}{\overline{F}(\omega)}=-\omega^{2}H_{\mathrm{d}}(\omega)=\frac{-\omega^{2}}{k-\omega^{2}m+\mathrm{j}\omega c} \tag{3-2-43}$$

可以看出，不同类型的频响函数尽管有着不同的表达式，但各个频响函数都仅与系统参数及外激励频率有关，且已知任一种类型频响函数，可通过乘以或除以 $\mathrm{j}\omega$ 或 $-\omega^2$ 获得其他类型的频响函数。

定义位移阻抗为

$$Z_{\mathrm{d}}(\omega)=k-\omega^{2}m+\mathrm{j}\omega c \tag{3-2-44}$$

则由式(3-2-37)可得

$$\overline{F}(\omega)=Z_{\mathrm{d}}(\omega)\overline{X}(\omega) \tag{3-2-45}$$

可以看到，$Z_{\mathrm{d}}(\omega)$ 与外激励频率 ω 有关，且具有刚度的量纲，所以在结构动力学中，也将 $Z_{\mathrm{d}}(\omega)$ 称为动刚度，但要注意，动刚度不是物理意义上的刚度，只是具有刚度的量纲而已。对比位移频响函数与位移阻抗的定义，可知：

$$Z_{\mathrm{d}}(\omega)=H_{\mathrm{d}}^{-1}(\omega) \tag{3-2-46}$$

与位移阻抗相似，利用速度频响函数、加速度频响函数，可以定义与速度响应、加速度响应相关的阻抗，即

$$Z_{\mathrm{v}}(\omega)=H_{\mathrm{v}}^{-1}(\omega)=\frac{k-\omega^{2}m+\mathrm{j}\omega c}{\mathrm{j}\omega} \tag{3-2-47}$$

$$Z_{\mathrm{a}}(\omega)=H_{\mathrm{a}}^{-1}(\omega)=\frac{k-\omega^{2}m+\mathrm{j}\omega c}{-\omega^{2}} \tag{3-2-48}$$

三种不同类型的阻抗有着不同的表达式，但各个阻抗都仅与系统参数及外激励频率有关，且已知任一种类型的阻抗，可通过乘以或除以 $\mathrm{j}\omega$ 或 $-\omega^2$ 获得其他类型的阻抗。频响函数和阻抗是振动理论中非常重要的一个概念，在振动理论分析以及振动试验中都有着广泛的应用。表 3-2-1 给出了各类频响函数和阻抗的定义及其相互转换关系，供读者参考。

表 3-2-1　频响函数、阻抗的定义及其相互转换关系

响应类型 R	频响函数：R/F		阻抗：F/R	
位移	位移频响函数、位移导纳、动柔度		位移阻抗、动刚度	
↓↑	$\times\mathrm{j}\omega$ ↓	↑ $\div\mathrm{j}\omega$	$\div\mathrm{j}\omega$ ↓	↑ $\times\mathrm{j}\omega$
速度	速度频响函数、速度导纳、导纳		速度阻抗、阻抗	
↓↑	$\times\mathrm{j}\omega$ ↓	↑ $\div\mathrm{j}\omega$	$\div\mathrm{j}\omega$ ↓	↑ $\times\mathrm{j}\omega$
加速度	加速度频响函数、加速度导纳、加速性		加速度阻抗、表观质量	

3.2.2 周期激励下的强迫振动

除简谐激励外，周期激励也是一种较为普遍的激励形式，本节以周期力激励为例，介绍周期激励下单自由度系统振动响应的求解方法。假设一个随时间变化的力 $f(t)$ ，对某一正常数 T ，满足关系式：

$$f(t)=f(t\pm nT),\quad n=1,2,\cdots \tag{3-2-49}$$

则称 $f(t)$ 是周期的，其中 T 为周期。显然，上述章节学习的简谐力激励是一种最简单的周期力激励。图 3-2-5 给出了两种典型的周期力激励，即周期方波和周期后峰锯齿波。

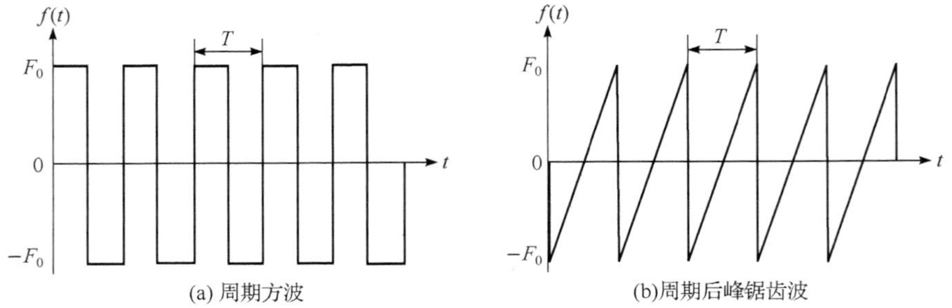

图 3-2-5 典型周期力

利用傅里叶级数，周期力 $f(t)$ 可以展开成无穷多个谐波项之和，即

$$f(t)=\frac{a_0}{2}+\sum_{n=1}^{\infty}\left(a_n\cos n\omega_0 t+b_n\sin n\omega_0 t\right) \tag{3-2-50}$$

其中， $\omega_0=2\pi/T$ 称为周期力的基频； a_0 、 a_n 、 b_n 为常数，且

$$a_0=\frac{2}{T}\int_0^T f(t)\mathrm{d}t \tag{3-2-51}$$

$$a_n=\frac{2}{T}\int_0^T f(t)\cos n\omega_0 t\mathrm{d}t \tag{3-2-52}$$

$$b_n=\frac{2}{T}\int_0^T f(t)\sin n\omega_0 t\mathrm{d}t \tag{3-2-53}$$

利用式(3-2-50)，具有黏性阻尼的单自由度系统在周期力 $f(t)$ 作用下的振动方程可写为

$$m\ddot{x}(t)+c\dot{x}(t)+kx(t)=\frac{a_0}{2}+\sum_{n=1}^{\infty}\left(a_n\cos n\omega_0 t+b_n\sin n\omega_0 t\right) \tag{3-2-54}$$

根据线性振动系统的叠加原理，若干个激励力共同作用下系统产生的振动响应，等于各个激励力单独作用下产生的振动响应的叠加。这样，将式(3-2-50)中的每一项看成一个激励，求出其对应的振动响应，再将所有振动响应叠加起来，就是周期激励力作用下所产生的振动响应。下面仅考虑这些力作用下的稳态响应。

首先，求得右端常力 $a_0/2$ 产生的静位移，即

$$x_0(t)=\frac{a_0}{2k} \tag{3-2-55}$$

然后，根据前述对简谐激励力稳态响应的求解方法，可以求出右端求和号内每一项激励力 $a_n\cos n\omega_0 t$ 与 $b_n\sin n\omega_0 t$ 产生的稳态响应分别为

$$x_{\cos}(t)=\frac{a_n}{k}\beta_n\cos(n\omega_0 t-\phi_n) \tag{3-2-56}$$

$$x_{\sin}(t)=\frac{b_n}{k}\beta_n\sin(n\omega_0 t-\phi_n) \tag{3-2-57}$$

其中

$$\beta_n=\frac{1}{\sqrt{(1-\gamma_n^2)^2+(2\zeta\gamma_n)^2}} \tag{3-2-58}$$

$$\phi_n=\arctan\frac{2\zeta\gamma_n}{1-\gamma_n^2} \tag{3-2-59}$$

$$\gamma_n=\frac{n\omega_0}{\omega_{\mathrm{n}}} \tag{3-2-60}$$

可以看出，β_n 的公式与简谐力激励下的位移放大率 β 的形式完全相同，即用 γ_n 替换简谐力激励下位移放大率 β 公式中的 γ，即可获得式(3-2-58)，可将 β_n 称为第 n 阶谐波的位移放大率。定性分析可知，当谐波频率远大于系统固有频率时 γ_n 很大，该阶谐波对应的位移放大率 β_n 将非常小。系统的总稳态响应为

$$x(t)=\frac{a_0}{2k}+\sum_{n=1}^{\infty}\frac{a_n}{k}\beta_n\cos(n\omega_0 t-\phi_n)+\sum_{n=1}^{\infty}\frac{b_n}{k}\beta_n\sin(n\omega_0 t-\phi_n) \tag{3-2-61}$$

可见系统的稳态响应也是一个无穷级数。如前所述，当谐波频率远大于系统固有频率时，该阶谐波对应的位移放大率 β_n 将非常小、振动响应幅值也非常小。同时，在一般情况下，高阶谐波分量的系数 a_n 及 b_n 也较小。因此，当系统固有频率不是非常高时，高阶谐波激励对应的位移响应幅值将非常小，略去高阶谐波响应，仅截取其前面有限项低阶谐波激励，计算得到响应结果的精度一般都满足工程要求。当然，截止谐波频率(即上限谐波频率)要根据实际系统的固有频率以及所需获得的计算精度来确定。注意到，当第 n 阶谐波频率与系统固有频率相等时，系统就会发生共振，对应的位移放大率 β_n 就会很大，在谐波系数 a_n 及 b_n 不是非常小的情况下，第 n 阶谐波产生的响应就必须考虑在系统响应之中。这同时表明，周期激励力作用下，系统发生共振的可能性要更大些。

3.2.3　任意激励下的强迫振动

在许多工程实际问题中，如飞机的着陆、滑跑、突风响应问题，系统所受到的激励

不是周期的，而是任意的时间函数，或者是极短时间内的冲击作用，对这种任意力作用下的振动响应求解，不能像受周期力激励的情形那样套用简谐力振动响应求解方法，一般有三种方法求解，即时域的卷积积分法、频域的傅里叶变换法和复频域的拉普拉斯变换法。需要强调的是，前述的简谐激励、周期激励也可理解为特殊的任意激励，因此，后续学习的这三种方法将适用于任何强迫振动下的响应求解。

1. 时域法

时域法一般也称为卷积积分法，或杜哈梅积分法(Duhamel integration)，它利用了线性系统的叠加原理，并以单位脉冲响应函数和卷积积分为理论基础。

由周期激励及简谐激励下强迫振动分析可知，系统的响应是激励力幅、激励频率成分与其持续时间的综合效应。将力与其作用时间的乘积称为冲量，并用冲量来描述力在作用时间内的效应，它是系统动量改变的度量，并有冲量定理，即

$$F\Delta t = m\dot{x}_2 - m\dot{x}_1 \tag{3-2-62}$$

其中，$F\Delta t$ 表示冲量，F 表示力幅，Δt 表示冲击力的作用时间；$\dot{x}_1$、$\dot{x}_2$ 分别为冲击力作用前后系统的速度；m 表示系统的质量。

把作用时间极短、力幅值非常大而冲量有限的作用称为脉冲，将具有单位冲量的脉冲称为单位脉冲，通常用狄拉克 δ 函数表示作用在 $t=\tau$ 时刻的单位脉冲，如图 3-2-6 所示，即

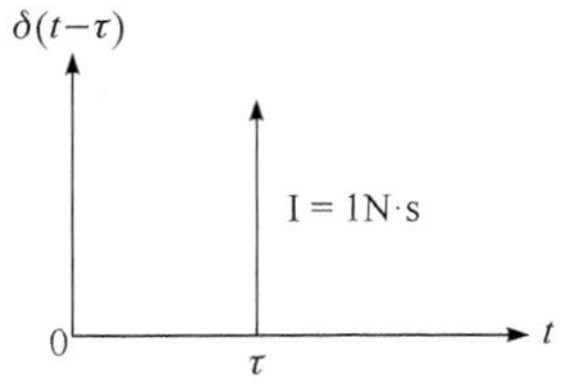

图 3-2-6 单位脉冲 δ 函数

$$\begin{aligned} &\delta(t-\tau)=0, \quad t\neq\tau \\ &\int_0^{\infty}\delta(t-\tau)\mathrm{d}t = \mathrm{I} \end{aligned} \tag{3-2-63}$$

其中，I 表示单位冲量，其大小为 1，国际单位为 N · s。根据定义，此处单位脉冲 δ 函数的量纲为力的量纲，其单位为 N 。

假设单自由度系统仅在 $t=0$ 时刻受到一个单位脉冲 $\delta(t)$ 的作用，系统的振动方程可写为

$$m\ddot{x}(t)+c\dot{x}(t)+kx(t)=\delta(t) \tag{3-2-64}$$

根据单位脉冲的定义，其作用时间极短，并以 0_- 和 0_+ 分别表示脉冲作用前和作用后的瞬时，系统在 0_- 时刻的零初始条件为 $x(0_-)=0, \dot{x}(0_-)=0$ 。同时，由于单位脉冲作用时间极短，系统位移的产生需要一定的时间，则系统在单位脉冲作用的瞬间尚来不及产生位移，系统在 0_+ 时刻的位移 $x(0_+)=0$ 。根据冲量定理，此时刻系统的动量发生了改变，从而系统获得一个初速度 $\dot{x}(0_+)$ ，因此，系统受到单位脉冲激励的等效结果是，系统将产生以 0_+ 时刻的初位移 $x(0_+)$ 和初速度 $\dot{x}(0_+)$ 为初始扰动的自由振动响应。下面来求解系统的初速度 $\dot{x}(0_+)$ 。

对方程(3-2-64)两端乘以 $\mathrm{d}t$ ，并从 0_- 到 0_+ 进行积分，可得

$$m\left[\dot{x}(0_+)-\dot{x}(0_-)\right]+c\left[x(0_+)-x(0_-)\right]+\int_{0_-}^{0_+}kx\mathrm{d}t=\mathrm{I} \tag{3-2-65}$$

代入上述已知条件，有

$$\dot{x}(0_+)=\frac{\mathrm{I}}{m} \tag{3-2-66}$$

如前所述，系统在 $t=0$ 时受到一个单位脉冲的作用，等价于系统在初始条件 $x(0_+)=0$ 及 $\dot{x}(0_+)=\mathrm{I}/m$ 下的自由振动响应，在欠阻尼情况下系统的位移响应为

$$x(t)=\begin{cases}\dfrac{\mathrm{I}}{m\omega_{\mathrm{d}}}\mathrm{e}^{-\zeta\omega_{\mathrm{n}}t}\sin\omega_{\mathrm{d}}t, & t\geqslant 0\\ 0, & t<0\end{cases} \tag{3-2-67}$$

将单位脉冲 I 作用下系统的位移响应定义为单位脉冲响应函数 $h(t)$，注意到 I=1，故

$$h(t)=\begin{cases}\dfrac{1}{m\omega_{\mathrm{d}}}\mathrm{e}^{-\zeta\omega_{\mathrm{n}}t}\sin\omega_{\mathrm{d}}t, & t\geqslant 0\\ 0, & t<0\end{cases} \tag{3-2-68}$$

结合单位脉冲响应函数定义及量纲分析可知，单位脉冲响应函数的国际单位为 $\mathrm{m/(N\cdot s)}$ 或 $\mathrm{s/kg}$。显然，当单位脉冲作用在时刻 τ 时，即系统受到图 3-2-6 所示的单位脉冲 $\delta(t-\tau)$ 作用时，单位脉冲响应函数为 $h(t-\tau)$，即

$$h(t-\tau)=\begin{cases}\dfrac{1}{m\omega_{\mathrm{d}}}\mathrm{e}^{-\zeta\omega_{\mathrm{n}}(t-\tau)}\sin\omega_{\mathrm{d}}(t-\tau), & t\geqslant \tau\\ 0, & t<\tau\end{cases} \tag{3-2-69}$$

欠阻尼情况下典型的单位脉冲响应函数如图 3-2-7 所示。为了利用单位脉冲响应函数获得单自由度系统在任意激励下的响应，可将任意力对系统的作用效应视为其作用时间内一系列幅值不等的冲量微元对系统的作用效应的叠加，如图 3-2-8 所示，$t=\tau$ 时刻的冲量微元可由 $f(\tau)\mathrm{d}\tau$ 表示，则系统在此冲量微元作用下的位移响应微元 $\mathrm{d}x(\tau)$ 应为该冲量微元 $f(\tau)\mathrm{d}\tau$ 与单位脉冲响应函数 $h(t-\tau)$ 的乘积，即

$$\mathrm{d}x(t)=h(t-\tau)f(\tau)\mathrm{d}\tau \tag{3-2-70}$$

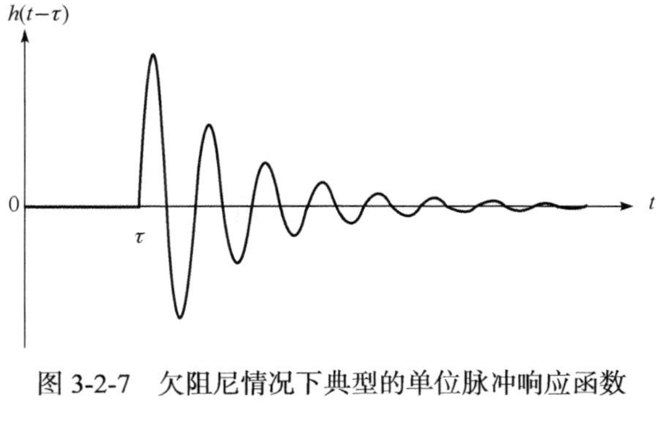

图 3-2-7　欠阻尼情况下典型的单位脉冲响应函数

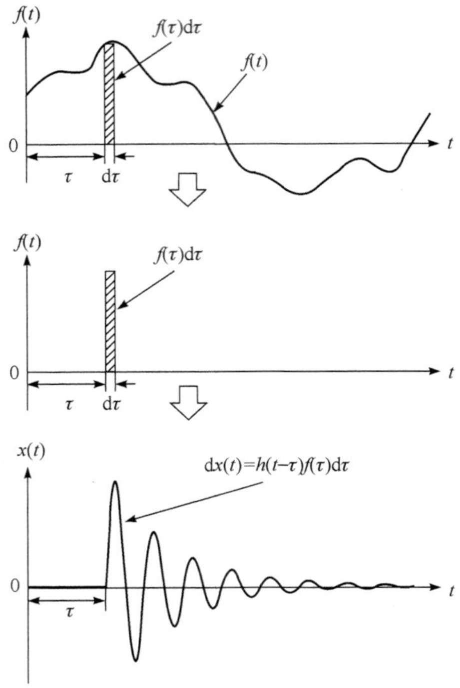

图 3-2-8 任意激励力 $f(t)$ 作用的冲量等效及响应求解

然后，将$[0, t]$时间内这一系列幅值不等的冲量微元作用下的位移响应微元 $\mathrm{d}x(t)$ 进行叠加，即可获得系统的位移响应，即

$$x(t)=\int_0^t \mathrm{d}x(t)=\int_0^t f(\tau)h(t-\tau)\mathrm{d}\tau \tag{3-2-71}$$

数学上，将式(3-2-71)称为 $f(t)$ 与 $h(t)$ 的卷积积分，可表示为 $f(t)*h(t)$，它有多种等价形式。由 $f(t)$ 的定义可知，当 $t<0$ 时，$f(t)=0$，则 $\int_{-\infty}^0 f(\tau)h(t-\tau)\mathrm{d}\tau=0$，再与式(3-2-71)综合，可得

$$x(t)=\int_{-\infty}^t f(\tau)h(t-\tau)\mathrm{d}\tau \tag{3-2-72}$$

由 $h(t-\tau)$ 的表达式(3-2-69)可知，$t<\tau$ 时，$h(t-\tau)=0$，则 $\int_t^\infty f(\tau)h(t-\tau)\mathrm{d}\tau=0$，再与式(3-2-72)综合，可得

$$x(t)=\int_{-\infty}^\infty f(\tau)h(t-\tau)\mathrm{d}\tau \tag{3-2-73}$$

对式(3-2-72)进行变量代换，令 $\theta=t-\tau$，可得

$$x(t)=\int_0^\infty f(t-\theta)h(\theta)\mathrm{d}\theta \tag{3-2-74}$$

由 $h(\theta)$ 的定义可知，$\theta<0$ 时，$h(\theta)=0$，则 $\int_{-\infty}^0 f(t-\theta)h(\theta)\mathrm{d}\theta=0$，再与式(3-2-74)

综合，可得

$$x(t)=\int_{-\infty}^{\infty} f(t-\theta)h(\theta)\mathrm{d}\theta \tag{3-2-75}$$

综上所述，根据 $f(t)$ 及 $h(t-\tau)$ 的定义，卷积积分具有上述式(3-2-71)～式(3-2-75)的五种表达形式。

将式(3-2-69)表示的单位脉冲响应函数 $h(t-\tau)$ 代入卷积积分式(3-2-71)，可得

$$x(t)=\frac{1}{m\omega_{\mathrm{d}}}\int_0^t f(\tau)\mathrm{e}^{-\zeta\omega_{\mathrm{n}}(t-\tau)}\sin\omega_{\mathrm{d}}(t-\tau)\mathrm{d}\tau \tag{3-2-76}$$

可以看出，在上述卷积积分求响应的推导过程中，仅考虑了系统所受的外力 $f(t)$，并未考虑系统的初始条件，若系统同时具有初始条件 $x(0)=x_0$、$\dot{x}(0)=\dot{x}_0$，则根据线性系统的叠加原理，系统的总响应为

$$x(t)=A\mathrm{e}^{-\zeta\omega_{\mathrm{n}}t}\sin(\omega_{\mathrm{d}}t+\varphi)+\frac{1}{m\omega_{\mathrm{d}}}\int_0^t f(\tau)\mathrm{e}^{-\zeta\omega_{\mathrm{n}}(t-\tau)}\sin\omega_{\mathrm{d}}(t-\tau)\mathrm{d}\tau \tag{3-2-77}$$

其中

$$A=\sqrt{x_0^2+\left(\frac{\dot{x}_0+\zeta\omega_{\mathrm{n}}x_0}{\omega_{\mathrm{d}}}\right)^2} \tag{3-2-78}$$

$$\varphi=\arctan\frac{\omega_{\mathrm{d}}x_0}{\dot{x}_0+\zeta\omega_{\mathrm{n}}x_0} \tag{3-2-79}$$

2. 频域法

非周期信号的傅里叶变换和傅里叶逆变换公式分别为

$$X(\omega)=\mathcal{F}[x(t)]=\int_{-\infty}^{\infty} x(t)\mathrm{e}^{-\mathrm{j}\omega t}\mathrm{d}t \tag{3-2-80}$$

$$x(t)=\mathcal{F}^{-1}[X(\omega)]=\frac{1}{2\pi}\int_{-\infty}^{\infty} X(\omega)\mathrm{e}^{\mathrm{j}\omega t}\mathrm{d}\omega \tag{3-2-81}$$

根据卷积积分的定义，可得傅里叶变换的卷积定理，即任意两个时域信号 $x(t)$ 和 $y(t)$ 的卷积的傅里叶变换，等于这两个信号傅里叶变换 $X(\omega)$ 与 $Y(\omega)$ 的乘积，用公式表示为

$$\mathcal{F}\left[\int_{-\infty}^{+\infty} x(\tau)y(t-\tau)\mathrm{d}\tau\right]=X(\omega)Y(\omega) \tag{3-2-82}$$

在激励 $f(t)$ 的作用下，式(3-2-73)给出了系统的响应表达式，即

$$x(t)=\int_{-\infty}^{\infty} f(\tau)h(t-\tau)\mathrm{d}\tau$$

根据式(3-2-80)、式(3-2-82)及式(3-2-73)，可得

$$X(\omega)=H(\omega)F(\omega) \tag{3-2-83}$$

其中，$X(\omega)$、$F(\omega)$ 及 $H(\omega)$ 分别为 $x(t)$、$f(t)$ 及 $h(t)$ 的傅里叶变换，即

$$X(\omega)=\mathcal{F}\left[x(t)\right]=\int_{-\infty}^{\infty}x(t)\mathrm{e}^{-\mathrm{j}\omega t}\mathrm{d}t \tag{3-2-84}$$

$$F(\omega)=\mathcal{F}\left[f(t)\right]=\int_{-\infty}^{\infty}f(t)\mathrm{e}^{-\mathrm{j}\omega t}\mathrm{d}t \tag{3-2-85}$$

$$H(\omega)=\mathcal{F}\left[h(t)\right]=\int_{-\infty}^{\infty}h(t)\mathrm{e}^{-\mathrm{j}\omega t}\mathrm{d}t \tag{3-2-86}$$

任意函数的傅里叶变换可通过傅里叶积分求得，对于典型函数的傅里叶变换可以查傅里叶变换表获得，具体可参考文献[1]。

现在来考察单位脉冲响应函数的傅里叶变换 $H(\omega)$ ，根据

$$\mathcal{F}\left[\mathrm{e}^{-\alpha t}\sin\omega_0 t\right]=\frac{\omega_0}{\omega_0^2-(\omega-\mathrm{j}\alpha)^2},\quad \alpha>0 \tag{3-2-87}$$

结合 $H(\omega)$ 的定义式(3-2-87)，并代入 $h(t)$ 的表达式(3-2-68)，有

$$H(\omega)=\mathcal{F}\left[\frac{1}{m\omega_{\mathrm{d}}}\mathrm{e}^{-\zeta\omega_{\mathrm{n}}t}\sin\omega_{\mathrm{d}}t\right]=\frac{1}{m\left[\omega_{\mathrm{d}}^2-(\omega-\mathrm{j}\zeta\omega_{\mathrm{n}})^2\right]} \tag{3-2-88}$$

进一步整理可得

$$H(\omega)=\frac{1}{m\left(\omega_{\mathrm{n}}^2-\omega^2+\mathrm{j}2\zeta\omega_{\mathrm{n}}\omega\right)}=\frac{1}{k-\omega^2 m+\mathrm{j}\omega c} \tag{3-2-89}$$

可以看到，式(3-2-89)右端就是 3.2.1 节中位移频响函数的定义式(3-2-38)，也就是说，由式(3-2-87)定义的 $H(\omega)$ 与式(3-2-38)定义的位移频响函数完全一致。由此可以得出结论：系统的位移频响函数与单位脉冲响应函数构成傅里叶变换对，即

$$H(\omega)=\mathcal{F}\left[h(t)\right]=\int_{-\infty}^{\infty}h(t)\mathrm{e}^{-\mathrm{j}\omega t}\mathrm{d}t \tag{3-2-90}$$

$$h(t)=\mathcal{F}^{-1}\left[H(\omega)\right]=\frac{1}{2\pi}\int_{-\infty}^{\infty}H(\omega)\mathrm{e}^{\mathrm{j}\omega t}\mathrm{d}\omega \tag{3-2-91}$$

这样，若已知系统的频响函数或单位脉冲响应函数，只要获得激励的傅里叶变换，利用式(3-2-84)即可获得系统频域的响应 $X(\omega)$ ，若需获取系统的时域响应，再利用式(3-2-81)对 $X(\omega)$ 进行傅里叶逆变换。这种求解系统在任意激励下响应的方法就称为频域法，也称傅里叶变换法。根据前述推导可知，采用频域法进行求解时，得到的只是系统的稳态响应。

3. 复频域法

复频域法一般指拉普拉斯变换法，广泛应用于线性系统分析，其核心是将常系数线性微分方程及其初始条件所表示的初值问题，利用拉普拉斯变换，转化为复数域的代数方程求解问题。在得到复数域的解之后，再通过拉普拉斯逆变换，即可求出时域响应。

对于定义于 $t>0$ 区间的时间函数 $x(t)$ ，其拉普拉斯变换为

$$X(s)=\mathcal{L}\left[x(t)\right]=\int_0^{\infty}x(t)\mathrm{e}^{-st}\mathrm{d}t \tag{3-2-92}$$

其中，s 为复数，记为$\gamma+\mathrm{j}\omega$，称为复频率；e^{-st} 称为变换的核。相应的拉普拉斯逆变换为

$$x(t)=\mathcal{L}^{-1}\left[X(s)\right]=\frac{1}{2\pi\mathrm{j}}\int_{\gamma-\mathrm{j}\infty}^{\gamma+\mathrm{j}\infty}X(s)\mathrm{e}^{st}\mathrm{d}s \tag{3-2-93}$$

其中，γ 为实数，它大于 $X(s)$ 所有奇点的实部。具体计算时，可根据 $X(s)$ 的特点选取合适的积分路径，许多情况下，这一积分可用复平面 s 内的围线积分来代替。式(3-2-92)及式(3-2-93)称为拉普拉斯变换对，典型函数的拉普拉斯变换对可以通过查拉普拉斯变换表获得，具体可参考文献[1]。

单自由度系统受到任意激励 $f(t)$ 作用的振动方程可写为

$$m\ddot{x}(t)+c\dot{x}(t)+kx(t)=f(t) \tag{3-2-94}$$

设初始条件为

$$x(0)=x_0\text{，}\quad \dot{x}(0)=\dot{x}_0 \tag{3-2-95}$$

上述振动方程(3-2-94)左边包含位移 $x(t)$、速度 $\dot{x}(t)$ 以及加速度 $\ddot{x}(t)$，因此用拉普拉斯变换求解振动响应时，除了需要获取位移 $x(t)$ 的拉普拉斯变换 $X(s)$ 外，还需获得速度 $\dot{x}(t)$ 及加速度 $\ddot{x}(t)$ 的拉普拉斯变换。

利用分部积分，并考虑初始条件，速度 $\dot{x}(t)$ 的拉普拉斯变换为

$$\begin{aligned}\mathcal{L}\left[\dot{x}(t)\right]&=\int_0^{\infty}\dot{x}(t)\mathrm{e}^{-st}\mathrm{d}t=\mathrm{e}^{-st}x(t)\Big|_0^{\infty}+s\int_0^{\infty}\mathrm{e}^{-st}x(t)\mathrm{d}t\\&=sX(s)-x_0\end{aligned} \tag{3-2-96}$$

类似地，加速度 $\ddot{x}(t)$ 的拉普拉斯变换为

$$\begin{aligned}\mathcal{L}\left[\ddot{x}(t)\right]&=\int_0^{\infty}\ddot{x}(t)\mathrm{e}^{-st}\mathrm{d}t=\mathrm{e}^{-st}\dot{x}(t)\Big|_0^{\infty}+s\int_0^{\infty}\mathrm{e}^{-st}\dot{x}(t)\mathrm{d}t\\&=s^2X(s)-sx_0-\dot{x}_0\end{aligned} \tag{3-2-97}$$

激励 $f(t)$ 的拉普拉斯变换为

$$F(s)=\mathcal{L}\left[f(t)\right]=\int_0^{\infty}f(t)\mathrm{e}^{-st}\mathrm{d}t \tag{3-2-98}$$

将式(3-2-92)、式(3-2-96)～式(3-2-98)代入振动方程(3-2-94)，可得

$$\left(ms^2+cs+k\right)X(s)=F(s)+m\dot{x}_0+(ms+c)x_0 \tag{3-2-99}$$

记

$$D(s)=ms^2+cs+k=m\left(s^2+2\zeta\omega_{\mathrm{n}}s+\omega_{\mathrm{n}}^2\right) \tag{3-2-100}$$

由式(3-2-99)可得单自由度系统位移响应的拉普拉斯变换为

$$X(s)=\frac{F(s)}{D(s)}+\frac{m\dot{x}_0+(ms+c)x_0}{D(s)} \tag{3-2-101}$$

获得了系统位移响应的拉普拉斯变换 $X(s)$ 后，再利用式(3-2-93)所定义的拉普拉斯逆变换，即可获得系统的时域响应。通过上述推导可以看出，利用拉普拉斯变换法求解系统响应，初始条件将自动被考虑在计算过程之中。

再来研究一下零初始条件下的系统响应，首先，令

$$H(s)=\frac{1}{D(s)} \tag{3-2-102}$$

则式(3-2-101)可写为

$$X(s)=H(s)F(s)+H(s)\left(m\dot{x}_0+(ms+c)x_0\right) \tag{3-2-103}$$

代入零初始条件，有

$$X(s)=H(s)F(s) \tag{3-2-104}$$

参照自动控制理论，从式(3-2-104)可以看出，$H(s)$ 就是传递函数。可将激励 $f(t)$ 视作系统的输入，零初始条件下系统的位移响应 $x(t)$ 视作系统的输出，传递函数 $H(s)$ 的物理意义就是输出的拉普拉斯变换与输入的拉普拉斯变换的比值。可以看出，令 $s=\mathrm{j}\omega$，$H(\mathrm{j}\omega)$ 就是系统的位移频响函数 $H_{\mathrm{d}}(\omega)$。

3.3 多自由度系统及其固有模态

振动系统的自由度数就是描述系统运动状态所必需的独立坐标数，如果一个振动系统的运动状态需要两个独立的坐标来描述，这个系统就为两自由度系统。具有两个及两个以上自由度的系统称为多自由度系统。在工程实际中，许多工程结构都可以简化为一个多自由度系统来进行振动分析，而两自由度系统是最简单的多自由度系统。多自由度系统属于有限自由度系统，又称为离散自由度系统。离散自由度系统是理想的振动系统，由若干个质量(惯性)元件、刚度(弹性)元件和阻尼元件组成。在研究离散多自由度系统振动时，通常采用图 3-3-1(a)所示的弹簧-质量-阻尼系统模型。与单自由度系统相比，多自

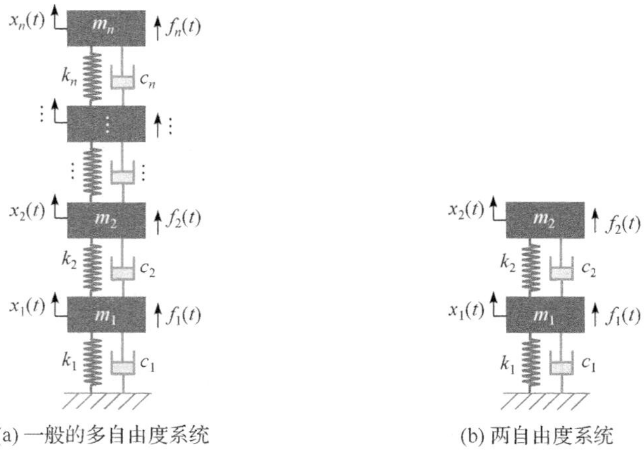

图 3-3-1 典型多自由度系统的力学模型

由度系统振动分析中新出现的一个最重要的概念是固有振型，线性系统的叠加原理仍然适用于多自由度系统。如图 3-3-1(b)所示的两自由度系统，它具有多自由度系统的基本振动特征和性质，对它的分析几乎涉及多自由度系统振动分析的所有原理、概念和方法。这里以它为对象来介绍多自由度系统的振动特性。

3.3.1 振动方程

对图 3-3-1(b)所示的两自由度振动系统，暂不考虑系统的阻尼，即系统退化为无阻尼两自由度系统，如图 3-3-2(a)所示，其中：m_1、m_2 为系统的两个集中质量，k_1、k_2 表示弹性元件的刚度系数；$x_1(t)$、$x_2(t)$ 分别表示两个自由度上的垂向位移(取向上为正)；$f_1(t)$、$f_2(t)$ 分别为作用在两个质量块上的外激励力。考虑到质量块的重力在振动方向为常力，根据单自由度系统的相关结论，以各质量块的静平衡位置为 $x_1(t)$、$x_2(t)$ 的坐标原点时，在受力分析中可不考虑重力及重力引起的弹簧变形。

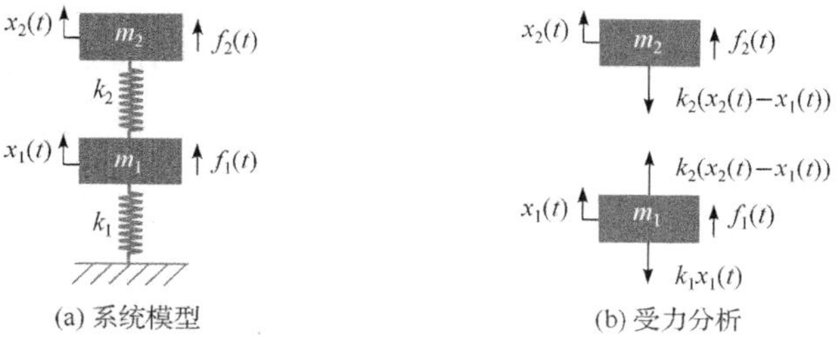

图 3-3-2 典型的无阻尼两自由度系统

假设 $x_2(t)>x_1(t)$，两个质量块的受力分析如图 3-3-2(b)所示。分别利用牛顿第二定律，可得

$$m_1\ddot{x}_1(t)=f_1(t)-k_1x_1(t)+k_2\left[x_2(t)-x_1(t)\right] \tag{3-3-1}$$

$$m_2\ddot{x}_2(t)=f_2(t)-k_2\left[x_2(t)-x_1(t)\right] \tag{3-3-2}$$

写成矩阵形式，有

$$\boldsymbol{M}\ddot{\boldsymbol{x}}(t)+\boldsymbol{K}\boldsymbol{x}(t)=\boldsymbol{f}(t) \tag{3-3-3}$$

其中，$\boldsymbol{M}$ 为质量矩阵；$\boldsymbol{K}$ 为刚度矩阵；$\boldsymbol{x}(t)$ 为系统的位移向量；$\boldsymbol{f}(t)$ 为系统的激励力向量，其表达式分别为

$$\boldsymbol{M}=\begin{bmatrix} m_1 & 0 \\ 0 & m_2 \end{bmatrix} \tag{3-3-4}$$

$$\boldsymbol{K}=\begin{bmatrix} k_1+k_2 & -k_2 \\ -k_2 & k_2 \end{bmatrix} \tag{3-3-5}$$

$$\boldsymbol{x}(t)=\begin{bmatrix} x_1(t) \\ x_2(t) \end{bmatrix} \tag{3-3-6}$$

$$\boldsymbol{f}(t)=\begin{bmatrix} f_1(t) \\ f_2(t) \end{bmatrix} \tag{3-3-7}$$

可以看出，两自由度系统的振动方程是一个包含两个微分方程的方程组，质量矩阵、刚度矩阵为 2×2 矩阵，位移、速度、加速度、外激励均为包含两个元素的列向量。

建立上述振动方程(3-3-3)时没有考虑系统的阻尼。对有阻尼多自由度系统，仍可使用牛顿第二定律或其他力学原理来建立其振动方程，与无阻尼多自由度系统振动方程的建立相比，只需将阻尼力考虑到建立方程的过程之中。与单自由度系统一样，对多自由度系统，仍然采用黏性阻尼假设，一般的 N 自由度有阻尼系统的振动微分方程可以写为

$$\boldsymbol{M}\ddot{\boldsymbol{x}}(t)+\boldsymbol{C}\dot{\boldsymbol{x}}(t)+\boldsymbol{K}\boldsymbol{x}(t)=\boldsymbol{f}(t) \tag{3-3-8}$$

其中，$\boldsymbol{M}$ 为质量矩阵；$\boldsymbol{C}$ 为阻尼矩阵；$\boldsymbol{K}$ 为刚度矩阵；$\boldsymbol{x}(t)$ 为位移向量；$\boldsymbol{f}(t)$ 为激励力向量。质量矩阵、阻尼矩阵、刚度矩阵为 $N\times N$ 矩阵，位移、速度、加速度、外激励均为包含 N 个元素的列向量，其一般形式为

$$\boldsymbol{M}=\begin{bmatrix} m_{11} & m_{12} & \cdots & m_{1N} \\ m_{21} & m_{22} & \cdots & m_{2N} \\ \vdots & \vdots & & \vdots \\ m_{N1} & m_{N2} & \cdots & m_{NN} \end{bmatrix} \tag{3-3-9}$$

$$\boldsymbol{C}=\begin{bmatrix} c_{11} & c_{12} & \cdots & c_{1N} \\ c_{21} & c_{22} & \cdots & c_{2N} \\ \vdots & \vdots & & \vdots \\ c_{N1} & c_{N2} & \cdots & c_{NN} \end{bmatrix} \tag{3-3-10}$$

$$\boldsymbol{K}=\begin{bmatrix} k_{11} & k_{12} & \cdots & k_{1N} \\ k_{21} & k_{22} & \cdots & k_{2N} \\ \vdots & \vdots & & \vdots \\ k_{N1} & k_{N2} & \cdots & k_{NN} \end{bmatrix} \tag{3-3-11}$$

$$\boldsymbol{x}(t)=\begin{bmatrix} x_1(t) \\ x_2(t) \\ \vdots \\ x_N(t) \end{bmatrix} \tag{3-3-12}$$

$$\boldsymbol{f}(t)=\begin{bmatrix} f_1(t) \\ f_2(t) \\ \vdots \\ f_N(t) \end{bmatrix} \tag{3-3-13}$$

质量矩阵 $\boldsymbol{M}$ 、阻尼矩阵 $\boldsymbol{C}$ 及刚度矩阵 $\boldsymbol{K}$ 都是对称矩阵，对实际工程结构，还可以采用瑞利阻尼假设，即阻尼矩阵 $\boldsymbol{C}$ 为质量矩阵 $\boldsymbol{M}$ 及刚度矩阵 $\boldsymbol{K}$ 的线性组合，即

$$\boldsymbol{C}=\alpha\boldsymbol{M}+\beta\boldsymbol{K} \tag{3-3-14}$$

因此，瑞利阻尼也称为比例阻尼。其中，α 和 β 为实常数，通常用试验测试的方法来确定，后续 3.5 节学习模态叠加法时会给出一种确定 α 和 β 的试验方法。

微课 3.6

3.3.2　固有模态

我们知道，单自由度系统的固有频率是通过无阻尼系统的自由振动定义的，针对多自由度系统，固有模态也是通过其无阻尼系统的自由振动来定义的。去掉方程(3-3-8)中的阻尼项，并令右端激励力向量 $\boldsymbol{f}(t)=\boldsymbol{0}$ ，可得到无阻尼多自由度系统的自由振动方程为

$$\boldsymbol{M}\ddot{\boldsymbol{x}}(t)+\boldsymbol{K}\boldsymbol{x}(t)=\boldsymbol{0} \tag{3-3-15}$$

微课 3.7

由矩阵微分方程理论可知，方程(3-3-15)具有如下形式的解：

$$\boldsymbol{x}(t)=\boldsymbol{X}\sin(\omega t+\varphi) \tag{3-3-16}$$

其中，ω 为系统自由振动的圆频率；$\boldsymbol{X}=(X_1,X_2,\cdots,X_N)^{\mathrm{T}}$ 为振幅向量；φ 为初相位。可以看到，多自由度系统发生自由振动时，各个自由度的响应具有相同的简谐变化频率和初相位，但各个自由度响应的振幅可能有所不同。

将式(3-3-16)代入方程(3-3-15)，可得

$$\left(\boldsymbol{K}-\omega^2\boldsymbol{M}\right)\boldsymbol{X}=0 \tag{3-3-17}$$

可以看出，式(3-3-17)是一个关于振幅向量 $\boldsymbol{X}$ 的齐次代数方程，因自由振动各自由度的振幅不能全为零，即 $\boldsymbol{X}$ 为非零向量，则根据方程(3-3-17)有非零解的条件——系数矩阵的行列式为零，可得

$$\left|\boldsymbol{K}-\omega^2\boldsymbol{M}\right|=0 \tag{3-3-18}$$

式(3-3-18)称为多自由度系统的特征方程，将其展开，就是一个以 ω^2 为未知量的一元 N 次方程，可以解出 ω^2 的 N 个实数根，将 ω 取非负值，并按由小到大的次序，记为 $\omega_{\mathrm{n}1},\omega_{\mathrm{n}2},\cdots,\omega_{\mathrm{n}N}$ ，分别称为多自由度系统的第一阶固有频率(也称基本固有频率，简称基频)、第二阶固有频率、…、第 N 阶固有频率，即 $0\leqslant\omega_{\mathrm{n}1}\leqslant\omega_{\mathrm{n}2}\leqslant\cdots\leqslant\omega_{\mathrm{n}N}$ 。

将获得的各个固有频率 $\omega_{\mathrm{n}r}\,(r=1,2,\cdots,N)$ 逐一代入方程(3-3-17)，可得求解各个固有频率 $\omega_{\mathrm{n}r}$ 对应的振幅向量 $\boldsymbol{X}_r$ 的线性方程组：

$$\left(\boldsymbol{K}-\omega_{\mathrm{n}r}^2\boldsymbol{M}\right)\boldsymbol{X}_r=0,\quad r=1,2,\cdots,N \tag{3-3-19}$$

通过求解上述方程(3-3-19)，针对每一阶固有频率 $\omega_{\mathrm{n}r}$ ，都能获得一个非零的振幅向量 $\boldsymbol{X}_r$ ，对应于第 r 阶固有频率 $\omega_{\mathrm{n}r}$ 的振幅向量 $\boldsymbol{X}_r$ ，称为第 r 阶固有振型。注意到，对于齐次代数方程(3-3-19)，求得的振幅向量 $\boldsymbol{X}_r$ 的各个分量之间满足一定的比例关系，而且非零解向量有无穷多组，它们之间相差一个常数。

式(3-3-17)也可以改写成：

$$\boldsymbol{KX}=\omega^2\boldsymbol{MX} \tag{3-3-20}$$

这就是线性代数中的广义特征值问题。因此，上述求解固有频率及固有振型的过程就对应于求解由质量矩阵 $\boldsymbol{M}$ 与刚度矩阵 $\boldsymbol{K}$ 构成的广义特征值问题，固有频率的平方就是特征值，固有振型就是特征向量。通常，将固有频率和固有振型统称为固有模态，而在不引起歧义的情况下，有时也将固有振型称为固有模态或模态振型。工程中求解振动结构的固有模态时，都是采用求解代数特征值问题的方法。

将第 r 阶固有频率 $\omega_{\mathrm{n}r}$ 及对应的固有振型 $\boldsymbol{X}_{ir}$ 代入式(3-3-16)，就得到多自由度系统的第 r 阶主振动，即

$$\boldsymbol{x}_r(t)=\boldsymbol{X}_r\sin\left(\omega_{\mathrm{n}r}t+\varphi_r\right) \tag{3-3-21}$$

可以看出，固有振型就是系统以某个固有频率做无阻尼自由振动时，各自由度位移之间的振幅之比。

上述求解多自由度系统固有频率及固有振型的过程称为计算模态分析(简称模态分析)。在第 1 章中也提到，还有一类利用试验方法获取结构模态参数的方法称为试验模态分析(也称为模态识别)。可以看到，上述模态分析获得的固有频率及固有振型都为实数，这类模态也称为实模态，相应的模态分析称为实模态分析。实模态分析是振动理论及工程领域广泛采用的模态分析方法，但它实质上是一种无阻尼或比例阻尼系统的模态分析方法，对非比例阻尼系统实模态分析将不再适用，而应采用复模态分析方法。有关复模态分析的相关内容读者可参阅文献[1]和[3]。

3.3.3 固有振型的加权正交性

由式(3-3-20)可知，第 r 阶固有频率 $\omega_{\mathrm{n}r}$ 与第 r 阶固有振型 $\boldsymbol{X}_r$ 满足：

$$\boldsymbol{KX}_r=\omega_{\mathrm{n}r}^2\boldsymbol{MX}_r \tag{3-3-22}$$

微课 3.8

同理，第 l 阶固有频率 $\omega_{\mathrm{n}l}$ 与第 l 阶固有振型 $\boldsymbol{X}_l$ 满足：

$$\boldsymbol{KX}_l=\omega_{\mathrm{n}l}^2\boldsymbol{MX}_l \tag{3-3-23}$$

给式(3-3-22)左乘 $\boldsymbol{X}_l^{\mathrm{T}}$ ，给式(3-3-23)左乘 $\boldsymbol{X}_r^{\mathrm{T}}$ ，可得

$$\boldsymbol{X}_l^{\mathrm{T}}\boldsymbol{KX}_r=\omega_{\mathrm{n}r}^2\boldsymbol{X}_l^{\mathrm{T}}\boldsymbol{MX}_r \tag{3-3-24}$$

$$\boldsymbol{X}_r^{\mathrm{T}}\boldsymbol{KX}_l=\omega_{\mathrm{n}l}^2\boldsymbol{X}_r^{\mathrm{T}}\boldsymbol{MX}_l \tag{3-3-25}$$

根据质量矩阵与刚度矩阵的对称性，式(3-3-24)左右两边同时转置，并考虑到 $\boldsymbol{K}$、$\boldsymbol{M}$ 矩阵的对称性，可得

$$\boldsymbol{X}_r^{\mathrm{T}}\boldsymbol{K}\boldsymbol{X}_l=\omega_{\mathrm{n}r}^2\boldsymbol{X}_r^{\mathrm{T}}\boldsymbol{M}\boldsymbol{X}_l \tag{3-3-26}$$

用式(3-3-26)减去式(3-3-25)，可得

$$\left(\omega_{\mathrm{n}r}^2-\omega_{\mathrm{n}l}^2\right)\boldsymbol{X}_r^{\mathrm{T}}\boldsymbol{M}\boldsymbol{X}_l=0 \tag{3-3-27}$$

假定系统特征方程没有重根(也称重频)，则当 $r\neq l$ 时，$\omega_{\mathrm{n}r}\neq\omega_{\mathrm{n}l}$，应有

$$\boldsymbol{X}_r^{\mathrm{T}}\boldsymbol{M}\boldsymbol{X}_l=0,\quad r\neq l \tag{3-3-28}$$

将式(3-3-28)代入式(3-3-26)，可得

$$\boldsymbol{X}_r^{\mathrm{T}}\boldsymbol{K}\boldsymbol{X}_l=0,\quad r\neq l \tag{3-3-29}$$

上述分析表明，系统的第 r 阶固有振型 $\boldsymbol{X}_r$ 与第 l 阶固有振型 $\boldsymbol{X}_l$ 是关于质量矩阵 $\boldsymbol{M}$ 及刚度矩阵 $\boldsymbol{K}$ 加权正交的。

当 $r=l$ 时，记

$$\boldsymbol{X}_r^{\mathrm{T}}\boldsymbol{M}\boldsymbol{X}_r=M_r \tag{3-3-30}$$

$$\boldsymbol{X}_r^{\mathrm{T}}\boldsymbol{K}\boldsymbol{X}_r=K_r \tag{3-3-31}$$

其中，M_r 和 K_r 分别为第 r 阶模态质量(或主质量)和第 r 阶模态刚度(或主刚度)。

通常，将 N 阶固有振型按顺序写成如下矩阵的形式，即

$$\boldsymbol{\Phi}=\begin{bmatrix}\boldsymbol{X}_1 & \boldsymbol{X}_2 & \cdots & \boldsymbol{X}_N\end{bmatrix}=\begin{bmatrix}X_{11} & X_{12} & \cdots & X_{1N}\\ X_{21} & X_{22} & \cdots & X_{2N}\\ \vdots & \vdots & & \vdots\\ X_{N1} & X_{N2} & \cdots & X_{NN}\end{bmatrix} \tag{3-3-32}$$

这样，在系统不存在重频的情况下，上述式(3-3-28)～式(3-3-31)描述的固有振型的加权正交性可统一写为

$$\boldsymbol{M}_{\mathrm{P}}=\boldsymbol{\Phi}^{\mathrm{T}}\boldsymbol{M}\boldsymbol{\Phi}=\begin{bmatrix}M_1 & 0 & \cdots & 0\\ 0 & M_2 & \cdots & 0\\ \vdots & \vdots & & \vdots\\ 0 & 0 & \cdots & M_N\end{bmatrix}=\mathrm{diag}\left(M_r\right) \tag{3-3-33}$$

$$\boldsymbol{K}_{\mathrm{P}}=\boldsymbol{\Phi}^{\mathrm{T}}\boldsymbol{K}\boldsymbol{\Phi}=\begin{bmatrix}K_1 & 0 & \cdots & 0\\ 0 & K_2 & \cdots & 0\\ \vdots & \vdots & & \vdots\\ 0 & 0 & \cdots & K_N\end{bmatrix}=\mathrm{diag}\left(K_r\right) \tag{3-3-34}$$

其中，$r=1,2,\cdots,N$；$\boldsymbol{M}_{\mathrm{P}}$ 和 $\boldsymbol{K}_{\mathrm{P}}$ 也分别为系统的模态质量矩阵(主质量矩阵)和模态刚度矩阵(主刚度矩阵)。

3.3.4 固有振型的归一化方法

如前所述，给第 r 阶固有振型 $\boldsymbol{X}_r$ 乘以或除以一个非零常数，仍是第 r 阶固有振型，

即振型是各自由度振幅相对大小所构成的一个振动型态，为了方便对比振型或便于公式推导，通常会对振型按照某种规则进行规范化处理，这种处理称为归一化，得到的振型称为正则固有振型 $\hat{\boldsymbol{X}}_r$，常见的归一化方法包括以下几种。

1. 指定元素归一化

$$\hat{\boldsymbol{X}}_r = \frac{1}{X_{lr}}\boldsymbol{X}_r \tag{3-3-35}$$

2. 最大值归一化

$$\hat{\boldsymbol{X}}_r = \frac{1}{\max(|X_{1r}|,|X_{2r}|,\cdots,|X_{Nr}|)}\boldsymbol{X}_r \tag{3-3-36}$$

3. 模态质量归一化

$$\hat{\boldsymbol{X}}_r = \frac{1}{\sqrt{M_r}}\boldsymbol{X}_r \tag{3-3-37}$$

这些归一化方法没有优劣之分，使用何种归一化方法，要视具体情况和用途而定。通常在计算模态分析中，采用模态质量归一化的正则固有振型，用在后续的振动响应分析中比较方便。而试验模态分析中识别得到的模态振型，则通常采用最大值归一化。

3.4 多自由度系统的频响函数矩阵

3.4.1 简谐力激励下的稳态响应

式(3-3-8)给出了具有黏性阻尼模型的有阻尼多自由度系统的振动方程的一般形式，N 自由度系统与两自由度系统相比，仅仅是自由度变多了，其振动响应求解方式完全相同，因此，这里以两自由度系统为例，来说明简谐力激励下多自由度系统振动响应的求解方法。我们在前面单自由度系统的强迫振动的学习中知道，由于阻尼的存在，系统的瞬态响应会很快衰减掉，因此这里讲述多自由度系统受迫振动时，仅给出稳态响应的求解方法。

采用复数解法，假设外激励为 $\boldsymbol{f}(t)=\bar{\boldsymbol{F}}\mathrm{e}^{\mathrm{j}\omega t}$，$\bar{\boldsymbol{F}}=(\bar{F}_1,\bar{F}_2)^{\mathrm{T}}$ 表示激励的复幅值向量，ω 为外激励频率，两自由度系统的振动方程可写为

$$\begin{bmatrix} m_{11} & m_{12} \\ m_{21} & m_{22} \end{bmatrix}\begin{pmatrix} \ddot{x}_1(t) \\ \ddot{x}_2(t) \end{pmatrix}+\begin{bmatrix} c_{11} & c_{12} \\ c_{21} & c_{22} \end{bmatrix}\begin{pmatrix} \dot{x}_1(t) \\ \dot{x}_2(t) \end{pmatrix}+\begin{bmatrix} k_{11} & k_{12} \\ k_{21} & k_{22} \end{bmatrix}\begin{pmatrix} x_1(t) \\ x_2(t) \end{pmatrix}=\begin{pmatrix} \bar{F}_1 \\ \bar{F}_2 \end{pmatrix}\mathrm{e}^{\mathrm{j}\omega t} \tag{3-4-1}$$

根据常微分方程理论，方程(3-4-1)的特解即稳态响应为

$$\boldsymbol{x}(t)=\begin{pmatrix} x_1(t) \\ x_2(t) \end{pmatrix}=\bar{\boldsymbol{X}}\mathrm{e}^{\mathrm{j}\omega t}=\begin{pmatrix} \bar{X}_1 \\ \bar{X}_2 \end{pmatrix}\mathrm{e}^{\mathrm{j}\omega t} \tag{3-4-2}$$

将上述稳态响应解式(3-4-2)代入方程(3-4-1)，可得

$$\begin{bmatrix} -\omega^2 m_{11} + \mathrm{j}\omega c_{11} + k_{11} & -\omega^2 m_{12} + \mathrm{j}\omega c_{12} + k_{12} \\ -\omega^2 m_{21} + \mathrm{j}\omega c_{21} + k_{21} & -\omega^2 m_{22} + \mathrm{j}\omega c_{22} + k_{22} \end{bmatrix} \begin{pmatrix} \bar{X}_1 \\ \bar{X}_2 \end{pmatrix} = \begin{pmatrix} \bar{F}_1 \\ \bar{F}_2 \end{pmatrix} \tag{3-4-3}$$

定义位移阻抗为

$$Z_{rl}(\omega) = k_{rl} - \omega^2 m_{rl} + \mathrm{j}\omega c_{rl} \tag{3-4-4}$$

其中，$r,l = 1,2$。则式(3-4-3)可以写成矩阵形式，即

$$\boldsymbol{Z}(\omega)\bar{\boldsymbol{X}} = \bar{\boldsymbol{F}} \tag{3-4-5}$$

其中，$\boldsymbol{Z}(\omega)$为位移阻抗矩阵，即

$$\boldsymbol{Z}(\omega) = \begin{bmatrix} Z_{11}(\omega) & Z_{12}(\omega) \\ Z_{21}(\omega) & Z_{22}(\omega) \end{bmatrix} \tag{3-4-6}$$

与单自由度系统一样，位移阻抗具有刚度的量纲，且方程(3-4-5)在形式上与静力平衡方程相似，所以将$Z_{rl}(\omega)$称为动刚度，相应的，$\boldsymbol{Z}(\omega)$称为动刚度矩阵。

由式(3-4-5)可得

$$\bar{\boldsymbol{X}} = \boldsymbol{Z}^{-1}(\omega)\bar{\boldsymbol{F}} = \boldsymbol{H}(\omega)\bar{\boldsymbol{F}} \tag{3-4-7}$$

其中，$\boldsymbol{H}(\omega) = \boldsymbol{Z}^{-1}(\omega)$是多自由度系统的位移频响函数矩阵，也称位移导纳矩阵或动柔度矩阵，对于两自由度系统来说，位移频响函数矩阵可以写为

$$\boldsymbol{H}(\omega) = \begin{bmatrix} H_{11}(\omega) & H_{12}(\omega) \\ H_{21}(\omega) & H_{22}(\omega) \end{bmatrix} = \frac{1}{|\boldsymbol{Z}(\omega)|} \begin{bmatrix} Z_{22}(\omega) & -Z_{21}(\omega) \\ -Z_{12}(\omega) & Z_{11}(\omega) \end{bmatrix} \tag{3-4-8}$$

其中，$|\boldsymbol{Z}(\omega)| = Z_{11}(\omega)Z_{22}(\omega) - Z_{12}(\omega)Z_{21}(\omega)$。频响函数矩阵的第$r$行第$l$列元素为$H_{rl}(\omega)$，其意义为仅在第$l$个自由度上作用简谐力时，第$r$个自由度的复响应幅值。同时，根据位移阻抗矩阵$\boldsymbol{Z}(\omega)$及位移频响函数矩阵$\boldsymbol{H}(\omega)$的定义，当外激励频率给定时，这两个矩阵都仅与系统的物理参数(质量、阻尼及刚度)相关。

对于本例，$\bar{\boldsymbol{F}} = (\bar{F}_1, \bar{F}_2)^{\mathrm{T}}$，将其与式(3-4-8)一起代入式(3-4-7)，可得系统两个自由度的位移复幅值分别为

$$\bar{X}_1 = H_{11}(\omega)\bar{F}_1 + H_{12}(\omega)\bar{F}_2 = \frac{Z_{22}(\omega)\bar{F}_1 - Z_{21}(\omega)\bar{F}_2}{|\boldsymbol{Z}(\omega)|} = X_1 \mathrm{e}^{-\mathrm{j}\phi_1} \tag{3-4-9}$$

$$\bar{X}_2 = H_{21}(\omega)\bar{F}_1 + H_{22}(\omega)\bar{F}_2 = \frac{-Z_{12}(\omega)\bar{F}_1 + Z_{11}(\omega)\bar{F}_2}{|\boldsymbol{Z}(\omega)|} = X_2 \mathrm{e}^{-\mathrm{j}\phi_2} \tag{3-4-10}$$

其中，$X_1 = |\bar{X}_1|$及$X_2 = |\bar{X}_2|$分别表示复数$\bar{X}_1$和$\bar{X}_2$的模；$-\phi_1 = \arg(\bar{X}_1)$及$-\phi_2 = \arg(\bar{X}_2)$分别表示复数$X_1$和$X_2$的相位角，此处相位角带负号是为了表示响应总是滞后于激励，复数相位角$\arg(\bullet)$的取值范围为$(-2\pi, 0]$。可以看出，$\bar{X}_1$、$\bar{X}_2$实质上是关于外激励频率ω的函数，因此，有些文献中也写为$\bar{X}_1(\omega)$和$\bar{X}_2(\omega)$，相应地，其幅值和相位也分别可以

写为 $X_1(\omega)$ 和 $X_2(\omega)$ 以及 $\phi_1(\omega)$ 和 $\phi_2(\omega)$。

这样，两自由度系统在外激励下的振动响应可简写为

$$\boldsymbol{x}(t)=\begin{pmatrix} x_1(t) \\ x_2(t) \end{pmatrix}=\begin{pmatrix} X_1\mathrm{e}^{\mathrm{j}(\omega t-\phi_1)} \\ X_2\mathrm{e}^{\mathrm{j}(\omega t-\phi_2)} \end{pmatrix} \tag{3-4-11}$$

对于无阻尼二自由度系统来说，因位移阻抗矩阵 $\boldsymbol{Z}(\omega)$ 及位移频响函数矩阵 $\boldsymbol{H}(\omega)$ 里面的元素全为实数，当系统仅在一个自由度上作用简谐力时，两个自由度上的响应相对于激励力的相位滞后角只能是 0 或 π。

3.4.2 频响函数矩阵

结合式(3-4-8)给出的两自由度系统位移频响函数矩阵，容易写出 N 自由度系统的位移频响函数矩阵 $\boldsymbol{H}_\mathrm{d}$ 为

$$\boldsymbol{H}_\mathrm{d}(\omega)=\begin{bmatrix} H_{11}(\omega) & H_{12}(\omega) & \cdots & H_{1N}(\omega) \\ H_{21}(\omega) & H_{22}(\omega) & \cdots & H_{2N}(\omega) \\ \vdots & \vdots & & \vdots \\ H_{N1}(\omega) & H_{N2}(\omega) & \cdots & H_{NN}(\omega) \end{bmatrix} \tag{3-4-12}$$

由式(3-4-2)求导可知，系统速度复幅值向量 $\bar{\boldsymbol{V}}(\omega)$、加速度复幅值向量 $\bar{\boldsymbol{A}}(\omega)$ 与位移复幅值向量 $\bar{\boldsymbol{X}}(\omega)$ 有如下关系：

$$\bar{\boldsymbol{V}}(\omega)=\mathrm{j}\omega\bar{\boldsymbol{X}}(\omega) \tag{3-4-13}$$

$$\bar{\boldsymbol{A}}(\omega)=-\omega^2\bar{\boldsymbol{X}}(\omega) \tag{3-4-14}$$

进而由式(3-4-7)可知，多自由度系统的速度频响函数矩阵 $\boldsymbol{H}_\mathrm{v}(\omega)$、加速度频响函数矩阵 $\boldsymbol{H}_\mathrm{a}(\omega)$ 与其位移频响函数矩阵 $\boldsymbol{H}_\mathrm{d}(\omega)$ 之间，有着与单自由度系统频响函数相似的关系式，即

$$\boldsymbol{H}_\mathrm{v}(\omega)=\mathrm{j}\omega\boldsymbol{H}_\mathrm{d}(\omega) \tag{3-4-15}$$

$$\boldsymbol{H}_\mathrm{a}(\omega)=-\omega^2\boldsymbol{H}_\mathrm{d}(\omega) \tag{3-4-16}$$

位移频响函数矩阵 $\boldsymbol{H}_\mathrm{d}(\omega)$、速度频响函数矩阵 $\boldsymbol{H}_\mathrm{v}(\omega)$ 以及加速度频响函数矩阵 $\boldsymbol{H}_\mathrm{a}(\omega)$ 的第 r 行第 l 列元素的物理意义分别为：仅在第 l 个自由度上作用简谐力时第 r 个自由度的复位移响应幅值、复速度响应幅值及复加速度响应幅值。

同样地，根据式(3-4-6)所示的两自由度系统位移阻抗矩阵，容易写出 N 自由度系统的位移阻抗矩阵 $\boldsymbol{Z}_\mathrm{d}$ 为

$$\boldsymbol{Z}_\mathrm{d}(\omega)=\begin{bmatrix} Z_{11}(\omega) & Z_{12}(\omega) & \cdots & Z_{1N}(\omega) \\ Z_{21}(\omega) & Z_{22}(\omega) & \cdots & Z_{2N}(\omega) \\ \vdots & \vdots & & \vdots \\ Z_{N1}(\omega) & Z_{N2}(\omega) & \cdots & Z_{NN}(\omega) \end{bmatrix} \tag{3-4-17}$$

其中

$$Z_{rl}(\omega)=k_{rl}-\omega^2 m_{rl}+\mathrm{j}\omega c_{rl},\quad r,l=1,2,\cdots,N \tag{3-4-18}$$

类似地，结合式(3-4-5)，多自由度系统的速度阻抗矩阵 $\boldsymbol{Z}_{\mathrm{v}}(\omega)$ 、加速度阻抗矩阵 $\boldsymbol{Z}_{\mathrm{a}}(\omega)$ 与其位移阻抗矩阵 $\boldsymbol{Z}_{\mathrm{d}}(\omega)$ 之间，有着与单自由度系统阻抗相似的关系式，即

$$\boldsymbol{Z}_{\mathrm{v}}(\omega)=\frac{\boldsymbol{Z}_{\mathrm{d}}(\omega)}{\mathrm{j}\omega} \tag{3-4-19}$$

$$\boldsymbol{Z}_{\mathrm{a}}(\omega)=\frac{\boldsymbol{Z}_{\mathrm{d}}(\omega)}{-\omega^2} \tag{3-4-20}$$

根据阻抗与频响函数的关系，易知：

$$\boldsymbol{H}_{\mathrm{d}}(\omega)=\boldsymbol{Z}_{\mathrm{d}}^{-1}(\omega) \tag{3-4-21}$$

$$\boldsymbol{H}_{\mathrm{v}}(\omega)=\boldsymbol{Z}_{\mathrm{v}}^{-1}(\omega) \tag{3-4-22}$$

$$\boldsymbol{H}_{\mathrm{a}}(\omega)=\boldsymbol{Z}_{\mathrm{a}}^{-1}(\omega) \tag{3-4-23}$$

3.5　多自由度系统的模态叠加法

微课 3.9

理论上对于任意多自由度系统，都可以直接采用其振动方程进行响应求解，但当结构自由度数很多时，直接解法的计算效率极为低下，在实际工程振动分析中一般不被采用。模态叠加法是指采用模态坐标变换把物理坐标系下多自由度系统耦合的振动方程组转换为模态坐标下一组独立的关于模态坐标的振动方程，通过对模态坐标方程的求解获得各阶模态坐标的响应，再根据模态展开定理获得系统在物理坐标系下的振动响应。模态叠加法可显著降低多自由度系统振动响应分析的计算工作量，是进行实际工程结构振动响应求解的常用方法。

3.5.1　模态展开定理

一个 N 自由度实模态系统的 N 个固有振型，可以构成一个 N 维空间的完备正交基底(向量)，N 维空间中的任意一向量 $\boldsymbol{x}(t)$ (其分量为系统各个自由度的振动响应)，都可以用这 N 个固有振型的线性组合来表示，即

$$\boldsymbol{x}(t)=\sum_{r=1}^{N}q_r(t)\boldsymbol{X}_r=\boldsymbol{\Phi q}(t) \tag{3-5-1}$$

其中

$$\boldsymbol{\Phi}=[\boldsymbol{X}_1\quad \boldsymbol{X}_2\quad \cdots\quad \boldsymbol{X}_N] \tag{3-5-2}$$

称为固有振型矩阵；

$$\boldsymbol{q}(t)=\left[q_1(t)\quad q_2(t)\quad \ldots\quad q_N(t)\right]^{\mathrm{T}} \tag{3-5-3}$$

称为模态坐标向量。

式(3-5-1)从数学上描述了模态展开定理，它是模态叠加法的基础。可以看到，物理

坐标 $\boldsymbol{x}(t)$ 是以各自由度平衡位置为坐标的始点、以偏离平衡位置的大小为坐标值，模态坐标 $\boldsymbol{q}(t)$ 是以系统的固有振型为基底、表示各固有振型在物理坐标响应中参与程度(权因子)的量，而模态展开定理从数学上看，是物理坐标 $\boldsymbol{x}(t)$ 与模态坐标 $\boldsymbol{q}(t)$ 之间的变换关系，也称为模态坐标变换。下面来推导从物理坐标 $\boldsymbol{x}(t)$ 到模态坐标 $\boldsymbol{q}(t)$ 的转换关系。

给式(3-5-1)两边同乘以 $\boldsymbol{\Phi}^{\mathrm{T}}\boldsymbol{M}$，并结合固有振型的加权正交性(即 $\boldsymbol{\Phi}^{\mathrm{T}}\boldsymbol{M}\boldsymbol{\Phi}=\mathrm{diag}(M_r)$)，可得

$$\boldsymbol{\Phi}^{\mathrm{T}}\boldsymbol{M}\boldsymbol{x}(t)=\boldsymbol{\Phi}^{\mathrm{T}}\boldsymbol{M}\boldsymbol{\Phi}\boldsymbol{q}(t)=\mathrm{diag}(M_r)\boldsymbol{q}(t) \tag{3-5-4}$$

从而，模态坐标 $\boldsymbol{q}(t)$ 可表示为

$$\boldsymbol{q}(t)=\mathrm{diag}\left(\frac{1}{M_r}\right)\boldsymbol{\Phi}^{\mathrm{T}}\boldsymbol{M}\boldsymbol{x}(t) \tag{3-5-5}$$

根据矩阵运算规则，第 r 阶模态坐标可表示为

$$q_r(t)=\frac{\boldsymbol{X}_r^{\mathrm{T}}\boldsymbol{M}\boldsymbol{x}(t)}{M_r} \tag{3-5-6}$$

为了简化公式推导或计算过程，通常在模态坐标变换时，采用模态质量归一化的正则固有振型 $\hat{\boldsymbol{X}}_r$ 及正则固有振型矩阵 $\hat{\boldsymbol{\Phi}}=[\hat{\boldsymbol{X}}_1\ \hat{\boldsymbol{X}}_2\ \cdots\ \hat{\boldsymbol{X}}_N]$，此时，模态展开定理可表示为

$$\boldsymbol{x}(t)=\sum_{r=1}^{N}\hat{q}_r(t)\hat{\boldsymbol{X}}_r=\hat{\boldsymbol{\Phi}}\hat{\boldsymbol{q}}(t) \tag{3-5-7}$$

其中，$\hat{\boldsymbol{q}}(t)=\left[\hat{q}_1(t)\ \ \hat{q}_2(t)\ \ \ldots\ \ \hat{q}_N(t)\right]^{\mathrm{T}}$ 称为正则模态坐标向量。

根据 3.3 节中模态质量归一化的正则固有振型的定义，式(3-5-5)和式(3-5-6)可分别改写为

$$\hat{\boldsymbol{q}}(t)=\hat{\boldsymbol{\Phi}}^{\mathrm{T}}\boldsymbol{M}\boldsymbol{x}(t) \tag{3-5-8}$$

$$\hat{q}_r(t)=\hat{\boldsymbol{X}}_r^{\mathrm{T}}\boldsymbol{M}\boldsymbol{x}(t) \tag{3-5-9}$$

上述式(3-5-5)、式(3-5-6)、式(3-5-8)、式(3-5-9)给出了任意情况下，从物理坐标到模态坐标的转换公式。

也可以利用刚度矩阵获得物理坐标到模态坐标的变换公式，即给式(3-5-1)两边同乘以 $\boldsymbol{\Phi}^{\mathrm{T}}\boldsymbol{K}$，并结合固有振型的加权正交性(即 $\boldsymbol{\Phi}^{\mathrm{T}}\boldsymbol{K}\boldsymbol{\Phi}=\mathrm{diag}(K_r)$)，可得

$$\boldsymbol{q}(t)=\mathrm{diag}\left(\frac{1}{K_r}\right)\boldsymbol{\Phi}^{\mathrm{T}}\boldsymbol{K}\boldsymbol{x}(t) \tag{3-5-10}$$

$$q_r(t)=\frac{\boldsymbol{X}_r^{\mathrm{T}}\boldsymbol{K}\boldsymbol{x}(t)}{K_r} \tag{3-5-11}$$

3.5.2 振动方程的解耦

由 3.3 节学习的固有振型的加权正交性可知，利用固有振型矩阵，可将质量矩阵及

刚度矩阵进行对角化，即

$$\boldsymbol{\Phi}^{\mathrm{T}}\boldsymbol{M}\boldsymbol{\Phi}=\operatorname{diag}\left(M_r\right) \tag{3-5-12}$$

$$\boldsymbol{\Phi}^{\mathrm{T}}\boldsymbol{K}\boldsymbol{\Phi}=\operatorname{diag}\left(K_r\right) \tag{3-5-13}$$

理论分析可知，阻尼矩阵可以借助固有振型矩阵对角化的充要条件是[17]

$$\boldsymbol{K}\boldsymbol{M}^{-1}\boldsymbol{C}=\boldsymbol{C}\boldsymbol{M}^{-1}\boldsymbol{K} \tag{3-5-14}$$

与之等价的条件(假设刚度矩阵 $\boldsymbol{K}$ 与阻尼矩阵 $\boldsymbol{C}$ 均正定)为

$$\boldsymbol{C}\boldsymbol{K}^{-1}\boldsymbol{M}=\boldsymbol{M}\boldsymbol{K}^{-1}\boldsymbol{C} \tag{3-5-15}$$

$$\boldsymbol{M}\boldsymbol{C}^{-1}\boldsymbol{K}=\boldsymbol{K}\boldsymbol{C}^{-1} \tag{3-5-16}$$

通常，将满足式(3-5-14)或式(3-5-15)或式(3-5-16)的阻尼，称为经典阻尼，而 3.3 节中介绍的工程实际中经常采用的比例阻尼就是经典阻尼的一种特例，即式(3-3-14)：

$$\boldsymbol{C}=\alpha\boldsymbol{M}+\beta\boldsymbol{K}$$

其中，α 和 β 为实常数。

满足经典阻尼条件的阻尼矩阵 $\boldsymbol{C}$ (下文若无特殊说明，系统阻尼均满足经典阻尼条件)，可利用固有振型矩阵进行对角化，即

$$\boldsymbol{\Phi}^{\mathrm{T}}\boldsymbol{C}\boldsymbol{\Phi}=\operatorname{diag}\left(C_r\right) \tag{3-5-17}$$

其中，C_r 为模态阻尼。

3.3 节给出了多自由度系统振动方程的一般形式，即式(3-3-8)：

$$\boldsymbol{M}\ddot{\boldsymbol{x}}(t)+\boldsymbol{C}\dot{\boldsymbol{x}}(t)+\boldsymbol{K}\boldsymbol{x}(t)=\boldsymbol{f}(t)$$

针对式(3-3-8)，用 $\boldsymbol{x}(t)=\boldsymbol{\Phi}\boldsymbol{q}(t)$ 进行模态坐标变换，并左乘 $\boldsymbol{\Phi}^{\mathrm{T}}$ ，可得

$$\boldsymbol{\Phi}^{\mathrm{T}}\boldsymbol{M}\boldsymbol{\Phi}\ddot{\boldsymbol{q}}(t)+\boldsymbol{\Phi}^{\mathrm{T}}\boldsymbol{C}\boldsymbol{\Phi}\dot{\boldsymbol{q}}(t)+\boldsymbol{\Phi}^{\mathrm{T}}\boldsymbol{K}\boldsymbol{\Phi}\boldsymbol{q}(t)=\boldsymbol{\Phi}^{\mathrm{T}}\boldsymbol{f}(t) \tag{3-5-18}$$

将式(3-5-12)、式(3-5-13)、式(3-5-17)代入式(3-5-18)，有

$$M_r\ddot{q}_r(t)+C_r\dot{q}_r(t)+K_rq_r(t)=p_r(t) \tag{3-5-19}$$

其中，$r=1,2,\cdots,N$ ；$p_r(t)=\boldsymbol{X}_r^{\mathrm{T}}\boldsymbol{f}(t)$ 为模态激励力或广义激励力。

可以看到，式(3-5-19)表示的 N 个方程均与单自由度系统振动方程完全相同，且这 N 个方程互不耦合，通常也将式(3-5-19)表示的第 r 个方程也称为第 r 阶模态方程。综上所述，利用模态坐标变换以及质量矩阵、刚度矩阵、阻尼矩阵的正交性，可将耦合的 N 自由度系统振动方程组转换为 N 个独立的、联立的模态坐标下的振动方程。

3.5.3　自由振动响应的模态叠加法

结合 3.5.2 节分析，对于自由振动，$\boldsymbol{f}(t)=\boldsymbol{0}$ ，第 r 阶模态激励力 $p_r(t)$ 为

$$p_r(t)=0 \tag{3-5-20}$$

相应地，解耦的模态方程(3-5-19)可写为

$$M_r\ddot{q}_r(t)+C_r\dot{q}_r(t)+K_rq_r(t)=0 \tag{3-5-21}$$

其中，$r=1,2,\cdots,N$。引入模态阻尼比：

$$\zeta_r=\frac{C_r}{2\sqrt{M_rK_r}} \tag{3-5-22}$$

利用固有频率 $\omega_{nr}=\sqrt{K_r/M_r}$ 及模态阻尼比 ζ_r，方程(3-5-21)可改写为

$$\ddot{q}_r(t)+2\zeta_r\omega_{nr}\dot{q}_r(t)+\omega_{nr}^2q_r(t)=0 \tag{3-5-23}$$

上述模态方程的初始条件为 $q_r(0)=q_{r0}$、$\dot{q}_r(0)=\dot{q}_{r0}$，可根据物理坐标下的初始条件 $\boldsymbol{x}(0)=\boldsymbol{x}_0$、$\dot{\boldsymbol{x}}(0)=\dot{\boldsymbol{x}}_0$，通过物理坐标到模态坐标的坐标变换式(3-5-6)来确定，即

$$q_{r0}=\frac{\boldsymbol{X}_r^{\mathrm{T}}\boldsymbol{M}\boldsymbol{x}(0)}{M_r} \tag{3-5-24}$$

$$\dot{q}_{r0}=\frac{\boldsymbol{X}_r^{\mathrm{T}}\boldsymbol{M}\dot{\boldsymbol{x}}(0)}{M_r} \tag{3-5-25}$$

可以看到，方程(3-5-23)与有阻尼单自由度系统的自由振动方程(3-1-23)的形式完全相同。这样，直接引用 3.1.2 节中的有阻尼单自由度系统自由振动响应分析的结果，可得到如下结论。

1) 无阻尼或欠阻尼

此时，$0\leqslant\zeta_r<1$，则

$$q_r(t)=A_r\mathrm{e}^{-\zeta_r\omega_{nr}t}\sin(\omega_{dr}t+\varphi_r) \tag{3-5-26}$$

$$A_r=\sqrt{q_{r0}^2+\left(\frac{\dot{q}_{r0}+\zeta_r\omega_{nr}q_{r0}}{\omega_{dr}}\right)^2} \tag{3-5-27}$$

$$\varphi=\arctan\frac{\omega_{dr}q_{r0}}{\dot{q}_{r0}+\zeta_r\omega_{nr}q_{r0}} \tag{3-5-28}$$

$$\omega_{dr}=\sqrt{1-\zeta_r^2}\,\omega_{nr} \tag{3-5-29}$$

其中，ω_{dr} 为第 r 阶有阻尼固有频率。

2) 临界阻尼

此时，$\zeta_r=1$，则

$$q_r(t)=A_{1r}\mathrm{e}^{-\omega_{nr}t}+A_{2r}t\mathrm{e}^{-\omega_{nr}t} \tag{3-5-30}$$

$$A_{1r}=q_{r0} \tag{3-5-31}$$

$$A_{2r}=q_{r0}\omega_{n}+\dot{q}_{r0} \tag{3-5-32}$$

3) 过阻尼

此时，$\zeta_r>1$，则

$$q_r(t)=A_{1r}\mathrm{e}^{s_{1r}t}+A_{2r}\mathrm{e}^{s_{2r}t} \tag{3-5-33}$$

$$s_{1r,2r}=\left(-\zeta_r \pm \sqrt{\zeta_r^2-1}\right)\omega_{\mathrm{n}r} \tag{3-5-34}$$

$$A_{1r}=\frac{q_{r0}s_{2r}-\dot{q}_{r0}}{s_{2r}-s_{1r}} \tag{3-5-35}$$

$$A_{2r}=\frac{q_{r0}s_{1r}-\dot{q}_{r0}}{s_{1r}-s_{2r}} \tag{3-5-36}$$

获得了各阶模态响应之后，再利用模态展开定理式(3-5-1)，就可获得物理坐标系下系统的响应，即

$$\boldsymbol{x}(t)=\sum_{r=1}^{N} q_r(t)\boldsymbol{X}_r=\boldsymbol{\Phi q}(t)$$

3.3 节介绍有阻尼多自由度系统振动方程及 3.5.1 节讲述模态展开定理时，都引入了工程中广泛采用的比例阻尼，即式(3-3-14)：

$$\boldsymbol{C}=\alpha\boldsymbol{M}+\beta\boldsymbol{K}$$

其中，α 和 β 为实常数。

这里将给出一种确定比例系数 α 和 β 的方法。给式(3-3-14)左乘 $\boldsymbol{\Phi}^{\mathrm{T}}$、右乘 $\boldsymbol{\Phi}$，并结合质量矩阵、刚度矩阵及阻尼矩阵的正交性公式，即(式(3-5-12)、式(3-5-13)、式(3-5-17)，可得

$$C_r=\alpha M_r+\beta K_r \tag{3-5-37}$$

将式(3-5-37)代入模态阻尼比的定义式(3-5-22)，并结合固有频率 $\omega_{\mathrm{n}r}=\sqrt{K_r/M_r}$，可得用固有频率及 α 和 β 表示的模态阻尼比，即

$$\zeta_r=\frac{\alpha}{2\omega_{\mathrm{n}r}}+\frac{\beta\omega_{\mathrm{n}r}}{2} \tag{3-5-38}$$

如果通过试验测试，并利用相关的模态识别方法获得各阶模态的固有频率 $\omega_{\mathrm{n}r}$ 及模态阻尼比 ζ_r，就可以根据任意两组(或更多组)固有频率 $\omega_{\mathrm{n}r}$ 及模态阻尼比 ζ_r，建立关于 α 和 β 的线性方程组，通过方程组的求解(或最小二乘估计)，就可获得 α 和 β 的值(或估计值)。

3.5.4 强迫振动响应的模态叠加法

由 3.5.2 节可知，多自由度系统强迫振动的方程可通过模态坐标变换，转换为解耦的模态坐标系下的联立方程，即式(3-5-19)：

微课 3.10

$$M_r\ddot{q}_r(t)+C_r\dot{q}_r(t)+K_r q_r(t)=p_r(t)$$

其中，$r=1,2,\cdots,N$；$p_r(t)=\boldsymbol{X}_r^{\mathrm{T}}\boldsymbol{f}(t)$ 为模态激励力。这样，只要已知系统的质量矩阵、刚度矩阵、阻尼矩阵及外激励力向量，通过模态分析及模态坐标变换，就可写出式(3-5-19)所示的解耦的模态振动方程。可以看到，方程(3-5-19)是一组独立的、典型的有阻尼单自由度系统的强迫振动方程，可采用 3.2 节中的相关方法求解，即当模态激励力

为简谐力时，可采用 3.2.1 节简谐力激励下的响应求解方法；当模态激励力为周期激励时，可采用 3.2.2 节周期激励下的响应求解方法；当模态激励力为任意激励时，可采用 3.2.3 节中任意激励求解的时域法、频域法或复频域法进行响应求解。

不失一般性，这里假设激励为任意激励，采用时域法给出模态响应的求解方法。根据 3.2.3 节中的时域法，并假设模态阻尼为欠阻尼情况，系统的第 r 阶模态响应 $q_r(t)$ 可表示为

$$q_r(t)=q_{r1}(t)+q_{r2}(t) \tag{3-5-39}$$

其中，$q_{r1}(t)$ 表示初始条件引起的响应；$q_{r2}(t)$ 表示外激励引起的响应，则

$$q_{r1}(t)=\sqrt{q_{r0}^2+\left(\frac{\dot{q}_{r0}+\zeta_r\omega_{\mathrm{n}r}q_{r0}}{\omega_{\mathrm{d}r}}\right)^2}\,\mathrm{e}^{-\zeta_r\omega_{\mathrm{n}r}t}\sin\left(\omega_{\mathrm{d}r}t+\arctan\frac{\omega_{\mathrm{d}r}q_{r0}}{\dot{q}_{r0}+\zeta_r\omega_{\mathrm{n}r}q_{r0}}\right) \tag{3-5-40}$$

$$q_{r2}(t)=\frac{1}{M_r\omega_{\mathrm{d}r}}\int_0^t p_r(\tau)\mathrm{e}^{-\zeta_r\omega_{\mathrm{n}r}(t-\tau)}\sin\left[\omega_{\mathrm{d}r}(t-\tau)\right]\mathrm{d}\tau \tag{3-5-41}$$

获得了各阶模态坐标下的响应之后，再利用模态展开定理式(3-5-1)，就可获得物理坐标系下系统的响应，即

$$\boldsymbol{x}(t)=\sum_{r=1}^{N}q_r(t)\boldsymbol{X}_r=\boldsymbol{\Phi}\boldsymbol{q}(t)$$

综上所述，图 3-5-1 给出了模态叠加法求解多自由度系统振动响应的流程。

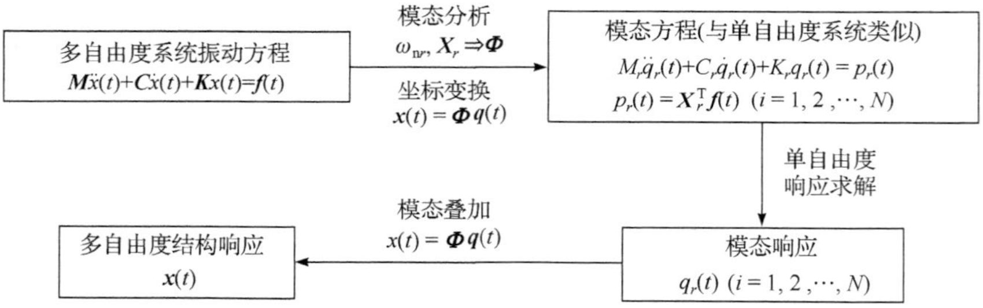

图 3-5-1 模态叠加法的求解流程

3.5.5 单位脉冲响应矩阵与强迫振动响应求解

微课 3.11

3.2.3 节进行单自由度系统在任意激励下的响应求解时，引入了单位脉冲响应函数的概念，并利用单位脉冲响应函数和卷积积分建立其强迫振动响应求解的时域法。本节利用模态展开定理，将单自由度系统的单位脉冲响应函数扩展到多自由度系统的单位脉冲响应函数矩阵(简称单位脉冲响应矩阵)，并以此建立多自由度系统强迫振动响应的时域求解方法。

针对 N 自由度系统，假设仅在第 l 个自由度上作用一个单位脉冲 $\delta(t)$ 时，系统的响应用 $\boldsymbol{h}_l(t)$ 表示，即系统的振动方程(3-3-8)可写为

$$\boldsymbol{M}\ddot{\boldsymbol{h}}_l(t)+\boldsymbol{C}\dot{\boldsymbol{h}}_l(t)+\boldsymbol{K}\boldsymbol{h}_l(t)=\boldsymbol{\delta}_l(t) \tag{3-5-42}$$

其中

$$\boldsymbol{\delta}_l(t)=\begin{pmatrix}0 & \cdots & \overset{\text{第}l\text{个}}{\overbrace{\delta(t)}} & \cdots & 0\end{pmatrix}^{\mathrm{T}} \tag{3-5-43}$$

根据模态展开定理，令

$$\boldsymbol{h}_l(t)=\boldsymbol{\Phi}\boldsymbol{p}_l(t) \tag{3-5-44}$$

其中，$\boldsymbol{p}_l(t)$ 表示仅在第 l 个自由度上作用一个单位脉冲 $\delta(t)$ 时，系统的模态坐标响应向量，即

$$\boldsymbol{p}_l(t)=\left[p_{1l}(t) \quad \cdots \quad p_{rl}(t) \quad \cdots \quad p_{Nl}(t)\right]^{\mathrm{T}} \tag{3-5-45}$$

将式(3-5-44)代入方程(3-5-42)，并左乘 $\boldsymbol{\Phi}^{\mathrm{T}}$，可得

$$\boldsymbol{\Phi}^{\mathrm{T}}\boldsymbol{M}\boldsymbol{\Phi}\ddot{\boldsymbol{p}}_l(t)+\boldsymbol{\Phi}^{\mathrm{T}}\boldsymbol{C}\boldsymbol{\Phi}\dot{\boldsymbol{p}}_l(t)+\boldsymbol{\Phi}^{\mathrm{T}}\boldsymbol{K}\boldsymbol{\Phi}\boldsymbol{p}_l(t)=\boldsymbol{\Phi}^{\mathrm{T}}\boldsymbol{\delta}_l(t) \tag{3-5-46}$$

在经典阻尼假设下，上述方程可改写为如下 N 个解耦的模态方程，即

$$M_r\ddot{p}_{rl}(t)+C_r\dot{p}_{rl}(t)+K_rp_{rl}(t)=X_{lr}\delta(t) \tag{3-5-47}$$

其中，$r=1,2,\cdots,N$。根据单自由度系统的脉冲响应函数，可知：

$$p_{rl}(t)=\frac{X_{lr}}{M_r\omega_{\mathrm{d}r}}\mathrm{e}^{-\zeta_r\omega_{\mathrm{n}r}t}\sin\omega_{\mathrm{d}r}t \tag{3-5-48}$$

将式(3-5-48)代入式(3-5-44)，可得

$$\boldsymbol{h}_l(t)=\boldsymbol{\Phi}\boldsymbol{p}_l(t)=\sum_{r=1}^{N}p_{rl}(t)\boldsymbol{X}_r=\sum_{r=1}^{N}\frac{\boldsymbol{X}_rX_{lr}}{M_r\omega_{\mathrm{d}r}}\mathrm{e}^{-\zeta_r\omega_{\mathrm{n}r}t}\sin\omega_{\mathrm{d}r}t \tag{3-5-49}$$

这样，当单位脉冲 $\delta(t)$ 分别作用于各个自由度时，可给出单位脉冲响应矩阵 $\boldsymbol{h}(t)$ 的定义，即

$$\boldsymbol{h}(t)=\left[\boldsymbol{h}_1(t) \quad \cdots \quad \boldsymbol{h}_l(t) \quad \cdots \quad \boldsymbol{h}_N(t)\right] \tag{3-5-50}$$

将式(3-5-49)代入式(3-5-50)，可得

$$\boldsymbol{h}(t)=\sum_{r=1}^{N}\frac{\boldsymbol{X}_r\boldsymbol{X}_r^{\mathrm{T}}}{M_r\omega_{\mathrm{d}r}}\mathrm{e}^{-\zeta_r\omega_{\mathrm{n}r}t}\sin\omega_{\mathrm{d}r}t \tag{3-5-51}$$

式(3-5-51)即为经典阻尼下欠阻尼多自由度振动系统的单位脉冲响应矩阵，可以看到，多自由度系统的单位脉冲响应矩阵与单自由度系统的单位脉冲响应函数一样，仅取决于系统本身的参数。

下面再来研究多自由度系统在任意激励下的强迫振动响应求解方法，3.3 节给出了多自由度系统振动方程的一般形式，即式(3-3-8)：

$$\boldsymbol{M}\ddot{\boldsymbol{x}}(t)+\boldsymbol{C}\dot{\boldsymbol{x}}(t)+\boldsymbol{K}\boldsymbol{x}(t)=\boldsymbol{f}(t)$$

其中，$\boldsymbol{f}(t)=\left[f_1(t) \quad \cdots \quad f_l(t) \quad \cdots \quad f_N(t)\right]^{\mathrm{T}}$。根据式(3-5-42)的响应结果可知，若仅受 $f_l(t)$ 作用，系统的响应 $\boldsymbol{x}_{(l)}(t)$ 为 $\boldsymbol{h}_l(t)$ 与 $f_l(t)$ 的卷积，即

$$\boldsymbol{x}_{(l)}(t)=\int_0^t \boldsymbol{h}_l(t-\tau)f_l(\tau)\mathrm{d}\tau \tag{3-5-52}$$

因此，根据线性系统的叠加原理，系统在 $\boldsymbol{f}(t)$ 作用下的响应就是各个 $f_l(t)$ 分别作用下的响应之和，即

$$\boldsymbol{x}(t)=\sum_{l=1}^{N}\boldsymbol{x}_{(l)}(t) \tag{3-5-53}$$

将式(3-5-52)代入式(3-5-53)，可得

$$\boldsymbol{x}(t)=\sum_{j=1}^{N}\int_0^t \boldsymbol{h}_j(t-\tau)f_j(\tau)\mathrm{d}\tau \tag{3-5-54}$$

进而，根据单位脉冲响应矩阵 $\boldsymbol{h}(t)$ 的表达式(3-5-51)以及外激励向量的表达式 $\boldsymbol{f}(t)$，式(3-5-54)可改写为

$$\boldsymbol{x}(t)=\int_0^t \boldsymbol{h}(t-\tau)\boldsymbol{f}(\tau)\mathrm{d}\tau \tag{3-5-55}$$

式(3-5-55)为多自由度系统强迫振动响应计算的卷积积分公式。由此可见，根据系统的质量矩阵、刚度矩阵及阻尼矩阵，就可写出系统的单位脉冲响应矩阵，进而通过单位脉冲响应矩阵与外激励向量之间的卷积运算，即可获得多自由度系统对任意激励力的响应。

3.5.6 频响函数矩阵与强迫振动响应求解

微课 3.12

3.2.3 节单自由度系统在任意激励下的响应求解中，利用频响函数和傅里叶变换，建立了强迫振动响应求解的频域法。本节利用模态展开定理，将单自由度系统的频响函数扩展到多自由度系统的频响函数矩阵，并以此建立多自由度系统强迫振动响应的频域求解方法。

3.3 节给出了多自由度系统振动方程的一般形式，即式(3-3-8)：

$$\boldsymbol{M}\ddot{\boldsymbol{x}}(t)+\boldsymbol{C}\dot{\boldsymbol{x}}(t)+\boldsymbol{K}\boldsymbol{x}(t)=\boldsymbol{f}(t)$$

假设系统受到复激励力向量 $\boldsymbol{f}(t)=\bar{\boldsymbol{F}}(\omega)\mathrm{e}^{\mathrm{j}\omega t}$ 的作用，其位移响应向量可表示为 $\boldsymbol{x}(t)=\bar{\boldsymbol{X}}(\omega)\mathrm{e}^{\mathrm{j}\omega t}$，将复激励向量及位移响应向量代入式(3-3-8)，可得系统振动方程的频域表达式，即

$$\left(-\omega^2\boldsymbol{M}+\mathrm{j}\omega\boldsymbol{C}+\boldsymbol{K}\right)\bar{\boldsymbol{X}}(\omega)=\bar{\boldsymbol{F}}(\omega) \tag{3-5-56}$$

根据 3.4 节中的相关定义，系统的位移阻抗矩阵(或动刚度矩阵) $\boldsymbol{Z}(\omega)$ 为

$$\boldsymbol{Z}(\omega)=-\omega^2\boldsymbol{M}+\mathrm{j}\omega\boldsymbol{C}+\boldsymbol{K} \tag{3-5-57}$$

系统的位移频响函数矩阵(或位移导纳矩阵或动柔度矩阵)为

$$\boldsymbol{H}(\omega)=\boldsymbol{Z}^{-1}(\omega) \tag{3-5-58}$$

这样，式(3-5-56)可写为

$$\bar{\boldsymbol{X}}(\omega)=\boldsymbol{H}(\omega)\bar{\boldsymbol{F}}(\omega) \tag{3-5-59}$$

给式(3-5-57)左乘$\boldsymbol{\Phi}^{\mathrm{T}}$，右乘$\boldsymbol{\Phi}$，可得

$$\boldsymbol{\Phi}^{\mathrm{T}}\boldsymbol{Z}(\omega)\boldsymbol{\Phi}=-\omega^2\boldsymbol{\Phi}^{\mathrm{T}}\boldsymbol{M}\boldsymbol{\Phi}+\mathrm{j}\omega\boldsymbol{\Phi}^{\mathrm{T}}\boldsymbol{C}\boldsymbol{\Phi}+\boldsymbol{\Phi}^{\mathrm{T}}\boldsymbol{K}\boldsymbol{\Phi} \tag{3-5-60}$$

在经典阻尼假设下，式(3-5-60)可写为

$$\boldsymbol{\Phi}^{\mathrm{T}}\boldsymbol{Z}(\omega)\boldsymbol{\Phi}=\mathrm{diag}\left(-\omega^2M_r+\mathrm{j}\omega C_r+K_r\right) \tag{3-5-61}$$

式(3-5-61)两边分别求逆运算，可得

$$\boldsymbol{\Phi}^{-1}\boldsymbol{Z}^{-1}(\omega)\left(\boldsymbol{\Phi}^{\mathrm{T}}\right)^{-1}=\mathrm{diag}\left(\frac{1}{-\omega^2M_r+\mathrm{j}\omega C_r+K_r}\right) \tag{3-5-62}$$

给式(3-5-62)左乘$\boldsymbol{\Phi}$，右乘$\boldsymbol{\Phi}^{\mathrm{T}}$，可得

$$\boldsymbol{H}(\omega)=\boldsymbol{Z}^{-1}(\omega)=\boldsymbol{\Phi}\mathrm{diag}\left(\frac{1}{-\omega^2M_r+\mathrm{j}\omega C_r+K_r}\right)\boldsymbol{\Phi}^{\mathrm{T}} \tag{3-5-63}$$

进而，利用固有振型矩阵$\boldsymbol{\Phi}$的表达式，式(3-5-63)可改写为

$$\boldsymbol{H}(\omega)=\sum_{r=1}^{N}\frac{\boldsymbol{X}_r\boldsymbol{X}_r^{\mathrm{T}}}{-\omega^2M_r+\mathrm{j}\omega C_r+K_r} \tag{3-5-64}$$

式(3-5-64)为经典阻尼下多自由度系统的位移频响函数矩阵，若结合式(3-4-15)和式(3-4-16)，也容易获得系统的速度频响函数矩阵及加速度频响函数矩阵的表达式。可以看出，多自由度系统的位移频响函数矩阵与单自由度系统的位移频响函数一样，仅取决于系统本身参数。这样，根据系统的质量矩阵、刚度矩阵及阻尼矩阵就可写出系统的频响函数矩阵，并利用傅里叶变换将时域的外激励向量$\boldsymbol{f}(t)$变换得到频域的$\bar{\boldsymbol{F}}(\omega)$，再利用式(3-5-59)就可获得系统的频域响应$\bar{\boldsymbol{X}}(\omega)$，若需获得系统的时域响应，对$\bar{\boldsymbol{X}}(\omega)$做傅里叶逆变换即可。

到此为止，基于振动方程，本章推导获得了多自由度系统强迫振动响应频域法的求解公式，其实也可仿照 3.2.3 节中单自由度系统频域法的推导过程，通过对多自由度系统位移响应的卷积积分公式(3-5-55)进行傅里叶变换，来获得频域法的求解公式。采用这种方法推导时，可以获得与单自由度系统相似的性质，即多自由度系统的频响函数矩阵与单位脉冲响应矩阵互为傅里叶变换对，即

$$\boldsymbol{H}(\omega)=\mathcal{F}\left[\boldsymbol{h}(t)\right] \tag{3-5-65}$$

$$\boldsymbol{h}(t)=\mathcal{F}^{-1}\left[\boldsymbol{H}(\omega)\right] \tag{3-5-66}$$

其中，$\mathcal{F}[\cdot]$表示分别对矩阵内的每一个元素做傅里叶变换；$\mathcal{F}^{-1}[\cdot]$表示分别对矩阵内的每一个元素做傅里叶逆变换。

3.5.7 模态叠加中的模态截断

对于实际工程结构而言，建立的多自由度系统的振动方程的自由度往往很大，虽然可以利用模态叠加法进行解耦，但数量巨大的单自由度模态方程的求解不太现实，也没必要，此时可以采用模态截断法。

通常，当激励频率主要包含系统的前若干阶低阶频率成分时(这种情况往往也符合工程实际)，结合单自由度系统强迫振动分析中获得的结论(也就是，系统只对接近于固有频率的激励的响应较大，而远离固有频率的激励，对系统响应的贡献可以忽略)，即可以忽略高阶固有模态对响应的贡献，而只利用前若干阶低阶固有模态，来近似计算系统响应。

假设只截取系统的前 L 阶固有模态(通常 $L \ll N$)，N 自由度系统的振动响应为

$$\boldsymbol{x}(t) \approx \sum_{r=1}^{L} q_r(t)\boldsymbol{X}_r = \tilde{\boldsymbol{\Phi}}\tilde{\boldsymbol{q}}(t) \tag{3-5-67}$$

其中，$\tilde{\boldsymbol{\Phi}} = [\boldsymbol{X}_1 \quad \boldsymbol{X}_2 \quad \cdots \quad \boldsymbol{X}_L]$；$\tilde{\boldsymbol{q}}(t) = [q_1(t) \quad q_2(t) \quad \ldots \quad q_L(t)]^{\mathrm{T}}$。将式(3-5-67)代入振动方程(3-3-8)，并左乘 $\tilde{\boldsymbol{\Phi}}^{\mathrm{T}}$，可得

$$\tilde{\boldsymbol{\Phi}}^{\mathrm{T}}\boldsymbol{M}\tilde{\boldsymbol{\Phi}}\ddot{\tilde{\boldsymbol{q}}}(t) + \tilde{\boldsymbol{\Phi}}^{\mathrm{T}}\boldsymbol{C}\tilde{\boldsymbol{\Phi}}\dot{\tilde{\boldsymbol{q}}}(t) + \tilde{\boldsymbol{\Phi}}^{\mathrm{T}}\boldsymbol{K}\tilde{\boldsymbol{\Phi}}\tilde{\boldsymbol{q}}(t) = \tilde{\boldsymbol{\Phi}}^{\mathrm{T}}\boldsymbol{f}(t) \tag{3-5-68}$$

根据固有振型的加权正交性，可知模态截断后系统的主质量矩阵 $\tilde{\boldsymbol{M}}_{\mathrm{P}}$ 及主刚度矩阵 $\tilde{\boldsymbol{K}}_{\mathrm{P}}$ 分别为

$$\tilde{\boldsymbol{M}}_{\mathrm{P}} = \tilde{\boldsymbol{\Phi}}^{\mathrm{T}}\boldsymbol{M}\tilde{\boldsymbol{\Phi}} = \begin{bmatrix} M_1 & 0 & \cdots & 0 \\ 0 & M_2 & \cdots & 0 \\ \vdots & \vdots & & \vdots \\ 0 & 0 & \cdots & M_L \end{bmatrix} \tag{3-5-69}$$

$$\tilde{\boldsymbol{K}}_{\mathrm{P}} = \tilde{\boldsymbol{\Phi}}^{\mathrm{T}}\boldsymbol{K}\tilde{\boldsymbol{\Phi}} = \begin{bmatrix} K_1 & 0 & \cdots & 0 \\ 0 & K_2 & \cdots & 0 \\ \vdots & \vdots & & \vdots \\ 0 & 0 & \cdots & K_L \end{bmatrix} \tag{3-5-70}$$

若系统阻尼为经典阻尼，系统的主阻尼矩阵 $\tilde{\boldsymbol{C}}_{\mathrm{P}}$ 为

$$\tilde{\boldsymbol{C}}_{\mathrm{P}} = \tilde{\boldsymbol{\Phi}}^{\mathrm{T}}\boldsymbol{C}\tilde{\boldsymbol{\Phi}} = \begin{bmatrix} C_1 & 0 & \cdots & 0 \\ 0 & C_2 & \cdots & 0 \\ \vdots & \vdots & & \vdots \\ 0 & 0 & \cdots & C_L \end{bmatrix} \tag{3-5-71}$$

则方程(3-5-68)可以解耦为 L 个低阶模态坐标的方程，即

$$M_r\ddot{q}_r(t) + C_r\dot{q}_r(t) + K_r q_r(t) = p_r(t) \tag{3-5-72}$$

其中，$r=1,2,\cdots,L$；$p_r(t)=\boldsymbol{X}_r^{\mathrm{T}}\boldsymbol{f}(t)$为模态激励力。

可以看到，采用模态截断法，只需计算系统的前L阶固有频率及固有振型，并仅需求解L个联立的模态坐标振动方程。通常，由于$L\ll N$，与模态不截断时相比，计算工作量显著减小。因此，针对实际工程结构的振动响应求解，往往都采用模态截断法。

3.6　航空航天结构的动力学建模与分析

3.6.1　动力学建模

针对实际工程结构的动力学建模(即建立振动方程)，其构型往往较为复杂，通常会采用有限元素法来进行动力学建模。利用有限元素法建立结构动力学有限元模型，一般包含结构离散化、单元类型、边界条件处理、载荷施加等方面，其目的就是建立结构的质量矩阵、刚度矩阵及阻尼矩阵，具体内容涉及面较广，不是本书的重点，感兴趣的读者可参考文献[18]。

利用有限元素法通常容易获得系统的质量矩阵及刚度矩阵，而工程结构的动力学方程中，阻尼是必然存在的且实际阻尼模型非常复杂，3.3.1 节给出了采用黏性阻尼假设的N自由度系统的振动微分方程，即式(3-3-8)：

$$\boldsymbol{M}\ddot{\boldsymbol{x}}(t)+\boldsymbol{C}\dot{\boldsymbol{x}}(t)+\boldsymbol{K}\boldsymbol{x}(t)=\boldsymbol{f}(t)$$

其中，$\boldsymbol{M}$为质量矩阵；$\boldsymbol{C}$为阻尼矩阵；$\boldsymbol{K}$为刚度矩阵；$\boldsymbol{x}(t)$为位移向量；$\boldsymbol{f}(t)$为激励力向量。质量矩阵、阻尼矩阵、刚度矩阵为$N\times N$矩阵，位移、速度、加速度、外激励均为包含N个元素的列向量，其一般形式见式(3-3-9)～式(3-3-13)。

因此，在建立系统的质量矩阵及刚度矩阵之后，阻尼建模是一个关键。对于实际工程结构，通常采用式(3-3-14)表示的瑞利阻尼假设或式(3-5-22)表示的模态阻尼比来建模，当然在局部阻尼特性比较明确的部位，也可采用某种集中阻尼模型来模拟阻尼力。

3.6.2　动力学分析

工程结构的动力学分析通常包含固有模态分析和振动响应分析，考虑到工程结构的复杂性，一般很难获得其解析解，通常都是采用数值解法进行求解。

1. 固有模态分析

固有模态分析是求解已知结构质量矩阵$\boldsymbol{M}$及刚度矩阵$\boldsymbol{K}$的广义特征值问题，目前计算广义特征值问题的数值方法已经非常完善，各种算法均有相关的程序可以直接使用，具体算法流程可查阅文献[3]和[18]，这里仅简要介绍各种方法的使用原则：①对于自由度不多的系统，广义特征值阶次不高，计算部分或全部模态的工作量差异不大，可采用诸如 Jacobi 法或 QR 法等矩阵变换法；②对于自由度巨大的系统，广义特征值阶次很高，计算全部模态的计算量过大，通常仅计算低阶模态(通常外激励频带仅覆盖结构的低阶固有频率)，可采用诸如子空间迭代法、Lanczos 法等迭代方法。

2. 振动响应分析

振动响应分析就是在给定的初始条件(包括初始位移和初始速度)下求解系统的二阶矩阵微分方程，一般可采用频域分析或时域分析。频域法在结构频响函数矩阵确定(根据频响函数矩阵定义，当系统模型确定后，其频响函数矩阵就完全确定)的情况下利用矩阵运算容易实现，但只能用于求解线性系统的稳态响应。针对工程结构的瞬态响应分析或非线性响应分析，就只能借助于时域法，且完成时域振动响应分析之后，也可利用傅里叶变换获得频域响应结果。因此，本节从微分方程组的初值问题出发，介绍可用于工程结构时域振动响应分析的数值积分方法，也叫直接积分法。

直接积分法是指在对振动方程(3-3-8)进行求解前，没有对其进行任何形式的变换，而是按时间步长逐步积分来获得方程的解，其基本假设是：①只在相隔 Δt 的离散时刻上，而不是在整个时间区间上的任一个时刻 t 上满足方程，即平衡是在求解区间上的一些离散时刻上满足的；②假定位移、速度、加速度在每一个时间区间 Δt 内按一定规律变化，也正是采用不同的变化形式，决定了各种直接积分解的精度、稳定性和求解速度。

直接积分法的计算流程是：首先，用 $\boldsymbol{x}_0, \dot{\boldsymbol{x}}_0, \ddot{\boldsymbol{x}}_0$ 表示初始时刻($t=0$)的位移、速度和加速度，注意，初位移 $\boldsymbol{x}_0$、初速度 $\dot{\boldsymbol{x}}_0$ 会以初始条件的形式给出，而初加速度 $\ddot{\boldsymbol{x}}_0$ 则可通过振动方程直接求出；然后，把时间段 T 均分为 n 个间隔 $\Delta t = T/n$，再逐步利用前若干步的响应值求解后一步的响应值，即在 $0, \Delta t, 2\Delta t, \cdots, t$ 的解已知的情况下，求解 $t+\Delta t$ 时刻的解。根据直接积分法的基本假设及计算流程，在时域上连续的振动方程(3-3-8)可写为在一系列时间点上的振动方程，即

微课3.13

$$\boldsymbol{M}\ddot{\boldsymbol{x}}_t + \boldsymbol{C}\dot{\boldsymbol{x}}_t + \boldsymbol{K}\boldsymbol{x}_t = \boldsymbol{f}_t \tag{3-6-1}$$

其中，t 表示某一时刻，即

$$t = 0,\ \Delta t,\ 2\Delta t,\ \cdots,\ N\Delta t \tag{3-6-2}$$

工程上常见的直接积分法包括中心差分法、线性加速度法、Wilson-θ 法、Newmark 法、Runge-Kutta 法及精细积分法等。大部分方法的主要区别在于求解区间内位移/速度/加速度响应的变化规律假设，这里简要介绍一下 Wilson-θ 法，其余方法读者可参阅文献[1]、[3]和[18]。

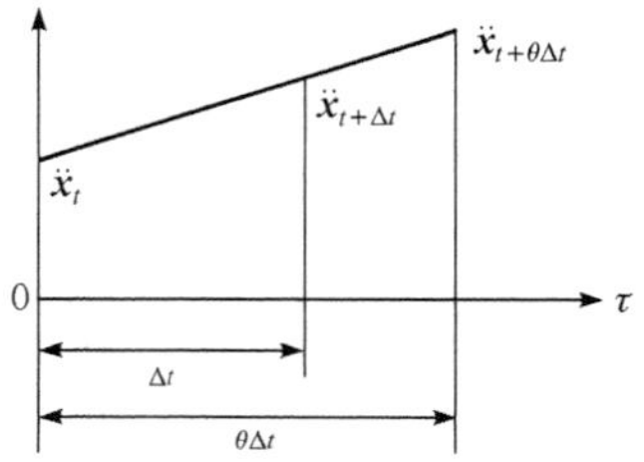

图 3-6-1 Wilson-θ 法的线性加速度假设

Wilson-θ 法是一种基于线性加速度假设的方法，是线性加速度法的推广。线性加速度法假定加速度从时刻 t 到时刻 $t+\Delta t$ 为线性变化，而 Wilson-θ 法则假定加速度从时刻 t 到时刻 $t+\theta\Delta t$ 为线性变化，以 τ 为时间增量($0 \leqslant \tau \leqslant \theta\Delta t$)，Wilson-$\theta$ 法对加速度变化的假设如图 3-6-1 所示，任意时刻的加速度可表示为

$$\ddot{\boldsymbol{x}}_{t+\tau} = \ddot{\boldsymbol{x}}_t + \frac{\tau}{\theta\Delta t}\left(\ddot{\boldsymbol{x}}_{t+\theta\Delta t} - \ddot{\boldsymbol{x}}_t\right) \tag{3-6-3}$$

以 τ 为积分变量，从 $0 \sim \tau$ 对式(3-6-3)积分两次，可得

$$\dot{\boldsymbol{x}}_{t+\tau}=\dot{\boldsymbol{x}}_t+\tau\ddot{\boldsymbol{x}}_t+\frac{\tau^2}{2\theta\Delta t}\left(\ddot{\boldsymbol{x}}_{t+\theta\Delta t}-\ddot{\boldsymbol{x}}_t\right) \tag{3-6-4}$$

$$\boldsymbol{x}_{t+\tau}=\boldsymbol{x}_t+\tau\dot{\boldsymbol{x}}_t+\frac{\tau^2}{2}\ddot{\boldsymbol{x}}_t+\frac{\tau^3}{6\theta\Delta t}\left(\ddot{\boldsymbol{x}}_{t+\theta\Delta t}-\ddot{\boldsymbol{x}}_t\right) \tag{3-6-5}$$

当$\tau=\theta\Delta t$时，有

$$\dot{\boldsymbol{x}}_{t+\theta\Delta t}=\dot{\boldsymbol{x}}_t+\frac{\theta\Delta t}{2}\left(\ddot{\boldsymbol{x}}_{t+\theta\Delta t}+\ddot{\boldsymbol{x}}_t\right) \tag{3-6-6}$$

$$\boldsymbol{x}_{t+\theta\Delta t}=\boldsymbol{x}_t+\theta\Delta t\dot{\boldsymbol{x}}_t+\frac{\theta^2\Delta t^2}{6}\left(\ddot{\boldsymbol{x}}_{t+\theta\Delta t}+2\ddot{\boldsymbol{x}}_t\right) \tag{3-6-7}$$

由式(3-6-7)可求出$\ddot{\boldsymbol{x}}_{t+\theta\Delta t}$：

$$\ddot{\boldsymbol{x}}_{t+\theta\Delta t}=\frac{6}{\theta^2\Delta t^2}\left(\boldsymbol{x}_{t+\theta\Delta t}-\boldsymbol{x}_t\right)-\frac{6}{\theta\Delta t}\dot{\boldsymbol{x}}_t-2\ddot{\boldsymbol{x}}_t \tag{3-6-8}$$

再代入式(3-6-6)可求出$\dot{\boldsymbol{x}}_{t+\theta\Delta t}$：

$$\dot{\boldsymbol{x}}_{t+\theta\Delta t}=\frac{3}{\theta\Delta t}\left(\boldsymbol{x}_{t+\theta\Delta t}-\boldsymbol{x}_t\right)-2\dot{\boldsymbol{x}}_t-\frac{\theta\Delta t}{2}\ddot{\boldsymbol{x}}_t \tag{3-6-9}$$

在$t+\theta\Delta t$时刻的平衡方程可写为

$$\boldsymbol{M}\ddot{\boldsymbol{x}}_{t+\theta\Delta t}+\boldsymbol{C}\dot{\boldsymbol{x}}_{t+\theta\Delta t}+\boldsymbol{K}\boldsymbol{x}_{t+\theta\Delta t}=\overline{\boldsymbol{f}}_{t+\theta\Delta t} \tag{3-6-10}$$

其中，$\overline{\boldsymbol{f}}_{t+\theta\Delta t}$为用线性插值表示的$t+\theta\Delta t$时刻的载荷，即

$$\overline{\boldsymbol{f}}_{t+\theta\Delta t}=\boldsymbol{f}_t+\theta\left(\boldsymbol{f}_{t+\Delta t}-\boldsymbol{f}_t\right) \tag{3-6-11}$$

将式(3-6-8)、式(3-6-9)及式(3-6-11)代入式(3-6-10)，可得

$$\begin{aligned}\left(\frac{6}{\theta^2\Delta t^2}\boldsymbol{M}+\frac{3}{\theta\Delta t}\boldsymbol{C}+\boldsymbol{K}\right)\boldsymbol{x}_{t+\theta\Delta t}&=\boldsymbol{f}_t+\theta\left(\boldsymbol{f}_{t+\Delta t}-\boldsymbol{f}_t\right)\\&+\boldsymbol{M}\left(\frac{6}{\theta^2\Delta t^2}\boldsymbol{x}_t+\frac{6}{\theta\Delta t}\dot{\boldsymbol{x}}_t+2\ddot{\boldsymbol{x}}_t\right)+\boldsymbol{C}\left(\frac{3}{\theta\Delta t}\boldsymbol{x}_t+2\dot{\boldsymbol{x}}_t+\frac{\theta\Delta t}{2}\ddot{\boldsymbol{x}}_t\right)\end{aligned} \tag{3-6-12}$$

求解式(3-6-12)，即可获得$\boldsymbol{x}_{t+\theta\Delta t}$，代入式(3-6-8)可获得$\ddot{\boldsymbol{x}}_{t+\theta\Delta t}$，进一步令式(3-6-3)中$\tau=\Delta t$，并将$\ddot{\boldsymbol{x}}_{t+\theta\Delta t}$代入，可得

$$\ddot{\boldsymbol{x}}_{t+\Delta t}=\frac{6}{\theta^3\Delta t^2}\left(\boldsymbol{x}_{t+\theta\Delta t}-\boldsymbol{x}_t\right)-\frac{6}{\theta^2\Delta t}\dot{\boldsymbol{x}}_t+\left(1-\frac{3}{\theta}\right)\ddot{\boldsymbol{x}}_t \tag{3-6-13}$$

同时注意到，根据加速度的线性变化假设，当$\theta=1$时式(3-6-3)～式(3-6-7)仍然成立，则有

$$\dot{\boldsymbol{x}}_{t+\Delta t}=\dot{\boldsymbol{x}}_t+\frac{\Delta t}{2}\left(\ddot{\boldsymbol{x}}_{t+\Delta t}+\ddot{\boldsymbol{x}}_t\right) \tag{3-6-14}$$

$$\boldsymbol{x}_{t+\Delta t}=\boldsymbol{x}_t+\Delta t\dot{\boldsymbol{x}}_t+\frac{\Delta t^2}{6}\left(\ddot{\boldsymbol{x}}_{t+\Delta t}+2\ddot{\boldsymbol{x}}_t\right) \tag{3-6-15}$$

Wilson-θ 法具有很好的数值稳定性，取 $\theta > 1.37$ 即可保证算法是无条件稳定的，通常取 $\theta = 1.4$，而 θ 的最优值为 1.420815。不难验证，当 $\theta = 1$ 时，Wilson-θ 法就退化为常用的线性加速度法，显然，线性加速度法是条件稳定的。

Wilson-θ 法的具体步骤如下。

代码3.1

(1) 用有限元素法形成结构的刚度矩阵 $\boldsymbol{K}$、质量矩阵 $\boldsymbol{M}$、阻尼矩阵 $\boldsymbol{C}$；

(2) 计算初始值 $\boldsymbol{x}_0, \dot{\boldsymbol{x}}_0, \ddot{\boldsymbol{x}}_0$；

(3) 选择步长 Δt，取 $\theta = 1.4$，并计算积分常数：

$$a_0 = \frac{6}{(\theta \Delta t)^2}, \quad a_1 = \frac{3}{\theta \Delta t}, \quad a_2 = 2a_1, \quad a_3 = \frac{\theta \Delta t}{2}$$

$$a_4 = \frac{a_0}{\theta}, \quad a_5 = -\frac{a_2}{\theta}, \quad a_6 = 1 - \frac{3}{\theta}, \quad a_7 = \frac{\Delta t}{2}, \quad a_8 = \frac{\Delta t^2}{6} \tag{3-6-16}$$

(4) 形成：

$$\hat{\boldsymbol{K}} = a_0 \boldsymbol{M} + a_1 \boldsymbol{C} + \boldsymbol{K} \tag{3-6-17}$$

(5) 求解 $\hat{\boldsymbol{K}}$ 的逆矩阵 $\hat{\boldsymbol{K}}^{-1}$。

对每一步长，进行如下计算。

(1) 求 $t + \theta \Delta t$ 时刻的等效载荷：

$$\hat{\boldsymbol{f}} = \boldsymbol{f}_t + \theta \left(\boldsymbol{f}_{t+\Delta t} - \boldsymbol{f}_t \right) + \boldsymbol{M} \left(a_0 \boldsymbol{x}_t + a_2 \dot{\boldsymbol{x}}_t + 2 \ddot{\boldsymbol{x}}_t \right) + \boldsymbol{C} \left(a_1 \boldsymbol{x}_t + 2 \dot{\boldsymbol{x}}_t + a_3 \ddot{\boldsymbol{x}}_t \right) \tag{3-6-18}$$

(2) 求解 $t + \theta \Delta t$ 时刻的位移：

$$\boldsymbol{x}_{t+\theta \Delta t} = \hat{\boldsymbol{K}}^{-1} \hat{\boldsymbol{f}} \tag{3-6-19}$$

(3) 计算 $t + \Delta t$ 时刻的加速度、速度和位移：

$$\ddot{\boldsymbol{x}}_{t+\Delta t} = a_4 \left(\boldsymbol{x}_{t+\theta \Delta t} - \boldsymbol{x}_t \right) + a_5 \dot{\boldsymbol{x}}_t + a_6 \ddot{\boldsymbol{x}}_t \tag{3-6-20}$$

$$\dot{\boldsymbol{x}}_{t+\Delta t} = \dot{\boldsymbol{x}}_t + a_7 \left(\ddot{\boldsymbol{x}}_{t+\Delta t} + \ddot{\boldsymbol{x}}_t \right) \tag{3-6-21}$$

$$\boldsymbol{x}_{t+\Delta t} = \boldsymbol{x}_t + \Delta t \dot{\boldsymbol{x}}_t + a_8 \left(\ddot{\boldsymbol{x}}_{t+\Delta t} + 2 \ddot{\boldsymbol{x}}_t \right) \tag{3-6-22}$$

3.6.3 典型示例

假设某长直机翼结构可用图 3-6-2 所示的悬臂梁简化表示，其长度为 $3l$，截面厚度为 h、宽度为 b，弹性模量为 E，线密度为 ρ。现采用有限元素法来建立其动力学模型。

1. 质量矩阵及刚度矩阵的建立

将图 3-6-2 所示的长直机翼简化为包含 3 个梁单元的有限元模型，如图 3-6-3 所示。采用结构力学中学习过的平面梁单元，只考虑节点的横向运动及面内转动自由度(忽略轴向运动)，每一个节点包含 2 个自由度，整个模型包含 6 个自由度，其中 3 个平动、3 个转动，其节点位移列向量可写为

$$\boldsymbol{x}(t)=\begin{bmatrix} w_1(t) & \theta_1(t) & w_2(t) & \theta_2(t) & w_3(t) & \theta_3(t) \end{bmatrix}^{\mathrm{T}} \tag{3-6-23}$$

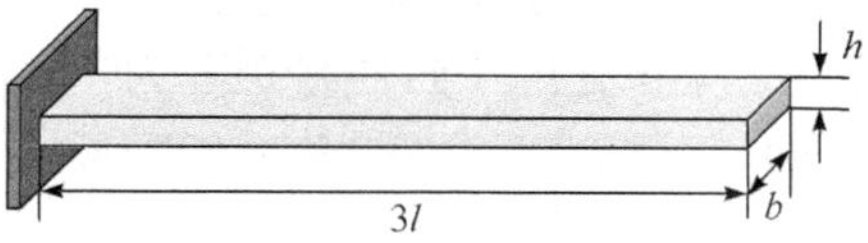

图 3-6-2　长直机翼模型

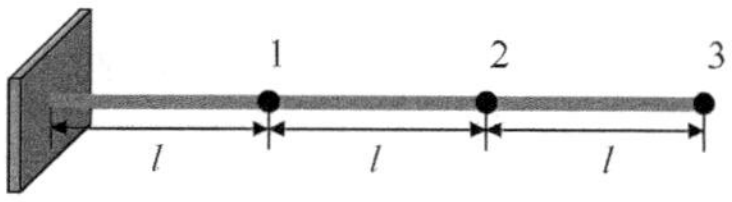

图 3-6-3　长直机翼的有限元模型

其任一单元的刚度矩阵为

$$\boldsymbol{K}_{\mathrm{e}}=\frac{EI}{l^3}\begin{bmatrix} 12 & 6l & -12 & 6l \\ 6l & 4l^2 & -6l & 2l^2 \\ -12 & -6l & 12 & -6l \\ 6l & 2l^2 & -6l & 4l^2 \end{bmatrix} \tag{3-6-24}$$

因此，整个结构的刚度矩阵可写为

$$\boldsymbol{K}=\frac{EI}{l^3}\begin{bmatrix} 24 & 0 & -12 & 6l & 0 & 0 \\ 0 & 8l^2 & -6l & 2l^2 & 0 & 0 \\ -12 & -6l & 24 & 0 & -12 & 6l \\ 6l & 2l^2 & 0 & 8l^2 & -6l & 2l^2 \\ 0 & 0 & -12 & -6l & 12 & -6l \\ 0 & 0 & 6l & 2l^2 & -6l & 4l^2 \end{bmatrix} \tag{3-6-25}$$

工程上用有限元素法建立结构动力学模型时通常采用集中质量矩阵，即将梁单元的质量以集中质量及转动惯量的方式平均分配给其两端的两个节点(即两个节点各分配梁单元一半的质量，并将梁单元从中间切断分别求其绕两个节点的转动惯量，所获得的转动惯量即为对应节点分配的转动惯量)，其单元质量矩阵为

$$\boldsymbol{M}_{\mathrm{e}}=\frac{\rho l}{24}\begin{bmatrix} 12 & 0 & 0 & 0 \\ 0 & l^2 & 0 & 0 \\ 0 & 0 & 12 & 0 \\ 0 & 0 & 0 & l^2 \end{bmatrix} \tag{3-6-26}$$

针对本示例模型，自由端(3 号节点)仅分配了一个单元的质量及转动惯量，1 号和 2 号节点都分配了两个单元的质量及转动惯量，即系统质量矩阵为

$$\boldsymbol{M}=\frac{\rho l}{24}\begin{bmatrix} 24 & 0 & 0 & 0 & 0 & 0 \\ 0 & 2l^2 & 0 & 0 & 0 & 0 \\ 0 & 0 & 24 & 0 & 0 & 0 \\ 0 & 0 & 0 & 2l^2 & 0 & 0 \\ 0 & 0 & 0 & 0 & 12 & 0 \\ 0 & 0 & 0 & 0 & 0 & l^2 \end{bmatrix} \tag{3-6-27}$$

工程上一些复杂结构，有时难以简化为集中质量矩阵，这时可采用有限元方法获得一致质量矩阵。一致质量矩阵的“一致”，来源于形成质量矩阵的形函数，与形成刚度矩阵的形函数是“一致”的。可利用形函数与虚功原理获得梁单元的一致质量矩阵为[18]

$$\boldsymbol{M}_{\mathrm{e}}=\frac{\rho l}{420}\begin{bmatrix}156 & 22l & 54 & -13l\\ 22l & 4l^2 & 13l & -3l^2\\ 54 & 13l & 156 & -22l\\ -13l & -3l^2 & -22l & 4l^2\end{bmatrix} \tag{3-6-28}$$

针对本示例模型，容易获得系统的一致质量矩阵为

$$\boldsymbol{M}=\frac{\rho l}{420}\begin{bmatrix}312 & 0 & 54 & -13l & 0 & 0\\ 0 & 8l^2 & 13l & -3l^2 & 0 & 0\\ 54 & 13l & 312 & 0 & 54 & -13l\\ -13l & -3l^2 & 0 & 8l^2 & 13l & -3l^2\\ 0 & 0 & 54 & 13l & 156 & -22l\\ 0 & 0 & -13l & -3l^2 & -22l & 4l^2\end{bmatrix} \tag{3-6-29}$$

2. 阻尼矩阵的建立

通常可采用瑞利阻尼假设来建立其阻尼矩阵(见式(3-3-14))，结合工程经验对常见金属结构可假设各阶模态阻尼比ζ_r均为 1.5%，采用两阶及以上固有频率与模态阻尼比并根据式(3-5-38)来获得系数α和β。为简便起见，这里仅采用前两阶固有频率与模态阻尼比来建立如下线性方程组：

$$\begin{cases}\zeta_1=\dfrac{\alpha}{2\omega_{\mathrm{n}1}}+\dfrac{\beta\omega_{\mathrm{n}1}}{2}\\[2ex] \zeta_2=\dfrac{\alpha}{2\omega_{\mathrm{n}2}}+\dfrac{\beta\omega_{\mathrm{n}2}}{2}\end{cases} \tag{3-6-30}$$

将$\zeta_1=\zeta_2=\zeta_r=0.015$代入方程组(3-6-30)，求解可得

$$\alpha=\frac{2\omega_{\mathrm{n}1}\omega_{\mathrm{n}2}\zeta_r}{\omega_{\mathrm{n}1}+\omega_{\mathrm{n}2}},\quad \beta=\frac{2\zeta_r}{\omega_{\mathrm{n}1}+\omega_{\mathrm{n}2}} \tag{3-6-31}$$

因此，系统的阻尼矩阵可用式(3-3-14)表示，即

$$\boldsymbol{C}=\alpha\boldsymbol{M}+\beta\boldsymbol{K}$$

至此，获得了长直机翼简化结构的动力学模型的质量矩阵、刚度矩阵及阻尼矩阵，利用这些矩阵就可以建立系统的振动方程，进而开展相关动力学分析。

3.6.4 集中参数三自由度振动系统

代码 3.2

本节上述部分用一个长直机翼的动力学建模示例，介绍了航空航天工程结构的常用动力学建模方法。容易知道，若需更加精细的分析，只需将长直机翼简化为更多自由度的离散系统，其动力学方程的建立过程与上述步骤完全相同。

本书的后续章节将逐一介绍结构动力学有限元模型修正、结构动载荷识别以及基于振动的结构损伤检测等航空航天领域典型动力学问题的基本概念、原理与方法。考虑到结构动力学精细化建模并不是本书的重点内容，参照上述长直机翼的简化动力学模型，为了更加清楚、便捷地说明模型修正、载荷识别及损伤检测的基本流程，仅考虑长直机翼的横向振动运动并采用集中参数矩阵(即仅保留刚度矩阵(3-6-25)及质量矩阵(3-6-27)中的第 1、3、5 行和列)，则可获得图 3-6-4 所示的集中参数三自由度振动系统，后续章节将采用该系统作为统一的仿真模型，其质量矩阵、刚度矩阵及阻尼矩阵分别为

$$\boldsymbol{M}=\begin{bmatrix} m_1 & 0 & 0 \\ 0 & m_2 & 0 \\ 0 & 0 & m_3 \end{bmatrix} \tag{3-6-32}$$

$$\boldsymbol{K}=\begin{bmatrix} k_1+k_2 & -k_2 & 0 \\ -k_2 & k_2+k_3 & -k_3 \\ 0 & -k_3 & k_3 \end{bmatrix} \tag{3-6-33}$$

$$\boldsymbol{C}=\begin{bmatrix} c_1+c_2 & -c_2 & 0 \\ -c_2 & c_2+c_3 & -c_3 \\ 0 & -c_3 & c_3 \end{bmatrix} \tag{3-6-34}$$

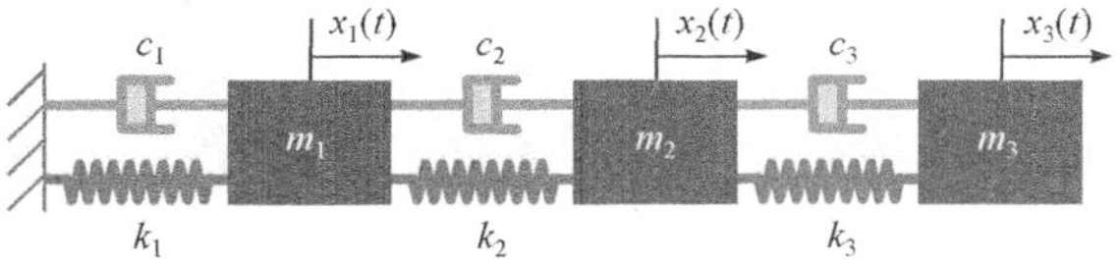

图 3-6-4 集中参数三自由度振动系统

结合多自由度系统振动理论容易知道，针对更加复杂的航空航天结构，与图 3-6-4 所示的三自由度系统相比，只是存在自由度多少以及问题复杂程度的差异，对其进行模型修正、载荷识别及损伤检测的原理和基本流程完全相同。

思 考 题

1. 针对垂直方向振动的单自由度系统，给出测量其固有频率的一种最简便方法。

2. 在飞行器强度校核中，通过结构振动分析获得的动载荷(轴力、剪力、弯矩和扭矩)，通常需要与静载荷叠加在一起来进行结构强度校核，为什么?

3. 在建立振动方程时，什么情况下可以不考虑重力，什么情况下必须考虑重力?

4. 查阅资料，搜集航空工程中或日常生活中避免共振的一些基本原则。例如，旋翼设计的基本要求就是旋翼的固有频率要远离旋翼的旋转频率。

5. 结合单自由度系统的位移频响函数 $H_{\mathrm{d}}(\omega)$ 的定义，编写绘制其幅值/相位-频率曲线、实部/虚部-频率曲线、实部-虚部曲线的程序，任意给定几组不同的系统参数绘制频响函数曲线，并定性说明利用频响函数如何识别系统的固有频率。

6. 预警机的天线罩直径为 5m、质量为 500kg(不计天线罩厚度、质量均匀分布，并将其视为刚体)，在其中心位置用 1 根长度为 0.5m、截面直径为 0.2m 的铝梁支撑在预警机上，如题 6 图所示。假设预警机安装天线罩支撑位置处的刚度很大，求天线罩绕着铝梁扭转振动及弯曲振动的固有频率。

7. 卫星包含了四个尺寸为 1.5m×1m×0.025m、密度为 2690kg/m^3 的太阳能电池板，分别通过四根长度为 0.3m、直径为 25mm 的铝杆连接到卫星主体，如题 7 图所示。假设卫星主体的刚度很大并忽略太阳能电池板自身的弹性，求太阳能电池板绕着铝杆轴线转动的固有频率。

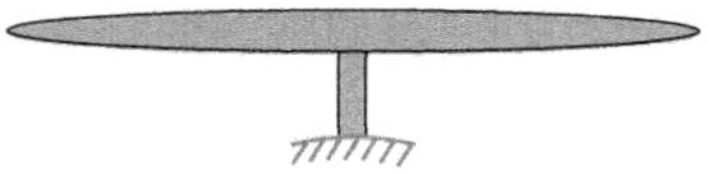

题 6 图

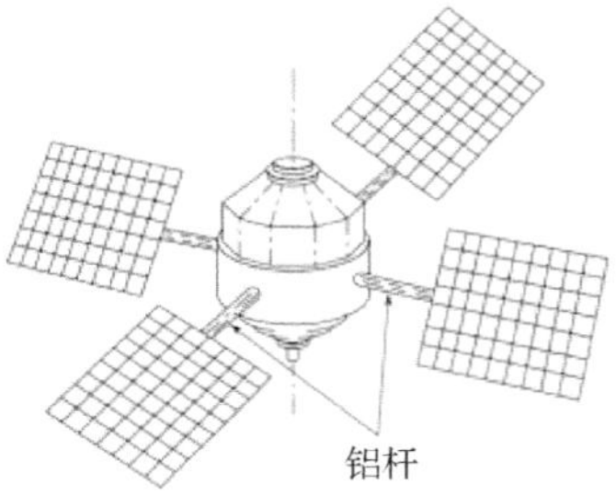

题 7 图

8. 飞机的质量 $m = 20000$kg，俯仰方向的转动惯量 $J_0 = 50\times10^6$kg·m^2，$l_1 = 5$m，$l_2 = 20$m，如题 8 图(a)所示。若将其简化为题 8 图(b)所示的二自由度系统，其中，k_1 = 50kN/m、k_2 = 100kN/m，试建立振动方程并求解固有模态；若将其简化为题 8 图(c)所示的四自由度系统，其中，k_{11} = 80kN/m、k_{12} = 60kN/m、k_{21} = 200kN/m、k_{22} = 120kN/m、m_1 = 100kg、m_2 = 500kg，试建立振动方程并求解固有模态。

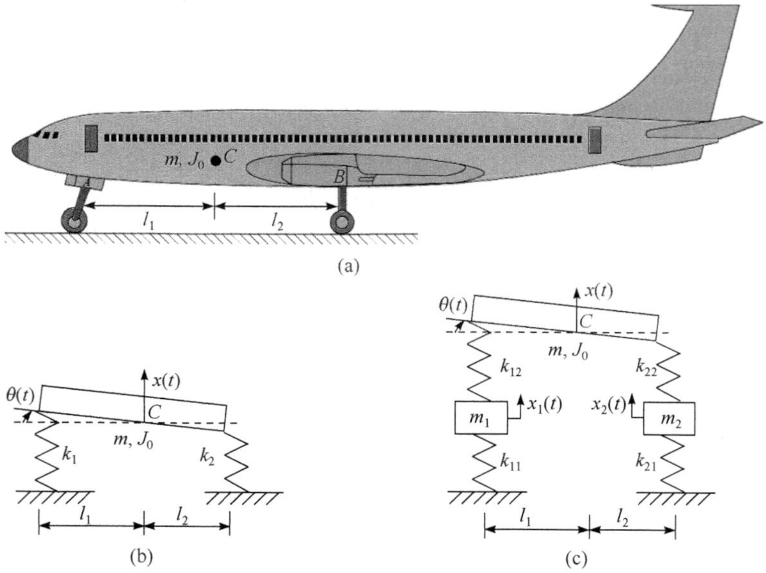

题 8 图

9. 试编写求解 n 自由度系统固有模态及其自由振动响应的程序，并用程序计算第 8 题的固有模态。

10. 假设仅有一个简谐激励作用在 n 自由度系统的某一个自由度上，试编写用模态叠加法求解其稳态响应的程序，并用程序计算图 3-3-1 所示的 10 自由度系统($m_1 = m_2 = \cdots = m_{10}$=10kg，$k_1 = k_2 = \cdots = k_{10}$=10kN/m，各阶模态阻尼比均为 2%)在其第一个自由度上作用 $F_0 \sin \omega t$ 时($F_0 = 0.1\text{kN}$，$\omega = \omega_{n1}$ 或 $\omega = (\omega_{n1} + \omega_{n2})/2$)的振动响应。

第4章

结构动力学有限元模型修正

在对航空航天工程结构进行动力学分析时，通常需要对实际结构进行一定的力学简化，并采用名义上的材料参数来建立其初始的结构动力学有限元模型。因此，这种初始的结构动力学模型中通常包含一些不准确的结构参数和材料参数。结构动力学有限元模型修正就是采用结构的实测动力学特性数据，对初始有限元模型中不准确的结构参数和材料参数进行修正，使得修正后的结构动力学有限元模型在一定精度范围内可准确反映结构的动力学特性。在结构动力学领域，结构动力学有限元模型修正简称为模型修正，其目的就是尽量缩小结构动力学有限元模型与实际结构之间的误差，使其能够准确表征结构的动力学特性。

4.1 模型修正的基本概念

4.1.1 为什么要进行模型修正

随着计算机技术的飞速发展，数值仿真已经成为科学及工程领域重要的分析手段，而准确的仿真模型是开展高质量数值仿真的基础。在结构动力学领域，仿真分析主要是指有限元计算分析，仿真模型通常就是指结构动力学有限元模型。与真实结构的动力学试验技术相比，结构动力学有限元仿真分析技术具有成本低、效率高等特点，且能在试验难以开展的特殊场景下进行仿真分析。然而，真实结构的加工误差以及建立结构动力学有限元模型时对结构进行的若干必要的力学简化，通常会使得建立的初始有限元模型并不能准确地表征真实结构的动力学特性，也就是说，用初始结构动力学有限元模型进行仿真分析的结果精度有限。为了提升有限元模型对实际结构动力学特性的仿真分析精度，就需要对初始结构动力学有限元模型中的不准确参数进行修正，以使得修正后的结构动力学有限元模型在一定精度范围内能准确地反映结构的动力学特性。

随着工程领域中结构动力学仿真分析技术的发展，结构动力学有限元模型修正已经成为工程领域采用有限元方法进行仿真分析的必备步骤，也就是说，但凡涉及对实际结构的动力学有限元仿真分析，模型修正是必不可少的一个步骤。在结构动力学领域，模型修正是结构模态分析、动响应分析、动载荷识别等动力学正问题与动力学反问题分析的基础，可以说，没有一个高质量的结构动力学有限元模型，绝大部分结构动力学相关的仿真分析研究都难以有效开展。

4.1.2　什么是模型修正

在航空航天等工程领域，模型修正就是根据相关的结构试验测试数据修改初始的结构有限元模型的不准确参数，在本书中则特指结构动力学有限元模型修正。初始结构动力学有限元模型往往包含模型类型误差、模型阶次误差和模型参数误差，模型类型误差一般只能结合经验并通过较为合理的模型假设来降低，模型阶次误差可以通过有限元网格的细分及相应的模型缩聚技术来减小，而模型参数误差则需要通过结构动力学有限元模型修正来降低，初始结构动力学有限元模型中的不准确参数称为待修正参数(也称设计变量或设计参数)，包括结构的物理参数(也称为材料参数，如密度、弹性模量等)、几何尺寸和边界参数(也称为约束条件)。将边界参数作为模型修正的参数，这是因为通常真实结构的边界约束并不是理想约束，而结构动力学特性往往对边界参数非常敏感。由于模型修正的目的是建立能准确表征实际结构动力学特性的仿真模型，而结构动力学仿真模型就是矩阵常微分方程形式的结构动力学控制方程(即振动方程)，因此，模型修正就是用一定的方法对结构动力学控制方程中的系数矩阵，如刚度矩阵、质量矩阵和阻尼矩阵进行修正。

4.1.3　怎样进行模型修正

如前所述，结构动力学有限元模型修正是根据对实际结构进行动力学试验得到的测试数据，修改初始结构动力学有限元模型中的不准确参数，从而建立较为准确的结构动力学模型，因此，进行结构动力学有限元模型修正的前提是要有实际结构。完整的模型修正过程如图 4-1-1 所示，具体来说，包括如下三个主要方面。

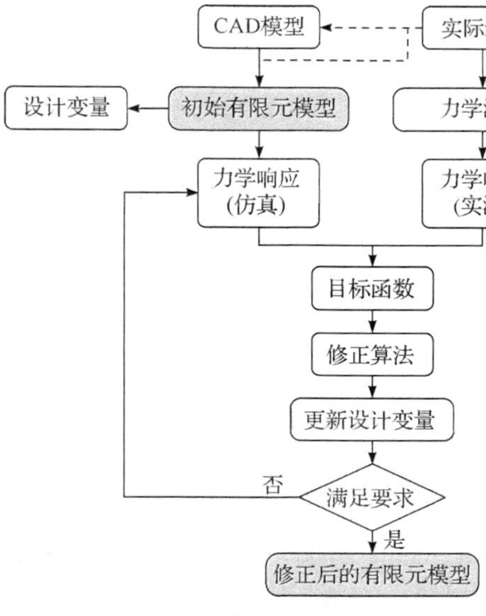

图 4-1-1　模型修正的一般过程

(1) 初始结构动力学有限元建模。通常，针对新设计的工程结构，在开展结构动力学有限元建模之前，其 CAD 模型往往是已经具备的，因此，可结合有限元建模的相关方法，以 CAD 模型为基础完成有限元建模；而针对一些没有 CAD 模型的实际结构，也可通过实际结构各部件的几何参数和材料参数来建立其初始的结构动力学有限元模型，当然也可以根据实际结构先建立 CAD 模型，再进行初始的结构动力学有限元建模。

(2) 实际结构的动力学测试。结构动力学有限元模型修正的对象包括模型的质量特性、刚度特性及阻尼特性，因此实际结构的动力学测试通常包括与质量特性、刚度特性及阻尼特性相关的测试，一般是进行结构的模态特性测试或动力学响应测试，这些测试数据中包含了实际结构的质量、刚度及阻尼信息。如果事先明确了是结构的刚度特性有误差，也可以进行静力学测试，如测试给定静态载荷下的位移，用静力学测试来修正结构的刚度特性。

(3) 结构动力学有限元模型的参数修正。完成了初始的结构动力学有限元建模及结构动力学测试后，就可以开展模型修正的核心工作。首先需要根据初始有限元模型的误差来源确定模型修正的设计变量，然后利用初始动力学有限元模型仿真得到的动力学特性/响应与试验测试得到的实际结构的动力学特性/响应之间的误差，建立模型修正的目标函数，之后采用相应的模型修正算法实现对设计变量的迭代更新，直到模型修正的目标函数满足一定的收敛准则(通常是使目标函数值小于某一给定的阈值)即可完成模型修正。

建立初始的结构动力学有限元模型以及对实际结构进行动力学测试，均涉及结构有限元分析及结构动力学测试等相关课程的教学内容，缺少此方面基础的读者可参阅文献[1]、[3]和[19]，而模型修正的核心问题就是设计变量的选取、目标函数的构建以及修正算法的实施，本章后续部分将重点介绍这些问题。

为表述简单，本章后续内容如无特殊说明，有限元模型即指结构动力学有限元模型。

4.2 模型修正的基本原理

文献[3]介绍了结构动力学有限元模型修正的多种方法，在结构动力学理论体系中，模型修正本质上属于一种优化问题，因此设计变量、目标函数及修正算法也是模型修正的三个要素。设计变量就是待修正有限元模型中需要修正的不准确参数；目标函数就是用所建立的有限元模型计算的动力学特性与试验测试的实际结构动力学特性之间相关程度的一个表达式；修正算法就是模型修正所采用的计算方法[20]。根据模型修正所使用的设计变量，可以分为几何尺寸的修正方法、单元属性的修正方法及边界条件的修正方法；根据模型修正所使用的目标函数可以分为基于模态参数(如固有频率、固有振型)的修正方法、基于频响函数的修正方法及基于动力学响应的修正方法；根据所使用的修正算法可以分为直接修正算法和迭代修正算法。航空航天工程领域现在采用的模型修正往往都是按照优化问题来处理的，本节从模型修正的设计变量、目标函数及修正算法三个方面，详细介绍结构动力学有限元模型修正的基本原理。

4.2.1　设计变量的选择

设计变量是初始结构动力学有限元模型中的一些不准确参数，也就是模型修正中的待修正参数。由于有限元建模过程中的力学简化处理，有限元模型中的绝大部分参数都有可能是不准确的，例如，结构几何尺寸参数因加工及测量精度的影响难以获得其准确值，材料弹性模量等参数由于材料加工中相关工艺过程的影响与名义值存在一定的误差，结构的阻尼参数因加工制造装配等影响难以预先获得其准确值。这些不准确的参数都是模型修正的备选设计变量，然而并不是所有的不准确参数都要作为模型修正的设计变量。首先，初始建模误差较大的参数才需要作为设计变量，也就是说，若能确定初始有限元模型中某参数已经相对准确，就没有必要把该参数作为设计变量；其次，对目标函数灵敏度高的参数才有必要作为设计变量，若初始模型中某参数的准确度不高但目标函数对其灵敏度也非常小，该参数就不适宜作为设计变量，因为该参数较大范围的变化也不会影响目标函数值(也说明该参数的偏差对结构动力学特性的影响很小)。因此，设计变量的选取，原则上应充分参考初始模型的误差来源(即建模误差较大的参数)，并结合目标函数对设计变量的灵敏度分析，选择那些对目标函数灵敏度较高的模型参数作为最终的设计变量。

根据目前工程领域模型修正的研究进展，设计变量可包含如下几类。

(1) 几何参数，如梁结构的截面尺寸、板结构的厚度、体结构的外形尺寸等。根据实际结构的加工精度，同一个部件不同部位的同类型结构的尺寸参数也可分别作为设计变量，例如，板结构在多个不同位置(对应于有限元模型的不同单元)的厚度尺寸可分别设置为设计变量。

(2) 材料参数，如材料的弹性模量、剪切模量、泊松比、密度，层合复合材料纤维的力学参数和铺层参数等，当考虑温度效应时材料的热膨胀系数。通常，以材料参数为设计变量时，可分别针对不同部件设置设计变量，但同一部件因其材料的一致性往往只能设置一个设计变量，例如，某结构包含 3 个批次铝合金材料制成的不同部件，可将这 3 个批次的铝合金材料的弹性模量分别设置为设计变量。

(3) 单元参数，如单元刚度矩阵、单元质量矩阵及单元阻尼矩阵。可以将这些单元矩阵中的某些元素设置为设计变量，也可给某个单元矩阵乘以一个系数并把该系数设置为设计变量来对整个单元矩阵进行修正。例如，给某些单元的刚度矩阵分别乘以一个系数，并把这些系数分别设置为设计变量。

4.2.2　目标函数的构建

如前所述，目标函数是描述有限元模型理论计算的动力学特性与实际结构试验测试的动力学特性相关程度的一个数学表达式，它由结构的动力学特性参数组成，表示有限元模型与实际结构参数之间的误差，因此，结构动力学有限元模型修正数学上可归结为一个目标函数的最小化问题。近年来，结构动力学有限元模型修正的研究中，建立目标函数时所使用的动力学参数主要包括模态参数、频响函数及动力学响应。

1. 基于模态参数的模型修正方法

模态参数主要包括固有频率、固有振型和模态阻尼等，然而由于模态阻尼受测试条件及环境的影响较大，基于模态参数的结构动力学有限元模型修正方法中，主要采用固有频率及固有振型来构建目标函数。

固有频率是结构最基本的固有振动特性，其测量较为容易且精度较高，因此常用有限元模型计算的固有频率与试验测试的实际结构固有频率的误差来组成模型修正的目标函数，即

$$J_{\text{fre}}(\boldsymbol{p})=\sum_{r=1}^{N} w_{r,\text{fre}}\left[\frac{\omega_{r,\text{a}}(\boldsymbol{p})-\omega_{r,\text{m}}}{\omega_{r,\text{m}}}\right]^2 \tag{4-2-1}$$

其中，$\boldsymbol{p}$ 表示设计变量；$\omega_{r,\text{a}}(\boldsymbol{p})$ 和 $\omega_{r,\text{m}}$ 分别表示用有限元模型计算的第 r 阶固有频率及试验测试得到的实际结构第 r 阶固有频率；N 表示考虑的模态阶数；$w_{r,\text{fre}}$ 表示第 r 阶固有频率的权值，也就是第 r 阶固有频率对目标函数的贡献大小，通常可取 $w_{r,\text{fre}}=1/\sigma_r^2$，$\sigma_r^2$ 表示多次测量后得到的第 r 阶固有频率的方差，在各阶固有频率的测量误差比较相近或者没有进行多次测量的情况下，也可取 $w_{r,\text{fre}}=1$。

由于固有频率包含的结构动力学特性信息相对较少，后来出现了以固有振型来构建目标函数的模型修正方法。然而，单独使用固有振型往往会丢掉较为准确的固有频率信息，因此，一种更加合理的方法是联合使用固有频率和固有振型来构建目标函数。在这种方法中，固有振型主要通过直接和间接两种模式加入目标函数中。直接利用固有振型的模型修正又分为两种形式：第一种是直接使用有限元模型计算与试验测试的各阶固有振型差值的范数作为目标函数，即

$$J_{\text{shap}}(\boldsymbol{p})=\sum_{r=1}^{N} w_{r,\text{shape}}\,\|\boldsymbol{X}_{r,\text{a}}(\boldsymbol{p})-\boldsymbol{X}_{r,\text{m}}\| \tag{4-2-2}$$

其中，$\boldsymbol{X}_{r,\text{a}}(\boldsymbol{p})$ 与 $\boldsymbol{X}_{r,\text{m}}$ 分别表示用有限元模型计算的第 r 阶固有振型及试验测试的第 r 阶固有振型；$w_{r,\text{shape}}$ 为第 r 阶固有振型的权值。需要注意的是，由于固有振型只表示各个自由度的振幅比值，在采用式(4-2-2)前需要对有限元模型计算的固有振型和试验测试的实际结构固有振型按照同样的标准进行归一化。通常也可联合使用式(4-2-1)和式(4-2-2)作为目标函数，即

$$J(\boldsymbol{p})=\lambda J_{\text{fre}}(\boldsymbol{p})+(1-\lambda)J_{\text{shap}}(\boldsymbol{p}) \tag{4-2-3}$$

其中，λ 表示固有频率目标函数在总目标函数中的权值。

另一种方法是使用有限元模型计算的与试验测试的实际结构各阶固有振型之间的模态置信准则(modal assurance criterion，MAC)作为目标函数，即

$$J_{\text{mac}}(\boldsymbol{p})=\sum_{r=1}^{N} w_{\text{mac},r}\left\{1-\text{MAC}\left[\boldsymbol{X}_{r,\text{a}}(\boldsymbol{p}),\boldsymbol{X}_{r,\text{m}}\right]\right\}^2 \tag{4-2-4}$$

其中，$w_{\text{mac},r}$ 为相应固有振型的权值；$\text{MAC}\left[\boldsymbol{X}_{r,\text{a}}(\boldsymbol{p}),\boldsymbol{X}_{r,\text{m}}\right]$ 表示用有限元模型计算的第 r 阶固有振型 $\boldsymbol{X}_{r,\text{a}}(\boldsymbol{p})$ 与试验测试的实际结构第 r 阶固有振型 $\boldsymbol{X}_{r,\text{m}}$ 之间的 MAC 值，即

$$\mathrm{MAC}\left[\boldsymbol{X}_{r,\mathrm{a}}(\boldsymbol{p}),\boldsymbol{X}_{r,\mathrm{m}}\right]=\frac{\left[\boldsymbol{X}_{r,\mathrm{a}}^{\mathrm{T}}(\boldsymbol{p})\boldsymbol{X}_{r,\mathrm{m}}\right]^2}{\left[\boldsymbol{X}_{r,\mathrm{a}}^{\mathrm{T}}(\boldsymbol{p})\boldsymbol{X}_{r,\mathrm{a}}(\boldsymbol{p})\right]\left(\boldsymbol{X}_{r,\mathrm{m}}^{\mathrm{T}}\boldsymbol{X}_{r,\mathrm{m}}\right)} \tag{4-2-5}$$

其中，上标T表示向量的转置。同样地，也可联合使用式(4-2-1)与式(4-2-3)作为目标函数，即

$$J(\boldsymbol{p})=\lambda J_{\mathrm{fre}}(\boldsymbol{p})+(1-\lambda)J_{\mathrm{mac}}(\boldsymbol{p}) \tag{4-2-6}$$

其中，λ 表示固有频率目标函数在总目标函数中的权值。

结构的反共振频率中同时包含了固有频率和固有振型信息，且与固有振型相比，有些情况下反共振频率的识别精度更高，因此，也可用反共振频率来建立目标函数：

$$J_{\mathrm{anti}}(\boldsymbol{p})=\sum_{r=1}^{N}w_{r,\mathrm{anti}}\left[\frac{\hat{\omega}_{r,\mathrm{a}}(\boldsymbol{p})-\hat{\omega}_{r,\mathrm{m}}}{\hat{\omega}_{r,\mathrm{m}}}\right]^2 \tag{4-2-7}$$

其中，$\hat{\omega}_{r,\mathrm{a}}(\boldsymbol{p})$ 和 $\hat{\omega}_{r,\mathrm{m}}$ 分别表示有限元计算的第 r 阶反共振频率和试验测试的实际结构第 r 阶反共振频率；$w_{r,\mathrm{anti}}$ 为第 r 阶反共振频率的权值。但需要注意的是，反共振频率不是结构的全局特性，而是与频响函数的选择相关，因此在构建式(4-2-7)时，用有限元模型计算得到的反共振频率必须要与试验测试的实际结构的反共振频率来源于相同自由度上的频响函数。

结构的模态柔度矩阵中也包含结构的固有频率及固有振型信息，因此可采用模态柔度矩阵来建立目标函数：

$$J_{\mathrm{mf}}(\boldsymbol{p})=\|\boldsymbol{G}_{\mathrm{a}}(\boldsymbol{p})-\boldsymbol{G}_{\mathrm{m}}\| \tag{4-2-8}$$

其中，$\boldsymbol{G}=\boldsymbol{\Phi}\boldsymbol{\Lambda}^{-1}\boldsymbol{\Phi}^{T}$ 为模态柔度矩阵；$\boldsymbol{G}_{\mathrm{a}}(\boldsymbol{p})$ 和 $\boldsymbol{G}_{\mathrm{m}}$ 分别表示有限元计算的模态柔度矩阵及试验测试的实际结构模态柔度矩阵；$\|\cdot\|$表示矩阵的范数，一般取 F 范数；$\boldsymbol{\Phi}$ 表示按模态质量为 1 进行归一化后的振型矩阵，$\boldsymbol{\Lambda}=\boldsymbol{\Phi}^{\mathrm{T}}\boldsymbol{K}\boldsymbol{\Phi}$ 表示模态刚度矩阵。根据固有振型已经按照模态质量为 1 进行归一化可知，$\boldsymbol{\Lambda}=\mathrm{diag}(\omega_r^2)$，则可用固有频率及固有振型计算模态柔度矩阵。通常试验只能测得部分固有振型，且只有少数自由度可以测量，因此有限元计算的模态柔度矩阵应使用与试验测试完全一致的模态参数(即同样阶数的固有频率以及同样阶数和自由度的固有振型)来计算。

另外，也可以采用固有频率及固有振型，基于特征方程组成目标函数：

$$J_{\mathrm{force}}(\boldsymbol{p})=\sum_{i=1}^{N}w_{r,\mathrm{modal}}\left\|\left[\boldsymbol{K}(\boldsymbol{p})-\omega_{r,\mathrm{m}}^2\boldsymbol{M}(\boldsymbol{p})\right]\boldsymbol{X}_r\right\| \tag{4-2-9}$$

其中，$\boldsymbol{K}(\boldsymbol{p})$ 和 $\boldsymbol{M}(\boldsymbol{p})$ 分别表示用有限元模型计算的刚度矩阵及质量矩阵；$\boldsymbol{X}_r$ 为用有限元模型计算的固有振型经过缩聚后的固有振型或试验测试的实际结构固有振型经过扩阶之后的固有振型；$w_{r,\mathrm{modal}}$ 为第 r 阶模态对应的权值。

2. 基于频响函数的模型修正方法

模态参数只表示在共振频率附近的结构动力学特性，而频响函数则表示结构在一个较宽的频率范围内的动力学特性。因此，直接使用频响函数进行模型修正可以利用到更

为丰富的结构动力学信息，且与模态参数相比，直接使用频响函数还避免了模态参数识别过程带来的误差。

在利用频响函数的方法中，最基本的就是用有限元模型计算的频响函数与试验测试的实际结构的频响函数的误差来建立目标函数：

$$J_{\mathrm{H}}(\boldsymbol{p})=\sum_{i=1}^{N} E^{2}(\boldsymbol{p},\omega_i) \tag{4-2-10}$$

其中，ω_i 表示一系列离散频率值；$E(\boldsymbol{p},\omega_i)$ 表示用有限元模型计算的频响函数与试验测试的实际结构的频响函数在一系列离散频率值处的误差，一般有如下两种定义方式：

$$E(\boldsymbol{p},\omega_i)=\frac{\left[\boldsymbol{H}_{\mathrm{a}}(\boldsymbol{p},\omega_i)-\boldsymbol{H}_{\mathrm{m}}(\omega_i)\right]^{\mathrm{H}}\left[\boldsymbol{H}_{\mathrm{a}}(\boldsymbol{p},\omega_i)-\boldsymbol{H}_{\mathrm{m}}(\omega_i)\right]}{\boldsymbol{H}_{\mathrm{m}}^{\mathrm{H}}(\omega_i)\boldsymbol{H}_{\mathrm{m}}(\omega_i)} \tag{4-2-11}$$

$$E(\boldsymbol{p},\omega_i)=1-\frac{\boldsymbol{H}_{\mathrm{a}}^{\mathrm{H}}(\boldsymbol{p},\omega_i)\boldsymbol{H}_{\mathrm{a}}(\boldsymbol{p},\omega_i)}{\boldsymbol{H}_{\mathrm{m}}^{\mathrm{H}}(\omega_i)\boldsymbol{H}_{\mathrm{m}}(\omega_i)} \tag{4-2-12}$$

其中，$\boldsymbol{H}_{\mathrm{a}}(\boldsymbol{p},\omega_i)$ 和 $\boldsymbol{H}_{\mathrm{m}}(\omega_i)$ 分别表示频率为 ω_i 时，用有限元模型计算的频响函数矩阵的某一列及试验测试的实际结构频响函数矩阵对应的一列；上标 H 表示复数向量的共轭转置。在具体使用过程中，要选择合适的离散频率值以获得最佳的修正效果；针对多输入多输出情况，既测试获得了频响函数矩阵的多列数据，也可以将多列频响函数首尾相连组成一个列向量，代入上述公式中建立目标函数；而针对多输入单输入情况下的频响函数测试结果，即测试获得了频响函数的一行，首先需要对频响函数的行向量进行共轭转置，然后再代入上述公式建立目标函数。

除上述目标函数之外，由于频响函数矩阵的某一列在某个频率处是一个复数向量，因此可以用形状相关系数 $\chi_{\mathrm{s}}(\boldsymbol{p},\omega_i)$ 来描述用有限元模型计算的与试验测试的实际结构的这一复数向量的相关性，即

$$\chi_{\mathrm{s}}(\boldsymbol{p},\omega_i)=\frac{\left|\boldsymbol{H}_{\mathrm{a}}^{\mathrm{H}}(\boldsymbol{p},\omega_i)\boldsymbol{H}_{\mathrm{m}}(\omega_i)\right|^{2}}{\left[\boldsymbol{H}_{\mathrm{a}}^{\mathrm{H}}(\boldsymbol{p},\omega_i)\boldsymbol{H}_{\mathrm{a}}(\boldsymbol{p},\omega_i)\right]\left[\boldsymbol{H}_{\mathrm{m}}^{\mathrm{H}}(\omega_i)\boldsymbol{H}_{\mathrm{m}}(\omega_i)\right]} \tag{4-2-13}$$

根据定义，形状相关系数的取值范围在 0～1，当用有限元模型计算的与试验测试的频响函数成比例时，形状相关系数就为 1，但这并不能保证两组频响函数的幅值大小也相同，也就是说，频响函数矩阵的某一列在某一频率处组成的复数向量不仅有形状，还有幅值，所以需同时定义幅值相关系数 $\chi_{\mathrm{a}}(\boldsymbol{p},\omega_i)$，即

$$\chi_{\mathrm{a}}(\boldsymbol{p},\omega_i)=\frac{2\left|\boldsymbol{H}_{\mathrm{a}}^{\mathrm{H}}(\boldsymbol{p},\omega_{iH})\boldsymbol{H}_{\mathrm{m}}(\omega_i)\right|}{\boldsymbol{H}_{\mathrm{a}}^{\mathrm{H}}(\boldsymbol{p},\omega_i)\boldsymbol{H}_{\mathrm{a}}(\boldsymbol{p},\omega_i)+\boldsymbol{H}_{\mathrm{m}}^{\mathrm{H}}(\omega_i)\boldsymbol{H}_{\mathrm{m}}(\omega_i)} \tag{4-2-14}$$

幅值相关系数的取值范围在 0～1，当幅值相关系数为 1 时，表明两组频响函数的幅值完全一致。这样，可以结合形状和幅值相关系数对设计变量进行灵敏度分析并采用迭代方法，逐步优化使得形状和幅值相关系数的值趋近于 1，也可以根据形状和幅值相关系数与 1 的接近程度，定义如下的目标函数：

$$J_{\mathrm{sa}}(\boldsymbol{p})=\sum_{i=1}^{N}\left\{\lambda\left[1-\chi_{\mathrm{s}}(\boldsymbol{p},\omega_i)\right]+(1-\lambda)\left[1-\chi_{\mathrm{a}}(\boldsymbol{p},\omega_i)\right]\right\} \tag{4-2-15}$$

其中，λ 表示形状相关系数在总目标函数中的权值。

频响函数虽然包含结构大量的动力学信息，然而，正如使用固有振型的模型修正方法一样，频响函数的测试精度也将直接影响基于频响函数的模型修正效果。

3. 基于动力学响应的模型修正方法

虽然频响函数在模型修正中有较多的优越性，但是在有些场合却很难测量输入的激励信号，因而很难获得这些情况下的频响函数。这样，就出现了一些直接或间接使用动力学响应的模型修正方法。最基本的方法就是利用时域动力学响应建立目标函数：

$$J_{\mathrm{td}}(\boldsymbol{p})=\frac{1}{2}\sum_{i=1}^{N}\sum_{j=1}^{M}\left[x_{i,\mathrm{a}}(\boldsymbol{p},t_j)-x_{i,\mathrm{m}}(t_j)\right]^2 \tag{4-2-16}$$

其中，$x_{i,\mathrm{a}}(\boldsymbol{p},t_j)$ 和 $x_{i,\mathrm{m}}(t_j)$ 分别表示第 i 个测点在第 t_j 时刻用有限元模型计算的与试验测试的实际结构的时域振动响应值；N 表示测点数；M 表示每一个测点所包含的时域振动响应采样点个数，这里的时域响应可以是位移响应、速度响应、加速度响应或动态应变响应等。

然而，时域响应的测量往往受外界因素影响较大，因此，大部分基于响应信号的模型修正方法都使用频域响应，包括响应频谱、传递率函数、定频激励下的工作变形模态等，其建立目标函数的方式与式(4-2-16)相似，即

$$J_{\mathrm{fd}}(\boldsymbol{p})=\frac{1}{2}\sum_{i=1}^{N}\sum_{j=1}^{M}\left[Y_{i,\mathrm{a}}(\boldsymbol{p},\omega_j)-Y_{i,\mathrm{m}}(\omega_j)\right]^2 \tag{4-2-17}$$

其中，$Y_{i,\mathrm{a}}(\boldsymbol{p},\omega_j)$ 和 $Y_{i,\mathrm{m}}(\omega_j)$ 分别表示第 i 条频域响应曲线在第 j 个频率处的有限元模型计算的频域响应与试验测试的实际结构的频域响应(一般为频域响应幅值，但有时也可以采用频域响应的相位角、实部或者虚部)；N 表示频域响应曲线的数量；M 表示每一个频域响应所包含的频率采样点个数。

特定固定频率激励下结构的频域响应幅值可以组成结构的一种工作变形模态(operating deflection shapes，ODS)，由于工作变形模态可以描述结构的动力学特征，因此可以用工作变形模态的误差来建立目标函数：

$$J_{\mathrm{ods}}(\boldsymbol{p})=\sum_{i=1}^{M}\|\boldsymbol{f}_k-\boldsymbol{Z}(\boldsymbol{p},\omega_i)\boldsymbol{X}_{i,\mathrm{m}}\|^2 \tag{4-2-18}$$

其中，$\boldsymbol{f}_k$ 表示激励力列向量；$\boldsymbol{Z}(\boldsymbol{p},\omega_i)$ 表示激励频率为 ω_i 时有限元模型的动刚度矩阵；$\boldsymbol{X}_{i,\mathrm{m}}$ 表示激励频率为 ω_i 时测试得到的工作变形模态；M 表示激励频率 ω_i 的个数。

与模态参数及频响函数一样，动力学响应的测试精度也将直接影响基于动力学响应的模型修正结果的精度。

4.2.3 修正算法的实施

根据求解过程中是否需要迭代，模型修正所使用的算法可分为直接算法和迭代算法两类。直接算法只需要一次计算即可得到模型参数的修正值，一般是利用矩阵运算或者方程组的求解等相关计算技术；迭代算法需要多次重复的运算才能得到模型参数的修正值。

1. 直接算法

模型修正的直接算法通常是指矩阵型直接算法，即通过矩阵变换及矩阵分解等运算手段，来求解模型参数的修正值，由于矩阵可以进行各种各样的变换及分解，这就出现了种类繁多的模型修正直接算法。例如，以矩阵范数的形式构建出含待修正参数(一般包含刚度矩阵和质量矩阵)与试验测试数据的目标函数，然后使用最小二乘法直接求解待修正参数。

对于大部分基于矩阵运算的直接算法，因其不涉及反复的迭代运算，具有计算效率高的优点，且非常适合超大自由度结构的模型修正，但是可能导致修正后的刚度矩阵和质量矩阵的物理意义不再明确，甚至丧失其原有的对称性和稀疏性。为了解决这一问题，出现了具有设计变量的直接算法，即参数型直接算法。这些算法一般通过矩阵运算构造出一个以设计变量为未知量的超静定方程组，然后基于最小二乘解的思想，直接求得设计变量的修正值。在这类方法中，通常将修正以后的刚度矩阵及质量矩阵表示为

$$\boldsymbol{K}_{\mathrm{U}} = \boldsymbol{K} + \sum_{n=1}^{N_e} \alpha_n \boldsymbol{K}_n, \quad \boldsymbol{M}_{\mathrm{U}} = \boldsymbol{M} + \sum_{n=1}^{N_e} \beta_n \boldsymbol{M}_n \tag{4-2-19}$$

其中，$\boldsymbol{K}$、$\boldsymbol{K}_{\mathrm{U}}$ 及 $\boldsymbol{M}$、$\boldsymbol{M}_{\mathrm{U}}$ 分别表示修正前后结构的总刚度矩阵及总质量矩阵；$\boldsymbol{K}_n$、$\boldsymbol{M}_n$ 分别表示第 n 个单元的刚度矩阵及质量矩阵；α_n、β_n 表示该单元刚度矩阵及质量矩阵的修正系数，即设计变量。

具有设计变量的直接方法虽然解决了保持刚度矩阵及质量矩阵的对称性及稀疏性的问题，但其一般难以对设计变量进行约束，这就有可能引起了修正以后的局部结构的参数变化过大，进而影响到修正结果的可信度。因此，关于直接算法的模型修正研究越来越少，因此本书只介绍其算法思想，而不详细介绍其具体的算法公式。

2. 迭代算法

迭代算法是目前模型修正中使用最广泛的方法，一般均为参数型修正方法，它是通过构造一个用有限元模型计算的与实际结构试验测试的动力学特性参数之间误差的目标函数，并选择一定的设计变量，然后使用特定变化的步长及方向，逐步更改设计变量值，通过不断的迭代，使目标函数最小化来达到模型修正的目的。与直接算法不同，模型修正的迭代算法不仅使用了设计变量，且容易对设计变量施加相应的约束，这样就可以同时保证模型修正的精度以及修正后参数的物理意义。

在模型修正的迭代算法中，绝大部分都是首先建立用有限元模型计算的与实际结构试验测试的动力学特性参数(如模态参数、频响函数、动力学响应等)之间的误差向量，然后通过合理的加权原则建立目标函数，最后基于灵敏度分析建立迭代算法。具体过程

如下。

首先，假设用有限元模型计算的与实际结构试验测试的动力学特性参数之间的误差向量$\boldsymbol{\varepsilon}$为

$$\boldsymbol{\varepsilon}=\boldsymbol{r}_{\mathrm{m}}-\boldsymbol{r}_{\mathrm{a}}(\boldsymbol{p}) \tag{4-2-20}$$

其中，$\boldsymbol{p}=(p_1,p_2,\cdots,p_N)^{\mathrm{T}}$表示由$N$个设计变量组成的列向量；$\boldsymbol{r}_{\mathrm{a}}(\boldsymbol{p})$和$\boldsymbol{r}_{\mathrm{m}}$分别为用有限元模型计算的与实际结构试验测试的$M$个动力学特性参数列向量，$\boldsymbol{r}_{\mathrm{a}}(\boldsymbol{p})=[r_{1,\mathrm{a}}(\boldsymbol{p}),r_{2,\mathrm{a}}(\boldsymbol{p}),\cdots,r_{M,\mathrm{a}}(\boldsymbol{p})]^{\mathrm{T}}$。

通过加权来考虑不同动力学特性参数对目标函数的贡献量，可以建立如下目标函数：

$$J=\boldsymbol{\varepsilon}^{\mathrm{T}}\boldsymbol{W}\boldsymbol{\varepsilon} \tag{4-2-21}$$

其中，$\boldsymbol{W}$为表征各动力学特性参数权值的矩阵，当难以确定各个动力学特性参数的权值时，可取为单位矩阵；上标T表示向量的转置(若为复数向量，则为共轭转置)。可以看到，对 4.2.2 节介绍的任一目标函数的表达式进行适当变换，或者直接利用这些目标函数所采用的结构动力学特性参数，都容易建立起如式(4-2-21)所示的目标函数。

利用 Taylor 展开，理论上的动力学特性参数$\boldsymbol{r}_{\mathrm{a}}(\boldsymbol{p})$可表示为

$$\boldsymbol{r}_{\mathrm{a}}(\boldsymbol{p})=\boldsymbol{r}_{\mathrm{a}}(\boldsymbol{p}_0)+\boldsymbol{S}_0\Delta\boldsymbol{p} \tag{4-2-22}$$

其中，$\boldsymbol{r}_{\mathrm{a}}(\boldsymbol{p}_0)$表示设计变量为$\boldsymbol{p}_0$时有限元模型计算的结构动力学特性参数；$\boldsymbol{S}_0=\partial\boldsymbol{r}_{\mathrm{a}}(\boldsymbol{p})/\partial\boldsymbol{p}\big|_{\boldsymbol{p}_0}$表示设计变量为$\boldsymbol{p}_0$的动力学特性参数关于设计变量的灵敏度矩阵；$\Delta\boldsymbol{p}=\boldsymbol{p}-\boldsymbol{p}_0$表示设计变量的改变量。将式(4-2-22)代入式(4-2-20)可得

$$\boldsymbol{\varepsilon}=\Delta\boldsymbol{b}_0-\boldsymbol{S}_0\Delta\boldsymbol{p} \tag{4-2-23}$$

其中，$\Delta\boldsymbol{b}_0=\boldsymbol{r}_{\mathrm{m}}-\boldsymbol{r}_{\mathrm{a}}(\boldsymbol{p}_0)$表示设计变量为$\boldsymbol{p}_0$时，用有限元模型计算的与实际结构试验测试的动力学特性参数之间的误差向量。这样，将式(4-2-23)代入式(4-2-21)，并令$\partial J/\partial\Delta\boldsymbol{p}=0$，可以求得目标函数取极小值时的$\Delta\boldsymbol{p}$，即

$$\Delta\boldsymbol{p}=(\boldsymbol{S}_0^{\mathrm{T}}\boldsymbol{W}\boldsymbol{S}_0)^{-1}\boldsymbol{S}_0^{\mathrm{T}}\boldsymbol{W}\Delta\boldsymbol{b}_0 \tag{4-2-24}$$

在下一步计算中，使用$\boldsymbol{p}_0+\Delta\boldsymbol{p}$代替$\boldsymbol{p}_0$，这样即可建立起使用第$i$步设计变量值表示第$i+1$步设计变量值的迭代公式：

$$\boldsymbol{p}_{i+1}=\boldsymbol{p}_i+(\boldsymbol{S}_i^{\mathrm{T}}\boldsymbol{W}\boldsymbol{S}_i)^{-1}\boldsymbol{S}_i^{\mathrm{T}}\boldsymbol{W}\Delta\boldsymbol{b}_i \tag{4-2-25}$$

其中，$\boldsymbol{S}_i$表示设计变量为$\boldsymbol{p}_i$时的灵敏度矩阵；$\Delta\boldsymbol{b}_i$表示设计变量为$\boldsymbol{p}_i$时，用有限元模型计算与实际结构试验测试的动力学特性参数误差向量。然而，通常由于灵敏度矩阵$\boldsymbol{S}_i$会接近奇异，而导致上述迭代计算中出现病态问题，所以通常可以给设计变量的改变值$\Delta\boldsymbol{p}$也添加一个权值$\boldsymbol{W}_p$，即有如下的目标函数：

$$J=\boldsymbol{\varepsilon}^{\mathrm{T}}\boldsymbol{W}\boldsymbol{\varepsilon}+\Delta\boldsymbol{p}^{\mathrm{T}}\boldsymbol{W}_p\Delta\boldsymbol{p} \tag{4-2-26}$$

$\boldsymbol{W}_p$为一个对角矩阵，表示设计变量的变化程度，$\boldsymbol{W}_p$中越大的元素，其对应的设计变量在迭代过程中的变化将越不明显。此时，迭代公式(4-2-25)变为

$$\boldsymbol{p}_{i+1}=\boldsymbol{p}_i+(\boldsymbol{S}_i^{\mathrm{T}}\boldsymbol{W}\boldsymbol{S}_i+\boldsymbol{W}_p)^{-1}\boldsymbol{S}_i^{\mathrm{T}}\boldsymbol{W}\Delta\boldsymbol{b}_i \tag{4-2-27}$$

这种基于灵敏度分析的迭代方法，最关键的一步就是结构动力学特性参数的灵敏度

分析，灵敏度矩阵 $\boldsymbol{S}_i$ 的基本表达式为

$$\boldsymbol{S}_i=\begin{bmatrix} \frac{\partial r_{1,\mathrm{a}}(\boldsymbol{p}_i)}{\partial p_1} & \frac{\partial r_{1,\mathrm{a}}(\boldsymbol{p}_i)}{\partial p_2} & \cdots & \frac{\partial r_{1,\mathrm{a}}(\boldsymbol{p}_i)}{\partial p_N} \\ \frac{\partial r_{2,\mathrm{a}}(\boldsymbol{p}_i)}{\partial p_1} & \frac{\partial r_{2,\mathrm{a}}(\boldsymbol{p}_i)}{\partial p_2} & \cdots & \frac{\partial r_{2,\mathrm{a}}(\boldsymbol{p}_i)}{\partial p_N} \\ \vdots & \vdots & & \vdots \\ \frac{\partial r_{M,\mathrm{a}}(\boldsymbol{p}_i)}{\partial p_1} & \frac{\partial r_{M,\mathrm{a}}(\boldsymbol{p}_i)}{\partial p_2} & \cdots & \frac{\partial r_{M,\mathrm{a}}(\boldsymbol{p}_i)}{\partial p_N} \end{bmatrix} \tag{4-2-28}$$

可以利用结构质量矩阵、阻尼矩阵及刚度矩阵并结合动力学分析理论，获得动力学特性参数关于设计变量的灵敏度，相关动力学特征的灵敏度分析读者可参阅文献[3]。在实际工程结构的模型修正中，通常是采用数值解法(以中心差分法最常用)来获得动力学特性参数关于设计变量的灵敏度。当设计变量为 $\boldsymbol{p}$ 时，第 i 个动力学特征 $r_{i,\mathrm{a}}$ 关于第 j 个设计变量 p_j 的灵敏度为

$$\frac{\partial r_{i,\mathrm{a}}(\boldsymbol{p})}{\partial p_j}\approx\frac{r_{i,\mathrm{a}}\left(\boldsymbol{p}_{+\Delta p_j}\right)-r_{i,\mathrm{a}}\left(\boldsymbol{p}_{-\Delta p_j}\right)}{2\Delta p_j} \tag{4-2-29}$$

其中，$\boldsymbol{p}_{+\Delta p_j}$ 表示仅给设计变量 $\boldsymbol{p}$ 中的第 j 个参数增加 Δp_j；$\boldsymbol{p}_{-\Delta p_j}$ 表示仅给设计变量 $\boldsymbol{p}$ 中的第 j 个参数减小 Δp_j，通常 Δp_j 以取设计变量初始值的 0.1%～2%为宜。

4.3 基于机器学习的模型修正方法

机器学习方法的出现弥补了上述传统直接算法和迭代算法的缺陷，一般途径是通过减少结构有限元分析的次数或是避免进行灵敏度分析来提高模型修正方法的计算效率。根据模型修正问题的实质，目前几乎所有的机器学习方法都已经被应用到了模型修正方法的研究中，其中的代表性方法包括响应面法、遗传算法和神经网络等传统机器学习方法，以及近年来备受关注的深度神经网络方法等。

4.3.1 传统机器学习方法

1. 响应面法

响应面(RS)法可以提供一个显式函数以表示复杂的输入输出关系。基于响应面法的结构动力学有限元模型修正方法的基本思路是：利用若干个设计变量下的结构动力学特性参数值“拟合”出一个响应面，然后用响应面模型替代原始的结构动力学有限元模型，来开展模型修正过程中可能需要的多次结构动力学特性参数计算，通过避免大规模的有限元计算来提升模型修正的效率，其基本步骤如下[21]。

(1) 选择设计变量，并使用试验设计方法(见 4.3.2 节的介绍)来确定并定义设计变量。

(2) 获取样本数据，在设计空间中利用有限元模型，分析计算各种输入下的结构动力学特性参数值。

(3) 构建响应面模型，创建以结构动力学特性参数为输出的响应面模型，利用最小二乘法求解响应面中的待定系数，考虑到一个响应面模型仅能输出一个结构动力学特性参数，大部分情况下需要建立多个响应面模型。

(4) 获取结构动力学特性参数的试验测试结果，利用 4.2.2 节的某一种方法建立模型修正的目标函数。

(5) 执行模型参数修正，利用建立的响应面模型及目标函数，结合迭代算法进行模型参数修正，获取修正结果。

考虑到一般情况下响应面模型表达式的待定系数多，而且其表达式与分析结果的准确性直接相关，所以针对不同结构形式及动力学响应特征参数，研究合适的响应面模型表达式，逐渐成为响应面法在结构动力学有限元模型修正应用中的一个重要方向。

2. 遗传算法

基于遗传算法(GA)的模型修正方法是将结构动力学模型修正问题看成一个有约束的系统优化设计问题，利用遗传算法高效的并行优化搜索方法，求解全局最优解。遗传算法相较于其他优化算法具有如下优点：①GA 的编码操作可以用来解决多变量优化问题；②GA 的编码操作具有并行处理功能，计算效率高；③GA 可以求得具有全局意义的最优解。

利用遗传算法进行动力学有限元模型修正的基本流程如图 4-3-1 所示[22]，其主要步骤包括以下方面。

(1) 根据设计变量及其取值范围，随机生成 GA 的初始群体。

(2) 利用有限元分析获得有限元计算的动力学特性参数，结合试验测试的动力学特性参数建立模型修正的目标函数，并根据目标函数建立 GA 的适应值函数。

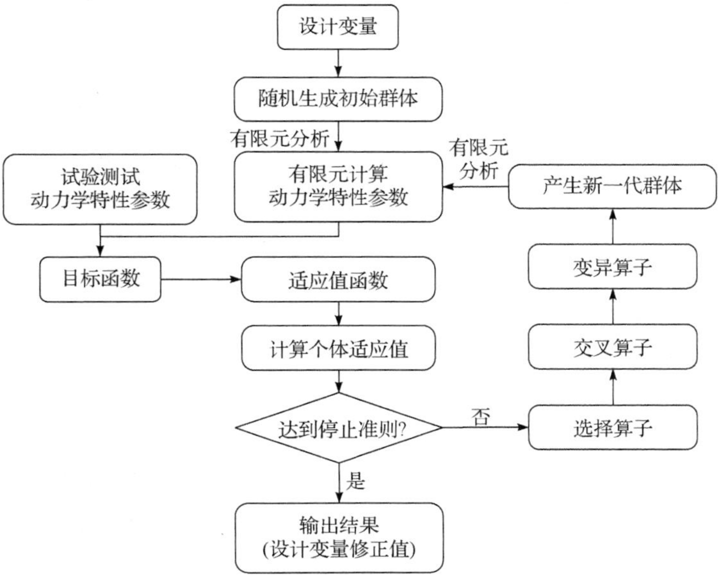

图 4-3-1　利用遗传算法进行动力学有限元模型修正的基本流程

(3) 分别计算 GA 中每一个个体的适应值。

(4) 当达到停止准则(一般为目标函数值小于某一给定阈值或迭代次数达到某一给定值)时，输出模型修正结果(即设计变量的修正值)；否则，通过选择算子、交叉算子、变异算子等一系列操作，产生新一代群体，并再次执行步骤(2)。

值得注意的是，遗传算法编码方法和群体数的选择对修正效率和修正结果有一定的影响。如前所述，遗传算法在结构动力学有限元模型修正中应用的核心，是利用遗传算法来求解模型修正的目标函数，避免传统灵敏度分析所带来的计算效率及局部最优问题，因此，针对不同的待修正模型及目标函数，如何选择较优的遗传算法参数是这一领域的一个重要研究方向。

3. 神经网络

神经网络即人工神经网络(ANN)的简称。神经网络具有很强的容错能力、非线性映射能力和鲁棒性等优势，很适用于求解模型修正这类反问题。采用神经网络进行结构动力学有限元模型修正，是将反问题转化为正问题，通过对结构动力学特性及结构动力学有限元模型参数的学习和训练，将其对应关系采用神经元间连接权值的形式存储下来。利用神经网络进行结构动力学有限元模型修正，主要有以下几个步骤。

(1) 获取训练样本。针对一系列设计变量的组合，通过有限元模型进行模拟分析或在实际结构上进行试验测试，获取各个设计变量组合下的结构动力学响应特征。

(2) 构建神经网络。结合模型修正的输入参数(即结构动力学特性参数)和输出参数(即模型修正的设计变量)，设计神经网络结构。

(3) 训练及验证神经网络。利用样本数据，结合所建立的神经网络的相关学习算法，训练神经网络。

(4) 实施模型参数修正。获取结构动力学特性参数的试验测试结果，向训练好的神经网络输入结构动力学特性参数试验测试值，神经网络的输出即为模型修正设计变量的修正结果。

在结构动力学有限元模型修正中常采用的神经网络是前馈型网络，包括多层感知器神经网络、径向基函数神经网络和 BP 神经网络等。虽然采用神经网络开展结构动力学有限元模型修正具有诸多优越性，同时较传统的模型修正算法具有巨大的应用潜力，但是还存在一些值得深入研究的问题，如神经网络类型的选取，而且输入参数和输出参数的选择对于神经网络的网络泛化能力和学习时间的影响也很大。

4.3.2 深度神经网络方法

虽然神经网络在模型修正中有着优异的表现和应用潜力，但过去的大多数研究仍采用较为传统的浅层神经网络，这对于可接受的样本数量和对复杂函数的表达能力都十分有限，当网络层数逐渐增多时，神经网络会变得难以训练，因而限制了其提取原始数据深层特征的能力。深度学习技术被提出后，使得训练深度神经网络(即包含更深层的神经网络)成为可能，而深度神经网络可以拟合更高维的数据，这一点对复杂结构的动力学有限元模型修正至关重要。本节重点介绍基于深度神经网络的模型修正方法及其涉及的相关重要事项。

1. 模型修正的原理与步骤

如前所述，结构动力学有限元模型修正的目标是使得用有限元模型计算与用实际结构试验测试的结构动力学特性参数之间的误差最小，其本质上是一个参数优化问题，修正效果很大程度上取决于目标函数的形式,而目标函数的构建往往依赖研究人员的经验，不合理的目标函数会降低最终模型修正的精度，甚至导致修正失败。而深度神经网络直接从有限元模型的设计变量和响应特性出发，通过强大的非线性映射能力，直接拟合结构参数与响应之间的复杂关系，当网络学习到结构参数与响应之间的关系后，输入结构实测动力学特性即可得到相应的设计变量，进而得到修正后的有限元模型。基于深度学习的结构动力学有限元模型修正方法，避免了目标函数的构建过程，通过内置于深度神经网络的算法不断对损失函数进行优化，进而降低网络预测参数与试验测试参数之间的误差，该方法在一定程度上简化了整个模型修正的步骤。

基于深度学习的结构动力学模型修正，就是通过训练深度神经网络来拟合结构动力学特性参数与模型修正设计变量之间的函数关系，将结构实测动力学特性参数输入训练好的网络模型中，获取与实测动力学特性参数相匹配的模型参数。深度学习模型修正的一个关键，是选择深度神经网络模型及与之匹配的深度学习算法，结合模型修正的本质，定性分析可知，几乎所有流行的深度神经网络经过适应性设计，均可用于模型修正问题，这里给出基于深度神经网络的结构动力学有限元模型修正的一般步骤。

(1) 建立初始有限元模型。根据实际结构的几何特征及其材料参数，建立初始的动力学有限元模型，根据实际工况开展相应的有限元分析，获得利用初始有限元模型计算的动力学特性参数。

(2) 筛选待修正参数。从理论上看，选择的待修正参数越多，往往可以得到越准确的有限元模型。但是随着待修正参数的增加，神经网络需要拟合更高维度的数据，在有限数量的结构特性参数下，网络拟合效果会显著降低，所以在保证修正精度的前提下，应尽可能少地选择待修正参数。

(3) 生成网络训练样本。为了使神经网络学习到结构动力学特性参数与设计变量之间的函数关系，需要借助一定数量的样本数据来对网络进行训练。对筛选后的待修正参数设置合理的取值区间，采用试验设计方法生成设计变量的样本数据，并结合有限元仿真分析获得各组设计变量下的结构动力学特性参数，进而以结构动力学特性参数为输入、以设计变量为输出，组成用于训练神经网络的样本数据。

(4) 网络训练和预测。以结构动力学特性参数为输入、以设计变量为输出，利用已有的样本数据开展网络训练，并将试验实测的结构动力学特性参数输入训练好的网络中，得到实测响应下的设计变量修正值，获得修正后的有限元模型。

(5) 误差分析。考察用修正后有限元模型计算的结构动力学特性参数与实际结构动力学试验测试的对应的动力学特性参数之间的误差，若误差不满足要求，则需要重新调整网络结构或增加样本量，重新开展网络训练，直至用修正后的有限元模型计算的结构动力学特性参数满足精度要求。

2. 模型修正的一些重要事项

1) 试验设计方法

训练样本的科学性，决定了神经网络能否很好地学习到模型设计变量与模型特性参数之间的隐含关系。试验设计(design of experiment，DOE)是一项以统计学理论为基础，科学地安排试验的方法。试验设计的目的在于最大限度地减小试验误差、提高试验效率，并确保试验结果的可靠性和可重复性。常用的试验设计方法有完全随机化设计、正交试验设计、中心复合设计以及均匀试验设计等。采用 DPS 数据处理系统[23]并选择相关试验设计方法，即可直接生成对应的试验设计表。

均匀试验设计(也称均匀设计)是处理多因素多水平试验设计的首选方法，能从全部试验点中挑选出部分代表性的试验点，这些试验点在试验范围内充分均匀分散，可以通过较少的数据量反映体系的主要特征，在条件范围变化大且需要进行较多水平试验的情况下，均匀设计方法可极大地降低试验次数[24]，这一优点非常符合模型修正的任务要求。典型的均匀设计构造方法有好格子点法、方幂好格子点法等确定性方法及数值搜索法、门限接受法等优化算法，具体过程涉及大量的数学理论与方法，不是本书的重点内容，如需深入了解读者可参阅文献[24]，这里仅给出用好格子点法构造 s 因素 n 水平均匀设计 $\boldsymbol{U}_n(n^s)$ 的算法步骤。

步骤 1：确定备选数集 $\mathcal{H}_{n+1}=\{h\,|\,h<n+1, h\text{和}n+1\text{互质}\}$，记 h 的个数为 m。当 $s\leqslant m/2+1$ 时，转步骤 2，否则此方法不能产生近似均匀设计。

步骤 2：分别构造多个生成向量 $\boldsymbol{h}=(h_1,h_2,\cdots,h_s)$，$\boldsymbol{h}$ 的元素为 $\mathcal{H}_{n+1}$ 中 s 个互不相同的数，则可分别得到多个规模为 $n\times s$ 的矩阵 $\boldsymbol{U}(n,\boldsymbol{h})=(u_{ij})$，其中 $u_{ij}=ih_j[\widetilde{\mathrm{mod}}(n+1)]$，$i=1,2,\cdots,n$，$j=1,2,\cdots,s$，$\widetilde{\mathrm{mod}}$ 定义见下段。再求解各个矩阵 $\boldsymbol{U}(n,\boldsymbol{h})$ 的秩，记 $\mathcal{G}_{n,s}$ 为全体秩为 s 的矩阵 $\boldsymbol{U}(n,\boldsymbol{h})$。

这里的 $\widetilde{\mathrm{mod}}$ 算符在 mod (求余算符)头上多了一个波浪符，表示试验设计方法里面的一种“特殊求余运算”或“特殊模运算”，它是特别为试验设计而对原始求余运算改造后的求余运算，以 $a[\widetilde{\mathrm{mod}}(n)]$ 为例，当 a 不能被 n 整除时，按常规求余运算进行，当 a 能被 n 整除时，余数替换为除数 n，即 $\widetilde{\mathrm{mod}}$ 可以使得余数落到区间 $[1,n]$ 中，而标准的 mod 可以使得余数落到区间 $[0,n-1]$ 中。

步骤 3：根据均匀性度量准则，如常用的混合偏差[25]，寻找一个生成向量 $\boldsymbol{h}^*$ 使得其相应的 $\boldsymbol{U}(n,\boldsymbol{h}^*)$ 在 $\mathcal{G}_{n,s}$ 中具有最小的偏差，则 $\boldsymbol{U}(n,\boldsymbol{h}^*)$ 为一个(近似)均匀设计 $\boldsymbol{U}_n(n^s)$。

其中，混合偏差的表达式为 $\mathrm{MD}^2(\boldsymbol{U})=\left(\dfrac{19}{12}\right)^s-\dfrac{2}{n}\sum_{i=1}^{n}\prod_{j=1}^{s}\left(\dfrac{5}{3}-\dfrac{1}{4}\left|\overline{u}_{ij}-\dfrac{1}{2}\right|-\dfrac{1}{4}\left|\overline{u}_{ij}-\dfrac{1}{2}\right|^2\right)+\dfrac{1}{n^2}\sum_{i=1}^{n}\sum_{k=1}^{n}\prod_{j=1}^{s}\left(\dfrac{15}{8}-\dfrac{1}{4}\left|\overline{u}_{ij}-\dfrac{1}{2}\right|-\dfrac{1}{4}\left|\overline{u}_{kj}-\dfrac{1}{2}\right|-\dfrac{3}{4}\left|\overline{u}_{ij}-\overline{u}_{kj}\right|+\dfrac{1}{2}\left|\overline{u}_{ij}-\overline{u}_{kj}\right|^2\right)$；$\overline{u}_{ij}=\dfrac{2u_{ij}-1}{2(n+1)}$，表示需要将 $\boldsymbol{U}(n,\boldsymbol{h})$ 的试验域由 $[1,n]^s$ 变换为 $[0,1]^s$ 之后再计算混合偏差。

对于模型修正的试验设计而言，多因素是指多个设计变量，多水平是指设计变量在其设计空间内的数量多。但由于均匀设计要求每个设计变量的水平数(即设计变量在其设计空间内的数量)都是相同的，且在面对较多设计变量时其均匀性也会显著降低，然而实际复杂结构模型修正的设计变量数目较多且变化范围不尽相同，均匀设计很难满足实际结构模型修正任务要求。此时，混合水平均匀设计是最佳选择，它在继承均匀设计试验次数较少的优势下，可以很好地解决各设计变量水平数不同的问题，同时还可改善较多设计变量导致的均匀设计表质量差的问题，从而设计出符合任务要求的混合水平均匀设计表。

2) 数据预处理

在模型修正问题中，样本的输入(结构动力学特性参数)及输出(结构设计变量)数据都是多个维度的，即一个样本包含多个结构动力学特性参数及多个结构设计变量，不同动力学特性参数及设计变量均可能会有不同的尺度，即各个输入参数之间及各个输出参数之间均可能存在量级的差异，从而影响整个网络的训练效果。因此，本章采用线性归一化(min-max scaling)方法对样本数据做归一化处理，使得所有输入输出数据大小均在[0,1]之间，线性归一化公式为

$$x_{\text{norm}} = \frac{x - x_{\min}}{x_{\max} - x_{\min}} \tag{4-3-1}$$

其中，x 代表某一输入或输出数据；$x_{\max}$ 为该数据对应的最大值；$x_{\min}$ 为该数据对应的最小值；x_{norm} 为归一化后的数据(即用于网络输入输出的数据)。

将归一化后的样本数据输入神经网络进行训练，并且在网络训练完毕后进入预测阶段时，需要输入归一化后的实测结构动力学特性参数，并将网络的预测结果进行反归一化计算，得到最终的结构设计变量值，由式(4-3-1)易知，反归一化公式为

$$x = x_{\text{norm}}\left(x_{\max} - x_{\min}\right) + x_{\min} \tag{4-3-2}$$

3) 待修正参数筛选

对于实际结构而言，往往存在较多的几何参数和材料参数，如果对模型的设计变量不加以筛选，会增加计算量，降低模型修正效率。灵敏度分析是设计变量筛选的基本方法，然而，灵敏度分析方法只考虑了待修正参数在某个设计点附近的灵敏度，并且面对复杂结构时灵敏度分析的计算效率不高，同时，采用深度神经网络方法进行模型修正的初衷，就是避免传统模型修正方法迭代过程中的灵敏度分析。因此，本章采用一种基于相关系数的方法来进行待修正参数筛选。对设计变量空间内的结构动力学特性参数与设计变量(即备选的待修正参数)，分别计算 Spearman 相关性系数 r_{s} (即等级变量之间的 Pearson 相关系数)、Pearson 相关性系数 r_{p} 、Quadratic 相关性系数 r_{q} 及其 p 值。其中三个相关性系数分别代表两个参数之间的单调关系、线性关系以及二次关系(相关系数为 1 代表两者完全相关，相关系数为 0 代表两者不相关)，各相关性系数的计算表达式为

$$r_{\mathrm{s}}=\frac{\sum_{i=1}^{n}\left[R(x_i)-\bar{R}_x\right]\left[R(y_i)-\bar{R}_y\right]}{\sqrt{\sum_{i=1}^{n}\left[R(x_i)-\bar{R}_x\right]^2\sum_{i=1}^{n}\left[R(y_i)-\bar{R}_y\right]^2}}=1-\frac{6\sum_{i=1}^{n}d_i^2}{n\left(n^2-1\right)} \tag{4-3-3}$$

$$r_{\mathrm{p}}=\frac{\sum_{i=1}^{n}(x_i-\bar{x})(y_i-\bar{y})}{\sqrt{\sum_{i=1}^{n}(x_i-\bar{x})^2\sum_{i=1}^{n}(y_i-\bar{y})^2}} \tag{4-3-4}$$

$$r_{\mathrm{q}}=\sqrt{\frac{\sum_{i=1}^{n}(\hat{y}_i-\bar{y})^2}{\sum_{i=1}^{n}(y_i-\bar{y})^2}} \tag{4-3-5}$$

其中，x_i 表示修正参数样本的观测值；y_i 表示结构动力学特性样本数据的观测值；$\bar{x}$ 表示 x_i 的均值；$\bar{y}$ 表示 y_i 的均值；$R(x_i)$ 表示 x_i 在其总体数据中平均的降序位次；$R(y_i)$ 表示 y_i 在其总体数据中平均的降序位次；$\bar{R}_x$ 表示所有样本 x_i 的平均位次；$\bar{R}_y$ 表示所有样本 y_i 的平均位次；d_i 表示第 i 个样本 x_i 的位次与 y_i 的位次的差值(即 $d_i=R(x_i)-R(y_i)$)；$\hat{y}_i$ 表示采用二次函数对 x_i 和 y_i 进行拟合后得到的函数值；n 表示样本数量。

p 值是用来判定假设检验结果的一个参数，可用于判断当前回归系数是否具有统计学意义。对于样本数量较小的情况，一般采用 t 检验来判断计算所得相关系数与实际相关系数之间的差异，在 H_0 假设(即计算所得相关系数与实际相关系数不相关)下，p 值为

$$p=1-F_T(t,n-2) \tag{4-3-6}$$

其中，$t=r\sqrt{\frac{n-2}{1-r^2}}$，$r$ 代表相关系数(即 r_{s} 或 r_{p} 或 r_{q})；F_T 表示自由度为 $n-2$ 的 t 分布的累积分布函数(注：这里的“自由度”为统计学中专有概念，不要与结构动力学中的“自由度”概念相混淆)。一般来说，当 p 值小于 0.05 时可拒绝 H_0 假设，则认为计算所得相关性系数具有统计学意义，即所选待修正参数对结构特性参数具有显著性影响。在模型修正这一问题中，应适当放宽待修正参数与结构特性参数之间 p 值的范围(如 p 值小于 0.1)。

4.4 简化结构的模型修正示例

本节采用图 4-4-1 所示的集中参数三自由度振动系统(可视为简化的结构动力学系统模型)作为示例(其振动方程见式(3-3-8)，质量矩阵、刚度矩阵及阻尼矩阵见式(3-6-32)～式(3-6-34))，来介绍传统基于迭代算法的模型修正方法(即基于灵敏度分析的模型修正方法)、传统机器学习模型修正方法(即基于遗传算法的模型修正方法)，以及基于深度神经网络的模型修正方法三种模型修正方法的具体实施步骤。

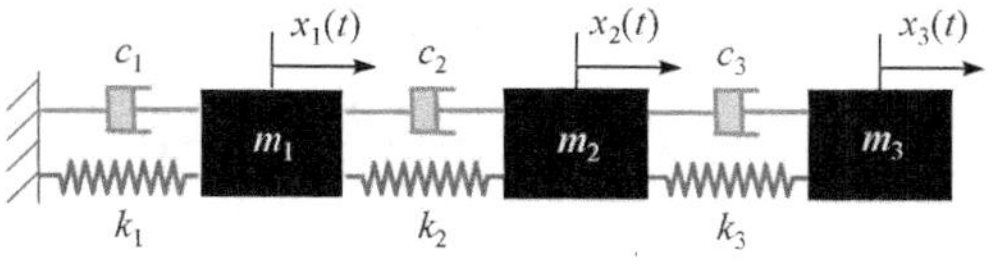

图 4-4-1　集中参数三自由度振动系统

为了既能用简化算例说明问题又能体现各种方法特色，本节针对上述三种方法分别用仿真方法设计了 3 种试验结构：试验结构-1，假定仅有 3 个刚度系数需要修正，用于演示基于灵敏度分析的模型修正方法；试验结构-2，假定有 3 个质量系数、3 个刚度系数需要修正，用于演示基于遗传算法的模型修正方法；试验结构-3，假定 3 个质量系数、3 个刚度系数及 3 个阻尼系数都需要修正，用于演示基于深度神经网络的模型修正方法。3 种试验结构的理论参数如表 4-4-1 所示，在模型修正过程中，这 3 种试验结构采用了相同的初始有限元模型，其参数列于表 4-4-1 的最后一行。

表 4-4-1　集中参数三自由度振动系统的参数值

结构或模型	集中质量/kg			刚度系数/(N/m)			阻尼系数/(N/(m · s))		
	m_1	m_2	m_3	k_1	k_2	k_3	c_1	c_2	c_3
试验结构-1	2.00	2.00	2.00	4128.00	4365.00	3988.00	5.00	5.00	5.00
试验结构-2	1.85	2.03	2.12	4128.00	4365.00	3988.00	5.00	5.00	5.00
试验结构-3	1.85	2.03	2.12	4128.00	4365.00	3988.00	5.28	4.65	5.06
初始有限元模型	2.00	2.00	2.00	4000.00	4000.00	4000.00	5.00	5.00	5.00

4.4.1　基于灵敏度分析的模型修正

代码 4.1

本节采用基于灵敏度分析的方法来对表 4-4-1 中的“试验结构-1”的初始有限元模型进行修正。考虑到其初始有限元模型中的三个刚度系数是待修正参数，这里就以 3 个刚度系数为设计变量，并采用可表征系统刚度特性的 3 阶固有频率来构建目标函数。如前所述，模型修正的前提是获得了待修正结构相关的动力学特性参数的试验值，本节采用数值仿真(有的书中也称为数值试验，在原理性方法研究中经常采用)的方法获得动力学特性参数的试验值，即利用式(3-6-32)和式(3-6-33)的质量矩阵、刚度矩阵，可以计算获得“试验结构-1”固有频率的试验值，如表 4-4-2 所示。

表 4-4-2　集中参数三自由度振动系统的固有频率的试验值

模态参数	ω_1	ω_2	ω_3
固有频率/Hz	3.24	8.95	13.16

根据式(4-2-21)并采用初始模型计算和试验模型“测试”得到的 3 阶固有频率的误差来构建目标函数，即模型修正的目标函数为

$$J=\boldsymbol{\varepsilon}^{\mathrm{T}}\boldsymbol{W}\boldsymbol{\varepsilon} \tag{4-4-1}$$

其中，$\boldsymbol{W}$ 为 3 阶固有频率的权值矩阵(本例假设各阶固有频率对目标函数的贡献相当，即 $\boldsymbol{W}$

为 3×3 的单位矩阵）；ε 表示由 3 阶固有频率试验值与计算值之间的误差组成的向量，即

$$\boldsymbol{\varepsilon}=\boldsymbol{r}_{\mathrm{m}}-\boldsymbol{r}_{\mathrm{a}}(\boldsymbol{p}) \tag{4-4-2}$$

$$\boldsymbol{r}_{\mathrm{m}}=\begin{pmatrix}\omega_{1,\mathrm{m}}\\ \omega_{2,\mathrm{m}}\\ \omega_{3,\mathrm{m}}\end{pmatrix}=\begin{pmatrix}3.24\\ 8.95\\ 13.16\end{pmatrix} \tag{4-4-3}$$

$$\boldsymbol{r}_{\mathrm{a}}(\boldsymbol{p})=\begin{pmatrix}\omega_{1,\mathrm{a}}(\boldsymbol{p})\\ \omega_{2,\mathrm{a}}(\boldsymbol{p})\\ \omega_{3,\mathrm{a}}(\boldsymbol{p})\end{pmatrix} \tag{4-4-4}$$

$$\boldsymbol{p}=\begin{pmatrix}k_1\\ k_2\\ k_3\end{pmatrix} \tag{4-4-5}$$

$$\boldsymbol{p}_0=\begin{pmatrix}k_{1,0}\\ k_{2,0}\\ k_{3,0}\end{pmatrix}=\begin{pmatrix}4000.00\\ 4000.00\\ 4000.00\end{pmatrix} \tag{4-4-6}$$

因此，由式(4-2-25)可知，模型修正的迭代关系为

$$\boldsymbol{p}_{i+1}=\boldsymbol{p}_i+(\boldsymbol{S}_i^{\mathrm{T}}\boldsymbol{W}\boldsymbol{S}_i)^{-1}\boldsymbol{S}_i^{\mathrm{T}}\boldsymbol{W}\Delta\boldsymbol{b}_i \tag{4-4-7}$$

其中

$$\boldsymbol{p}_i=\begin{pmatrix}k_{1,i}\\ k_{2,i}\\ k_{3,i}\end{pmatrix} \tag{4-4-8}$$

$$\Delta\boldsymbol{b}_i=\boldsymbol{r}_{\mathrm{m}}-\boldsymbol{r}_{\mathrm{a}}(\boldsymbol{p}_i) \tag{4-4-9}$$

$$\boldsymbol{r}_{\mathrm{a}}(\boldsymbol{p}_i)=\begin{pmatrix}\omega_{1,\mathrm{a}}(\boldsymbol{p}_i)\\ \omega_{2,\mathrm{a}}(\boldsymbol{p}_i)\\ \omega_{3,\mathrm{a}}(\boldsymbol{p}_i)\end{pmatrix} \tag{4-4-10}$$

$$\boldsymbol{S}_i=\begin{bmatrix}\dfrac{\partial\omega_{1,\mathrm{a}}(\boldsymbol{p}_i)}{\partial k_1} & \dfrac{\partial\omega_{1,\mathrm{a}}(\boldsymbol{p}_i)}{\partial k_2} & \dfrac{\partial\omega_{1,\mathrm{a}}(\boldsymbol{p}_i)}{\partial k_3}\\ \dfrac{\partial\omega_{2,\mathrm{a}}(\boldsymbol{p}_i)}{\partial k_1} & \dfrac{\partial\omega_{2,\mathrm{a}}(\boldsymbol{p}_i)}{\partial k_2} & \dfrac{\partial\omega_{2,\mathrm{a}}(\boldsymbol{p}_i)}{\partial k_3}\\ \dfrac{\partial\omega_{3,\mathrm{a}}(\boldsymbol{p}_i)}{\partial k_1} & \dfrac{\partial\omega_{3,\mathrm{a}}(\boldsymbol{p}_i)}{\partial k_2} & \dfrac{\partial\omega_{3,\mathrm{a}}(\boldsymbol{p}_i)}{\partial k_3}\end{bmatrix} \tag{4-4-11}$$

本节采用中心差分法来计算各阶固有频率对刚度系数的灵敏度，即第 l 阶固有频率关于第 m 个刚度系数的灵敏度可表示为

$$\frac{\partial\omega_{r,\mathrm{a}}(\boldsymbol{p}_i)}{\partial k_j}\approx\frac{\omega_{r,\mathrm{a}}(\boldsymbol{p}_{i+\Delta})-\omega_{r,\mathrm{a}}(\boldsymbol{p}_{i-\Delta})}{2\Delta k_j} \tag{4-4-12}$$

其中，$\boldsymbol{p}_{i+\Delta}$ 表示仅 $\boldsymbol{p}_i$ 中的第 j 个刚度系数增加 Δk_j；$\boldsymbol{p}_{i-\Delta}$ 表示仅 $\boldsymbol{p}_i$ 中的第 j 个刚度系数

减小 Δk_j，一般地，Δk_j 取设计变量的 0.1%～2%，这里取 $\Delta k_j = 40\text{N/m}$。

利用式(4-4-7)所示的迭代公式，结合式(4-4-3)表示的固有频率试验值、式(4-4-6)中的设计变量初始值以及式(4-4-11)所示的灵敏度矩阵，可建立起模型修正的迭代过程，同时，可利用式(4-4-1)给出目标函数随迭代次数的变化趋势，如图 4-4-2 所示。表 4-4-3 给出了修正后模型的参数值及其相对误差。表 4-4-4 给出了修正后模型与“试验结构-1”的固有频率对比。可以看到，修正后的模型能够很好地反映试验结构-1 的刚度特性，且其 3 阶固有频率在给定修正精度下的相对误差均非常小。

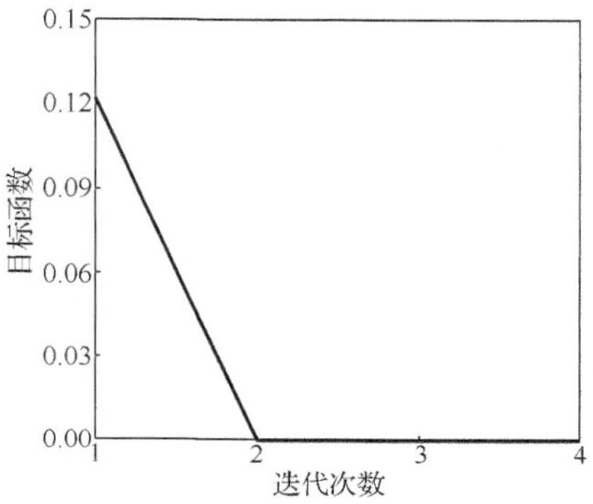

图 4-4-2　目标函数随迭代次数的变化曲线

表 4-4-3　修正后的模型参数值及其相对误差(灵敏度分析法)

结构或模型	刚度系数/(N/m)		
	k_1	k_2	k_3
试验结构-1	4128.00	4365.00	3988.00
修正后模型	4114.00	4368.00	3989.00
相对误差/%	3.39×10^{-1}	6.87×10^{-2}	2.51×10^{-2}

注：相对误差=|修正后模型参数–试验结构参数|/试验结构参数。

表 4-4-4　修正前后模型与试验结构-1 的固有频率对比

结构或模型		ω_1	ω_2	ω_3
试验结构-1 的固有频率/Hz		3.24	8.95	13.16
修正前模型	固有频率/Hz	3.17	8.88	12.83
	相对误差/%	2.16	7.82×10^{-1}	2.51
修正后模型	固有频率/Hz	3.24	8.95	13.16
	相对误差/%	3.09×10^{-3}	1.12×10^{-3}	7.60×10^{-4}

注：相对误差 = |仿真值 – 试验值|/试验值。

4.4.2　基于遗传算法的模型修正

本节采用遗传算法对表 4-4-1 中的“试验结构-2”对应的初始模型进行修正。考虑到 代码 4.2

其初始有限元模型中的三个集中质量及三个刚度系数都是待修正参数，本节的示例以其 3 个集中质量及 3 个刚度系数为设计变量，并采用可表征系统质量特性及刚度特性的 3 阶固有频率及固有振型 MAC 值来构建目标函数。本节仍然采用数值仿真的方法获得动力学特性参数的试验值，即利用式(3-6-32)及式(3-6-33)的质量矩阵、刚度矩阵，可以计算获得实际动力学系统试验结构-2 模态参数的试验值，如表 4-4-5 所示。

表 4-4-5 集中参数三自由度振动系统的固有频率及固有振型的试验值

模态参数		第 1 阶	第 2 阶	第 3 阶
固有频率/Hz		3.20	9.02	13.29
固有振型 MAC 值	DOF1	–0.2290	0.5007	–0.4873
	DOF2	–0.4065	0.2926	0.4917
	DOF3	–0.5174	–0.4135	–0.1817

联合采用固有频率的相对误差及固有振型的 MAC 值来构建目标函数，并假定各阶固有频率及各阶固有振型 MAC 值的权值相同，即

$$J(\boldsymbol{p})=\lambda\sum_{r=1}^{3}\left[\frac{\omega_{r,\mathrm{a}}(\boldsymbol{p})-\omega_{r,\mathrm{m}}}{\omega_{r,\mathrm{m}}}\right]^2+(1-\lambda)\sum_{r=1}^{3}\left\{1-\mathrm{MAC}\left[\boldsymbol{X}_{r,\mathrm{a}}(\boldsymbol{p}),\boldsymbol{X}_{r,\mathrm{m}}\right]\right\}^2 \tag{4-4-13}$$

其中

$$\mathrm{MAC}\left[\boldsymbol{X}_{r,\mathrm{a}}(\boldsymbol{p}),\boldsymbol{X}_{r,\mathrm{m}}\right]=\frac{\left[\boldsymbol{X}_{r,\mathrm{a}}^{\mathrm{T}}(\boldsymbol{p})\boldsymbol{X}_{r,\mathrm{m}}\right]^2}{\left[\boldsymbol{X}_{r,\mathrm{a}}^{\mathrm{T}}(\boldsymbol{p})\boldsymbol{X}_{r,\mathrm{a}}(\boldsymbol{p})\right]\left(\boldsymbol{X}_{r,\mathrm{m}}^{\mathrm{T}}\boldsymbol{X}_{r,\mathrm{m}}\right)} \tag{4-4-14}$$

其中，$\boldsymbol{X}_{r,\mathrm{a}}(\boldsymbol{p})$ 和 $\boldsymbol{X}_{r,\mathrm{m}}$ 分别表示第 r 阶固有振型的计算值和试验值；$\omega_{r,\mathrm{a}}(\boldsymbol{p})$ 和 $\omega_{r,\mathrm{m}}$ 分别表示第 r 阶固有频率的计算值和试验值；λ 表示固有频率对目标函数的贡献量，考虑到固有频率的测试精度较高，这里取 $\lambda=3/4$。

设计变量 $\boldsymbol{p}$ 为系统的各个集中质量和刚度系数，即

$$\boldsymbol{p}=(m_1\quad m_2\quad m_3\quad k_1\quad k_2\quad k_3)^{\mathrm{T}} \tag{4-4-15}$$

由表 4-4-1 可知，设计变量 $\boldsymbol{p}$ 的初始值为

$$\boldsymbol{p}_0=(2.00\quad 2.00\quad 2.00\quad 4000.00\quad 4000.00\quad 4000.00)^{\mathrm{T}} \tag{4-4-16}$$

以设计变量的初始值为基准，本例按照 ± 10%偏离度设置其修正值的上下限，即设计变量的上限和下限分别为

$$\boldsymbol{p}^{(\mathrm{H})}=(2.20\quad 2.20\quad 2.20\quad 4400.00\quad 4400.00\quad 4400.00)^{\mathrm{T}} \tag{4-4-17}$$

$$\boldsymbol{p}^{(\mathrm{L})}=(1.80\quad 1.80\quad 1.80\quad 3600.00\quad 3600.00\quad 3600.00)^{\mathrm{T}} \tag{4-4-18}$$

这样，以式(4-4-13)为目标函数、式(4-4-15)为设计变量，设置种群数为 500、遗传代数为 10000、交叉概率为 0.75、变异概率为 0.20，采用遗传算法进行模型修正，目标函

数随迭代过程的变化曲线如图 4-4-3 所示。表 4-4-6 给出了修正后模型的参数值及其相对误差。表 4-4-7 给出了修正后模型与试验结构-2 的固有频率及固有振型对比。可以看到，修正后模型的固有频率最小相对误差为 0.0125%，固有振型 MAC 值均大于 0.9998。

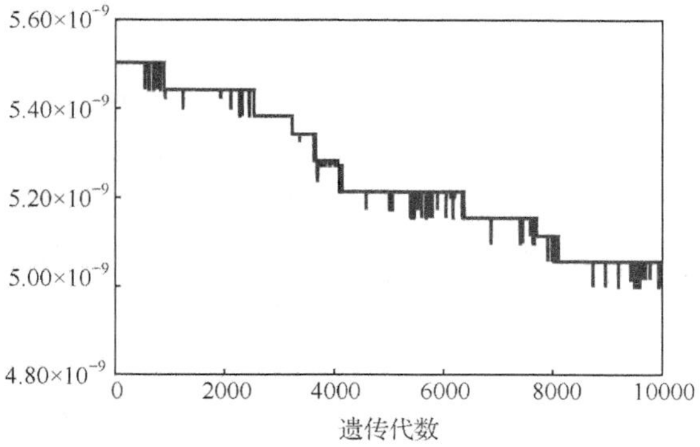

图 4-4-3　目标函数随迭代次数的变化曲线

表 4-4-6　修正后的模型参数值及其相对误差(遗传算法)

结构或模型	集中质量/kg			刚度系数/(N/m)		
	m_1	m_2	m_3	k_1	k_2	k_3
试验结构-2	1.85	2.03	2.12	4128.00	4365.00	3988.00
修正后模型	1.79	1.93	2.07	4048.00	4174.00	3844.00
相对误差/%	3.24	4.93	2.36	1.94	4.38	3.61

注：相对误差=|修正后模型参数–试验结构参数|/试验结构参数。

表 4-4-7　修正前后模型与试验结构-2 的固有频率及固有振型对比

结构或模型		第 1 阶	第 2 阶	第 3 阶
试验结构-2 的固有频率/Hz		3.20	9.02	13.29
修正前模型	固有频率/Hz	3.17	8.88	12.83
	固有频率相对误差/%	9.38×10^{-1}	1.55	3.46
	固有振型 MAC 值	0.9999	0.9919	0.9840
修正后模型	固有频率/Hz	3.20	9.03	13.30
	固有频率相对误差/%	1.25×10^{-2}	5.88×10^{-2}	7.52×10^{-2}
	固有振型 MAC 值	1.0000	0.9998	0.9999

注：相对误差=|仿真值–试验值|/试验值。

4.4.3　基于深度神经网络的模型修正

代码 4.3

本节采用深度神经网络方法对表 4-4-1 中“试验结构-3”对应的初始有限元模型进行

模型修正。考虑到其初始有限元模型中的质量系数、刚度系数及阻尼系数均是待修正参数，这里以其 3 个集中质量、3 个刚度系数及 3 个阻尼系数为设计变量，并采用可表征系统质量特性、刚度特性及阻尼特性的 3 阶固有频率、固有振型及模态阻尼比作为动力学特性参数，并以这些动力学特性参数作为深度神经网络的输入进行模型修正。

1) 训练样本

考虑到每一阶固有振型共有 3 个元素，则神经网络的输入参数共有 3+3×3+3=15 个。结合初始模型参数，同时考虑到本节待修正模型较为简单，采用 9 因素(即 9 个设计变量)80 水平(即将每个变量的设计空间均分 80 份)均匀设计获得待修正参数的样本值，利用模态参数计算程序对初始模型进行求解，提取各个样本的固有频率、固有振型及模态阻尼比计算结果，得到神经网络训练数据样本集。

2) 神经网络构型

损失函数是神经网络在训练过程中用于衡量网络精度和指导模型训练方向的指标，损失函数的选择将直接影响神经网络模型的精度和泛化性能。

对于回归问题，常用的损失函数有平均绝对误差(mean absolute error，MAE)和均方误差(mean square error，MSE)，其表达式分别为

$$\mathrm{MAE}=\frac{1}{N}\sum_{i=1}^{N}\left|y-y'\right| \tag{4-4-19}$$

$$\mathrm{MSE}=\frac{1}{N}\sum_{i=1}^{N}(y-y')^2 \tag{4-4-20}$$

其中，N 为样本数量；y 为真实值；y' 为网络拟合值。对于 MAE，函数导数为常数，当损失函数值较小时容易产生振荡，导致损失函数难以收敛至最优值；对于 MSE，函数在面对预测参数误差较大的情况时，其导数也非常大，因而给予了异常值更高的权重，造成早期训练阶段网络难以收敛的问题。为解决上述问题，研究人员提出了 Smooth L_1 损失函数，其表达式为

$$\text{Smooth } \mathrm{L}_1=\begin{cases}\frac{1}{2}(y-y')^2, & |y-y'|<1\\ |y-y'|-\frac{1}{2}, & \text{其他}\end{cases} \tag{4-4-21}$$

其中，y 为真实值；y' 为网络拟合值。Smooth L_1 结合了 MAE 和 MSE 的优点，当训练早期拟合误差较大时，函数拥有稳定的梯度，可快速降低损失，当训练后期损失降低至一定程度后，又能像 MSE 一样逐渐减小梯度，使损失函数稳定收敛至最优值。因此，本节后续采用 Smooth L_1 作为损失函数。

针对本示例，设计了如图 4-4-4 所示的 LSTM 神经网络模型，其中，输入参数包含 3 阶固有频率、3 阶固有振型(每阶振型有 3 个元素)以及 3 阶模态阻尼比共 15 个参数，输出参数为 3 个集中质量、3 个刚度系数及 3 个阻尼系数，LSTM 单元数量为 200，采用 LSTM 内嵌的 Sigmoid 与 tanh 激活函数，网络学习率(learning rate)设置为 0.0003，网络最大循环次数为 40000。

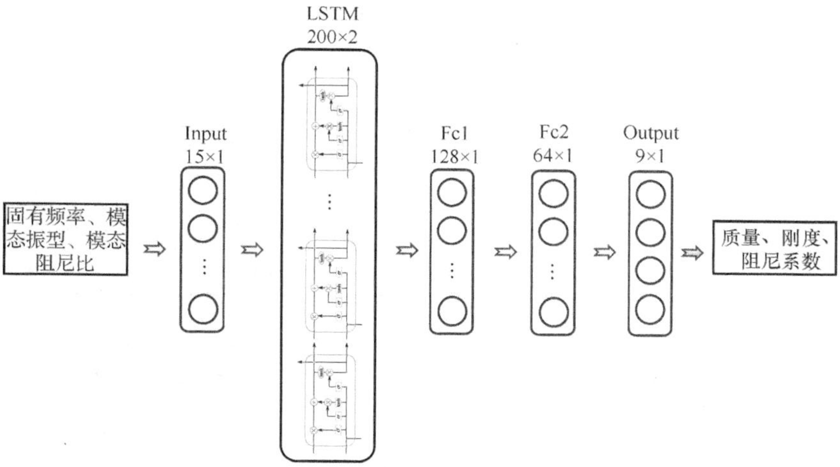

图 4-4-4　LSTM 神经网络模型

3) 模型修正结果

利用式(4-3-1)对训练数据进行归一化后，输入 LSTM 网络进行训练，训练过程如图 4-4-5 所示，可以看到，损失函数很快就收敛到很小的值。

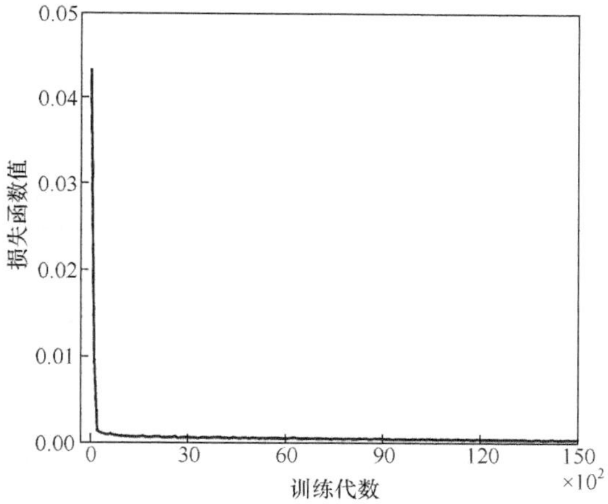

图 4-4-5　网络训练过程

当网络训练完成后，需要将模态参数的试验值输入神经网络以获得待修正参数的修正值。本节采用数值仿真的方法来获得动力学特性参数的试验值，即利用式(3-6-32)～式(3-6-34)的质量矩阵、刚度矩阵及阻尼矩阵，可以计算获得试验结构-3 模态参数的试验值，如表 4-4-8 所示。

将表 4-4-8 的模态参数的试验值按照式(4-3-1)归一化(各参数的最大值、最小值与网络训练时一致)后输入神经网络，并将神经网络输出结果代入式(4-3-2)进行反归一化，得到修正后的模型参数，结果如表 4-4-9 所示。可以看出，待修正参数的最大误差仅为 0.43%，说明 LSTM 神经网络可以很好地应用于结构动力学有限元模型的修正。

表 4-4-8　集中参数三自由度振动系统的模态参数的试验值

模态参数		第 1 阶	第 2 阶	第 3 阶
固有频率/Hz		3.20	9.02	13.29
固有振型	DOF1	−0.2290	0.5007	−0.4873
	DOF2	−0.4065	0.2926	0.4917
	DOF3	−0.5174	−0.4135	−0.1817
模态阻尼比		0.0121	0.0357	0.0479

表 4-4-9　修正后的模型参数值及其相对误差(深度神经网络法)

结构或模型	集中质量/kg			刚度系数/(N/m)			阻尼系数/(N/(m·s))		
	m_1	m_2	m_3	k_1	k_2	k_3	c_1	c_2	c_3
试验结构-3	1.85	2.03	2.12	4128.00	4365.00	3988.00	5.28	4.65	5.06
修正后模型	1.85	2.03	2.12	4144.00	4357.00	3997.00	5.28	4.67	5.08
相对误差/%	2.71×10^{-1}	1.48×10^{-1}	1.89×10^{-1}	3.88×10^{-1}	1.83×10^{-1}	2.26×10^{-1}	9.46×10^{-2}	4.30×10^{-1}	3.95×10^{-1}

注：相对误差=|修正后模型参数−试验结构参数|/试验结构参数。

为了进一步表明修正后动力学模型对模态参数的分析精度，表 4-4-10 给出了修正后模型与试验结构-3 的模态参数对比(包含固有频率及其误差、固有振型及其 MAC 值)。可以看到，对本节的示例，用修正后模型计算的固有频率最大相对误差仅为 0.127%，模态阻尼比最大相对误差为 0.424%，且固有振型的 MAC 值均为 1.0000。

表 4-4-10　修正前后模型与试验结构-3 的模态参数对比

结构或模型		第 1 阶	第 2 阶	第 3 阶
试验结构-3	固有频率/Hz	3.20	9.02	13.29
	模态阻尼比	0.0121	0.0357	0.0479
修正前模型	固有频率/Hz	3.17	8.88	12.83
	固有频率相对误差/%	9.38×10^{-1}	1.55	3.46
	模态阻尼比	0.0124	0.0349	0.0504
	模态阻尼比相对误差/%	2.48	8.00×10^{-2}	5.22
	固有振型 MAC 值	0.9999	0.9919	0.9840
修正后模型	固有频率/Hz	3.20	9.03	13.29
	固有频率相对误差/%	6.25×10^{-2}	1.27×10^{-1}	6.77×10^{-3}
	模态阻尼比	0.0121	0.0358	0.0481
	模态阻尼比相对误差/%	8.26×10^{-3}	1.62×10^{-1}	4.24×10^{-1}
	固有振型 MAC 值	1.0000	1.0000	1.0000

注：相对误差 = |仿真值 − 试验值| / 试验值。

4.5　典型航空结构的模型修正示例

本节采用固有频率及固有振型作为结构动力学特性参数，介绍利用 LSTM 神经网络方法进行某弹性机翼模型的结构动力学模型修正的过程，更详细内容读者可参阅文献[26]。

4.5.1　机翼模型

模型机翼的结构如图 4-5-1 所示，模型机翼的翼梁设计为 Y 形梁，即翼梁根部为 Y 形结构，外翼的直梁部分设计为阶梯变宽度矩形截面梁，长桁设计为均匀矩形截面梁结构，从机翼前缘到后缘的长桁依次编号为 1～4，模型机翼沿展向布置 5 个翼肋，从而将机翼沿展向分为 5 段(从翼根开始依次命名为 1 段～5 段)。

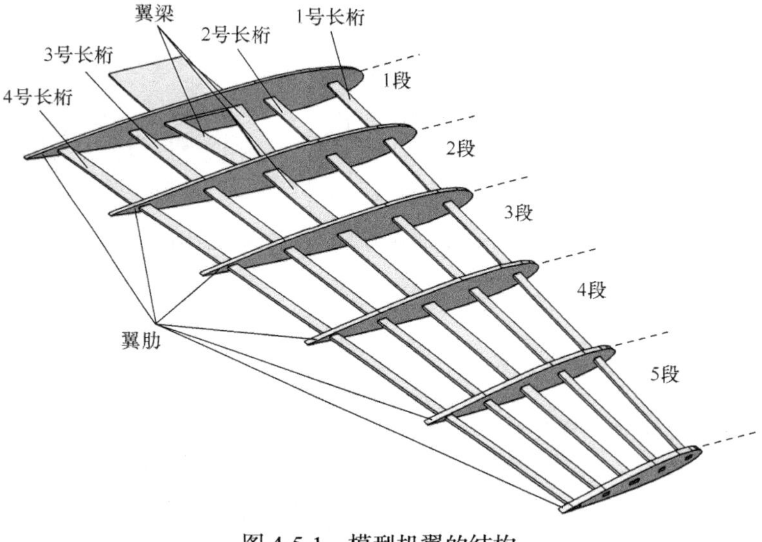

图 4-5-1　模型机翼的结构

模型相关参数的设计值为：Y 形翼梁 2～5 段截面宽度分别为 0.020m、0.167m、0.133m、0.010m，Y 形翼梁 1 段处两个分叉的截面宽度均为 0.020m、两个分叉连接处的截面宽度为 0.050m，连接处沿展向长度为 0.020m，翼梁从翼根至翼梢厚度均为 0.003m；翼肋的翼型采用标准 NACA0012 翼型，从翼根至翼梢各翼肋的弦长分别为 0.45m、0.39m、0.33m、0.27m、0.21m、0.15m，翼肋厚度均为 0.006m，各段翼肋之间的距离分别为 0.160m、0.150m、0.150m、0.150m、0.150m；长桁 1～5 段截面的宽度分别为 0.015m、0.013m、0.011m、0.009m、0.007m，各长桁厚度均为 0.003m；模型材料均为 LY12 铝合金。

4.5.2　模态试验

采用锤击法进行模型机翼的模态试验，以获得结构前五阶固有频率和固有振型，采用的试验设备包括：加速度传感器 1 个；力锤 1 个；结构模态测试分析系统 1 套。

图 4-5-2 给出了响应测点及激励位置的分布示意图，图 4-5-3 为模态试验现场。

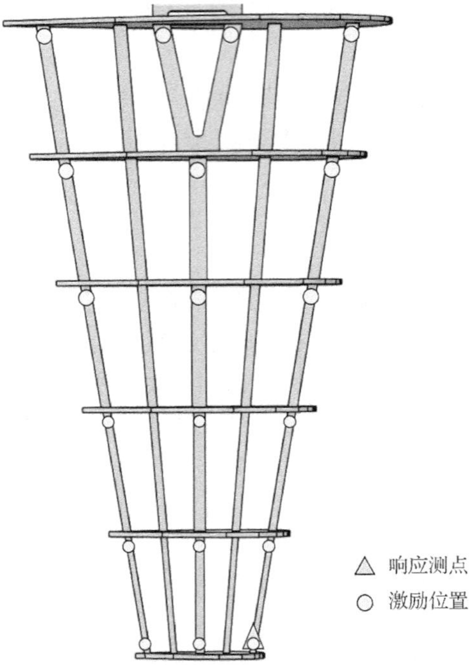

图 4-5-2 响应测点与激励位置的示意图

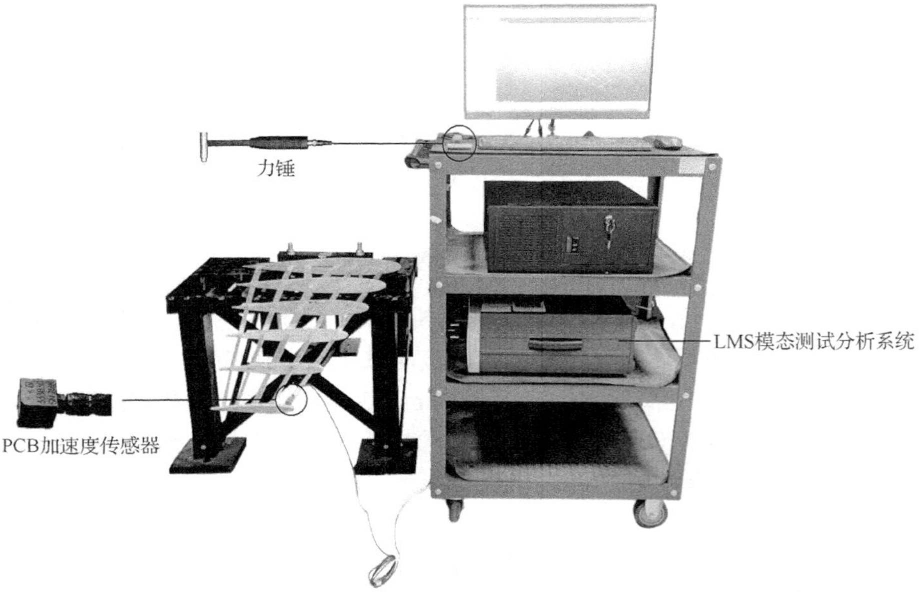

图 4-5-3 模态试验现场

试验时采用力锤从翼根处开始逐点进行敲击，通过力锤锤头上的力传感器采集激励力信号，测点响应信号由加速度传感器采集获得，每个激励点均进行三次敲击试验以减小试验测试误差。利用激励力信号和加速度响应信号，通过功率谱估计方法获得频响函数，再用三次试验平均的频响函数进行模态参数识别。表 4-5-1 和图 4-5-4 分别给出了模态测试的前 5 阶固有频率和固有振型。

表 4-5-1 固有频率试验值

阶次	1	2	3	4	5
固有频率/Hz	3.18	14.67	30.34	37.59	62.75

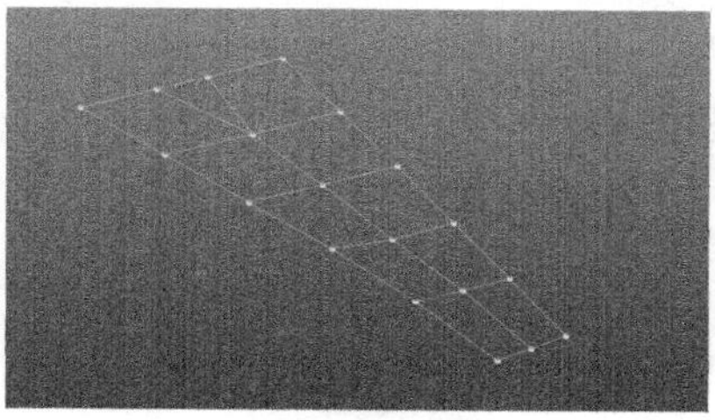

(a) 第 1 阶

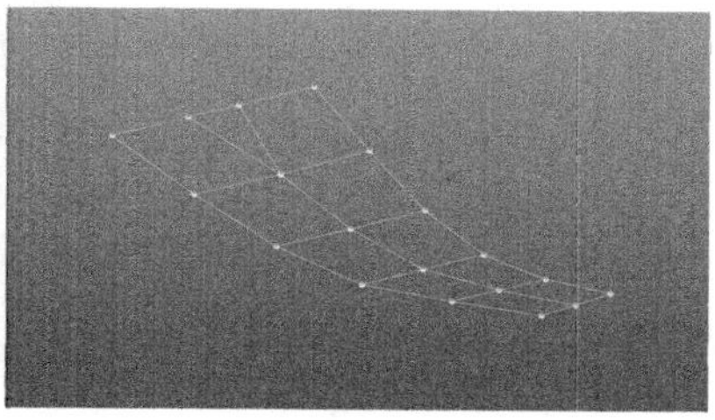

(b) 第 2 阶

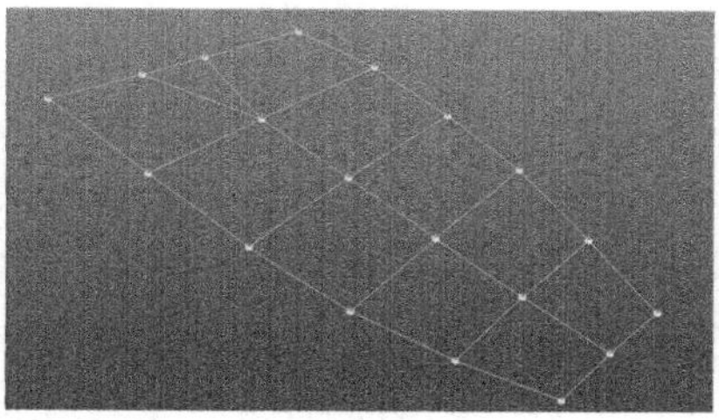

(c) 第 3 阶

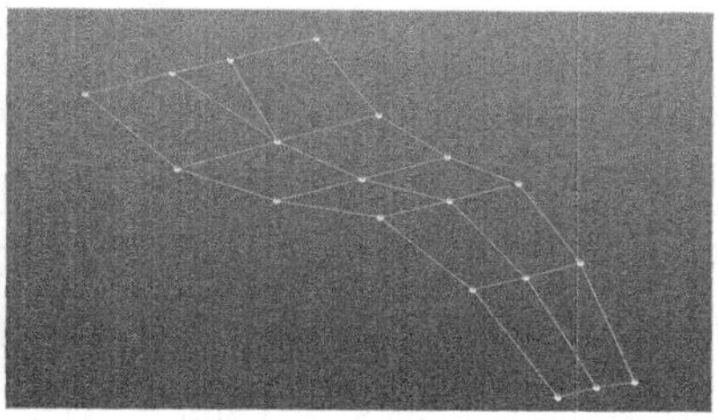

(d) 第 4 阶

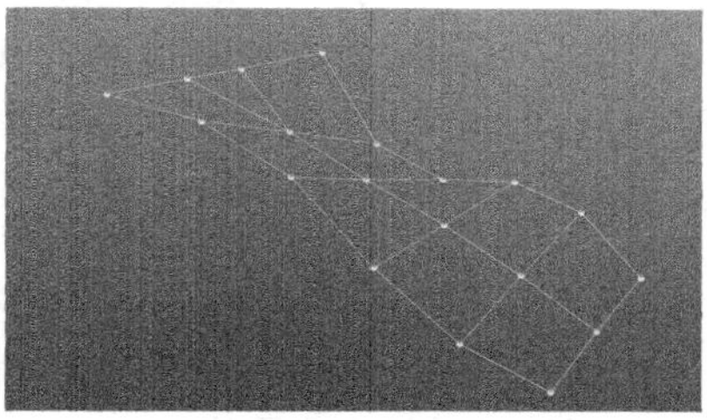

(e) 第 5 阶

图 4-5-4 实测模型机翼的前 5 阶固有振型

4.5.3 模型修正过程及结果

在 4.1.1 节的模型修正目标函数介绍中，提到了可用于模型修正的结构动力学特性参数，其中最常用的就是固有频率与固有振型。本节以固有频率及固有振型为结构动力学特性参数，应用深度神经网络对该模型机翼的结构动力学模型进行修正。

1. 训练样本的生成

1)初始有限元模型

根据模型机翼实际的结构参数，建立对应的初始有限元模型，按照模型机翼结构几何特点，建模中将翼肋简化为壳单元，翼梁和长桁简化为梁单元，翼肋与翼梁、长桁连接处采用多点约束单元模拟实际结构的螺栓连接，并将 Y 形梁根部固定以模拟其固支边界条件，如图 4-5-5 所示。同时，将机翼长桁、翼梁和翼肋单独赋予了材料属性，以扩充待修正参数的选择范围。

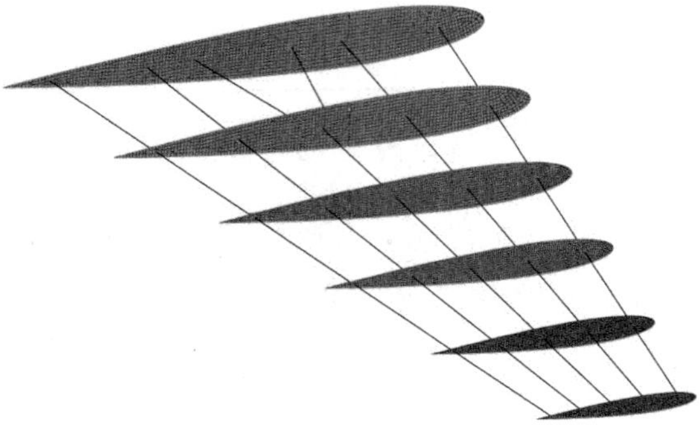

图 4-5-5　模型机翼结构的初始有限元模型

由模型机翼结构几何参数的名义值和测试结果可知，4 号长桁截面宽度设计值的误差较大，故在修正过程中对 4 号长桁宽度单独进行修正，对其余 3 根长桁宽度进行统一修正。模型修正初选的模型机翼的待修正参数如下：材料弹性模量、泊松比、翼肋厚度、各段长桁宽度和厚度、各段翼梁宽度和厚度。各参数初始取值以及上下限如表 4-5-2 和表 4-5-3 所示，为保证参数变化范围内包含实际参数的取值，各设计变量在保证物理意义的前提下尽可能地扩大取值范围。在用仿真方法生成训练数据集时，模型机翼的材料参数取值的人为拉偏范围为±10%，几何参数取值的人为拉偏范围为±15%。用初始有限元模型计算与试验测试的固有频率对比见表 4-5-4，可以看到用初始有限元模型计算固有频率相较实测结果存在较大误差。

表 4-5-2　机翼结构的材料参数取值范围

修正参数	初始值	取值上限	取值下限
弹性模量 E/MPa	70000.00	77000.00	63000.00
泊松比 μ	0.33	0.36	0.30
翼梁密度 ρ_b / (kg/m^3)	2750.00	2480.00	3030.00
长桁密度 ρ_t / (kg/m^3)	2750.00	2480.00	3030.00
翼肋密度 ρ_r / (kg/m^3)	2750.00	2480.00	3030.00

表 4-5-3　机翼结构的几何参数取值范围　　(单位：mm)

修正参数	初始值	取值下限	取值上限
1～3 号长桁宽度-1 段 d_{t1}	15.00	12.75	17.25
1～3 号长桁宽度-2 段 d_{t2}	13.00	11.05	14.95

续表

修正参数	初始值	取值下限	取值上限
1～3 号长桁宽度-3 段 d_{t3}	11.00	9.35	12.65
1～3 号长桁宽度-4 段 d_{t4}	9.00	7.65	10.35
1～3 号长桁宽度-5 段 d_{t5}	7.00	5.95	8.05
4 号长桁宽度-1 段 d_{t41}	14.60	12.41	16.79
4 号长桁宽度-2 段 d_{t42}	11.70	9.95	13.46
4 号长桁宽度-3 段 d_{t43}	8.80	7.48	10.12
4 号长桁宽度-4 段 d_{t44}	6.50	5.53	7.48
4 号长桁宽度-5 段 d_{t45}	5.50	4.68	6.33
翼梁宽度-1 段 d_{b1}	20.00	17.00	23.00
翼梁宽度-连接 d_{bc}	50.00	42.50	57.50
翼梁宽度-2 段 d_{b2}	20.00	17.00	23.00
翼梁宽度-3 段 d_{b3}	16.66	14.16	19.16
翼梁宽度-4 段 d_{b4}	13.32	11.33	15.33
翼梁宽度-5 段 d_{b5}	10.00	8.50	11.50
1 号长桁厚度 t_{t1}	3.00	2.55	3.45
2 号长桁厚度 t_{t2}	3.00	2.55	3.45
3 号长桁厚度 t_{t3}	3.00	2.55	3.45
4 号长桁厚度 t_{t4}	3.00	2.55	3.45
翼梁厚度 t_b	3.00	2.55	3.45
翼肋厚度 t_r	6.25	5.31	7.19

表 4-5-4　初始有限元模型计算与试验测试的固有频率对比

阶次	固有频率/Hz		相对误差/%
	试验值	初始模型计算值	
1	3.18	3.27	2.83
2	14.67	15.48	5.52
3	30.34	33.68	11.0
4	37.59	38.45	2.29
5	62.75	68.94	9.86

2) 待修正参数筛选及训练样本生成

采用 30 因素 155 水平，生成初选参数对应的均匀设计表，将各参数值代入有限元模型并用分析软件进行批量求解计算。分别计算出每个修正参数与固有频率和固有振型之间的 3 个相关系数以及 p 值，将最大相关系数值与对应的结构特征量进行汇总，如表 4-5-5 所示。

表 4-5-5　各相关系数计算结果

修正参数	最大相关系数	结构特征量	p 值
翼梁弹性模量 E_b	0.179	第 2 阶固有频率	2.49×10^{-2}
翼梁泊松比 μ_b	0.129	第 2 阶固有振型	0.108
翼梁密度 ρ_b	0.101	第 3 阶固有振型	0.209
长桁弹性模量 E_t	0.403	第 3 阶固有频率	1.63×10^{-7}
长桁泊松比 μ_t	0.118	第 2 阶固有振型	0.141
长桁密度 ρ_t	0.208	第 4 阶固有振型	8.84×10^{-3}
翼肋弹性模量 E_r	0.127	第 3 阶固有频率	0.114
翼肋泊松比 μ_r	0.131	第 3 阶固有振型	0.105
翼肋密度 ρ_r	0.438	第 5 阶固有频率	9.98×10^{-9}
1～3 号长桁宽度-1 段 d_{t1}	0.122	第 5 阶固有振型	0.128
1～3 号长桁宽度-2 段 d_{t2}	−0.130	第 3 阶固有振型	0.107
1～3 号长桁宽度-3 段 d_{t3}	0.124	第 5 阶固有振型	0.122
1～3 号长桁宽度-4 段 d_{t4}	0.126	第 2 阶固有振型	0.118
1～3 号长桁宽度-5 段 d_{t5}	0.119	第 4 阶固有振型	0.140
4 号长桁宽度-1 段 d_{t41}	0.146	第 3 阶固有频率	6.83×10^{-2}
4 号长桁宽度-3 段 d_{t43}	0.132	第 3 阶固有振型	0.102
4 号长桁宽度-4 段 d_{t44}	0.127	第 5 阶固有振型	0.114
4 号长桁宽度-5 段 d_{t45}	−0.112	第 3 阶固有振型	0.167
翼梁宽度-1 段 d_{b1}	0.125	第 1 阶固有频率	0.117
翼梁宽度-连接 d_{bc}	−0.120	第 3 阶固有振型	0.136
翼梁宽度-2 段 d_{b2}	0.0970	第 5 阶固有振型	0.227
翼梁宽度-3 段 d_{b3}	0.127	第 3 阶固有振型	0.112
翼梁宽度-4 段 d_{b4}	0.121	第 5 阶固有振型	0.131
翼梁宽度-5 段 d_{b5}	−0.132	第 5 阶固有振型	0.102
1 号长桁厚度 t_{t1}	0.572	第 3 阶固有频率	4.88×10^{-15}
2 号长桁厚度 t_{t2}	0.287	第 4 阶固有频率	2.87×10^{-4}

续表

修正参数	最大相关系数	结构特征量	p 值
3 号长桁厚度 t_{t3}	0.301	第 4 阶固有频率	1.25×10^{-4}
4 号长桁厚度 t_{t4}	0.384	第 3 阶固有频率	6.83×10^{-7}
翼梁厚度 t_b	0.652	第 2 阶固有频率	3.68×10^{-20}
翼肋厚度 t_r	0.360	第 4 阶固有频率	3.68×10^{-6}

由表 4-5-5 可知，弹性模量 E_r，泊松比 μ_b、μ_t、μ_r，密度 ρ_b，各段长桁宽度 d_t、各段翼梁宽度 d_b 与结构特征量相关系数较小且 p 值较大，故针对该机翼模型进行动力学修正时，最终筛选后的待修正参数共 10 个，包括：弹性模量 E_b、E_t，材料密度 ρ_t、ρ_r、翼肋厚度 t_r、1～4 号长桁厚度 t_{t1}、t_{t2}、t_{t3}、t_{t4} 以及翼梁厚度 t_b。

利用上述筛选的 10 个待修正参数，采用表 4-5-6 给出的各个参数的水平数，设置试验次数(样本数)为 2600 次，采用混合水平均匀设计获得待修正参数的样本值，并将各样本参数代入初始有限元模型进行模态分析，采用前 5 阶固有频率及前 3 阶固有振型在前缘 5 个测点上的值作为结构动力学特性参数，得到用于训练神经网络模型的样本集。

表 4-5-6　混合水平均匀设计待修正参数的水平数

待修正参数	水平数	待修正参数	水平数
弹性模量	200	长桁厚度	100
密度	50	翼肋厚度	100

2. 神经网络的构建与训练

按照 4.3.2 节数据预处理方法对原始样本数据进行预处理，再输入网络进行训练。作为对比，除 LSTM 神经网络外，本节同时也构建了 BP 神经网络与一维 CCN 神经网络来进行动力学模型修正，这三种深度神经网络均采用同样的超参数配置，且每种网络均在当前超参数配置下调至最优水平。三种深度神经网络的超参数配置如表 4-5-7 所示。

表 4-5-7　神经网络超参数设定

超参数	值	超参数	值
早停耐心值	1000	最大迭代步	50000
学习率	0.0005	学习率衰减步长	1000
随机失活比例	0.20	学习率衰减因子	0.90

经过不断调整，最终确定 LSTM 神经网络隐含层个数为 2，每层神经元数为 300 个；一维 CNN 神经网络卷积层层数为 3 层，每层卷积核个数为 3，卷积核尺寸为(1, 3)，步长为 1，池化方式选择全局平均池化；BP 神经网络前 3 层神经元个数分别为 200、400、600。利用 3 种网络分别对样本数据集进行训练，其验证集损失函数随着训练次数的

变化关系如图 4-5-6 所示。

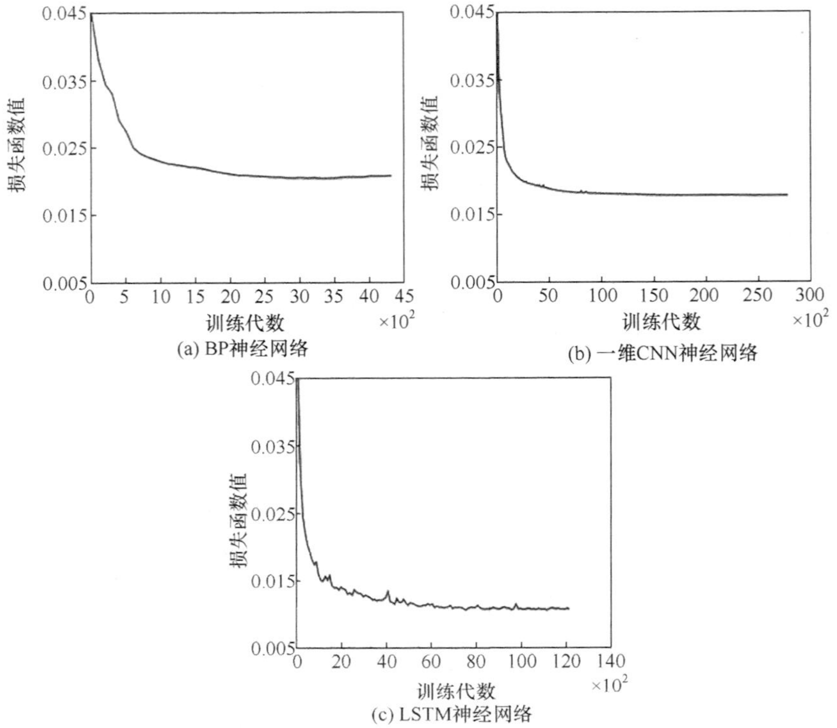

图 4-5-6 3 种网络验证集损失函数曲线

由图 4-5-6 可知，BP 神经网络验证集的误差较大，且在较少次迭代后 BP 神经网络已经无法再从样本数据中提取更多的隐含信息；一维 CNN 神经网络训练效果相比于 BP 神经网络略有提高，但误差仍保持在较高水平；LSTM 模型验证集的误差均优于其他两种模型，表明了 LSTM 神经网络在动力学模型修正问题中的优势。

3. 模型修正结果

利用 4.3.2 节数据预处理方法对实测数据进行预处理，并将其输入训练好的 LSTM 神经网络获得待修正参数的修正值，进而得到修正后的动力学有限元模型，参数修正值与用修正后动力学有限元模型计算的固有频率分别如表 4-5-8 和表 4-5-9 所示。

表 4-5-8 动力学模型参数预测

参数	值	参数	值
翼梁弹性模量 E_b /MPa	68006.40	2 号长桁厚度 t_{t2}/mm	3.45
长桁弹性模量 E_t /MPa	65755.20	3 号长桁厚度 t_{t3}/mm	3.43
长桁密度 ρ_t / (kg/m³)	3030.00	4 号长桁厚度 t_{t4}/mm	2.83
翼肋密度 ρ_r / (kg/m³)	3030.00	翼梁厚度 t_b/mm	3.29
1 号长桁厚度 t_{t1}/mm	2.56	翼肋厚度 t_r/mm	7.19

表 4-5-9　动力学模型修正结果

阶次	固有频率/Hz		相对误差/%
	试验值	修正后模型计算值	
1	3.18	3.19	3.14×10^{-1}
2	14.67	15.11	3.00
3	30.34	31.04	2.31
4	37.59	37.36	6.12×10^{-1}
5	62.75	63.82	1.71

注：相对误差 = |仿真值 – 试验值| / 试验值。

用式(4-2-5)计算了修正后模型与试验模型前 5 阶固有振型的模态置信准则，结果如图 4-5-7 所示。

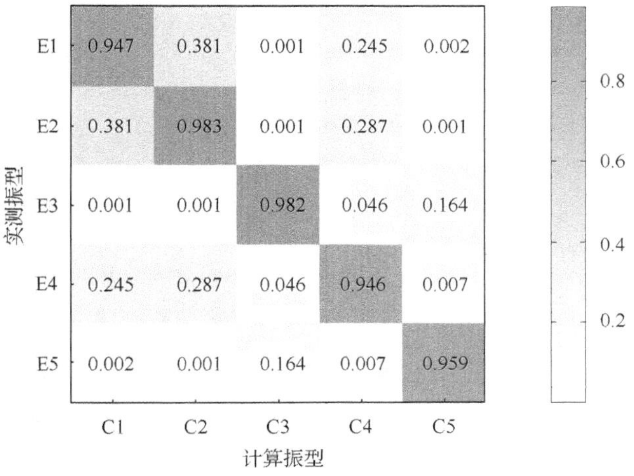

图 4-5-7　固有振型的 MAC 值矩阵

由表 4-5-9 可知，修正后动力学模型的各阶固有频率计算误差均控制在 3%以内，与初始有限元模型相比计算精度有很大提高。由图 4-5-7 可知，用修正后动力学模型计算的固有振型与实测固有振型高度相关，表明了相较于其他两种神经网络，LSTM 神经网络可以更好地应用于结构动力学有限元模型的修正。

思　考　题

1. 简述模型修正的意义及用途。
2. 简述模型修正待修正参数的选取原则。
3. 简述动力学有限元模型修正的目标函数。
4. 简述动力学有限元模型修正的修正算法。
5. 简述响应面在模型修正中的典型用途。

6. 简述遗传算法在模型修正中的典型用途。

7. 简述基于深度学习的模型修正步骤。

8. 针对 4.4 节中的“试验结构-1”，同时采用固有频率及固有振型 MAC 值，建立基于灵敏度分析的模型修正方法，编写相关程序并对比修正结果。

9. 针对 4.4 节中的“试验结构-2”，同时采用固有频率及固有振型 MAC 值，建立基于深度学习的模型修正方法，编写相关程序并对比修正结果。

10. 针对 4.4 节中的“试验结构-3”，采用频响函数或传递率函数构建目标函数，建立基于深度学习的模型修正方法，编写相关程序并对比修正结果。

第 5 章

结构动载荷识别

在结构动力学领域中，动载荷是指作用在结构上的幅值随时间变化的外载荷，也称动态载荷。结构在时变的动载荷作用下，会发生各种各样的动力学响应，也称为振动响应。准确获知作用在结构上的动载荷，不仅可以保证现代航空器结构设计的精细化，也是进行结构动强度设计，避免结构发生共振故障和振动疲劳破坏的前提。获得结构上作用的动载荷后，就可以进行结构动力学响应预示，还可以进一步对结构进行完整性和可靠性评估。目前获取结构动载荷的技术途径有两种：一种是直接测量法，另一种是间接识别法。直接测量法是通过在结构动载荷的传递路径上安装力传感器的方式，直接测试动载荷，或者通过测量结构与动载荷相关的力学参数(如结构的动态应变)进而通过校验方程计算出动载荷。间接识别法则是通过测量结构的动态响应，借助时域或频域动力学模型或代理模型(如人工神经网络)，通过特定的识别方法反求动载荷，这是目前获取结构动载荷的重要方法之一。

5.1　动载荷识别的基本概念

5.1.1　为什么要进行动载荷识别

在航空航天技术迅速发展的今天，正向设计已经成为我国具有自主知识产权的各类航空航天器设计的主流，结构动载荷也成为结构动强度设计与评估所需的基本输入信息，结构动载荷识别已经成为结构动力学领域一个主要的研究方向。因为只有知道了工程结构所处的动载荷环境，才能进行结构的动强度设计与评估、动力学响应预示和振动控制等。在多数情况下，受各种工作环境、试验技术以及动载荷类型(如分布动载荷)的限制，直接用力传感器去测量作用在结构上的动载荷是非常困难甚至不可行的，如火箭发射时箭体结构受到的冲击载荷、导弹飞行状态下弹体结构某些关键位置的动载荷信息等。但是，我们可以采用间接识别法，根据结构在动载荷作用下的动力学响应来识别得到动载荷。相对而言，工程结构在动载荷作用下的动力学响应(应变响应、位移响应、加速度响应)测试则相对容易。

5.1.2 什么是动载荷识别

动载荷识别是指通过实测工程结构在待识别的动载荷作用下所产生的动力学响应(包括振动的加速度、速度、位移及动态应变等响应)来识别或辨识出作用在工程结构上的动载荷大小和作用位置的一种技术。动载荷识别是结构动力学领域中的重点和难点问题，属于动力学问题中的第二类反问题。动载荷识别技术的研究开始于 20 世纪 70 年代，近五十年来，国内外研究人员在这方面进行了长期的研究，部分理论也已经发展成熟，一些动载荷识别的频域法和时域法已经成功应用到工程实践中，但由于载荷识别属于动力学反问题，至今仍然没有形成规范和成熟的通用方法，并且现有方法的应用范围也都有一定的局限性。对动载荷识别新方法的研究，不仅具有重要的学术意义，更有重要的工程应用价值，现在仍然是结构动力学研究中一个活跃的方向。

5.1.3 怎样进行动载荷识别

具体来说，动载荷识别通常包括以下 4 个步骤。

(1) 动力学响应数据的测试：使用传感器测试结构在动载荷作用下的动力学响应数据，如结构振动的加速度、速度、位移以及动态应变等。

(2) 数据清洗和特征提取：在确定测试的原始动力学响应数据能够反映结构动载荷信息的前提下，对响应数据进行预处理(也称为数据清洗)，然后从动力学响应数据中进行特征提取，这些特征应包含或能反映结构所受动载荷的信息，使其适用于动载荷识别。

(3) 模型建立：根据结构的动力学特性和采集到的动力学响应数据，建立特定的动力学模型或代理动力学模型来描述动载荷与结构动力学响应之间的线性或者非线性关系。

(4) 动载荷识别：利用已经建立好的动力学模型或代理动力学模型，通过特定的动载荷识别算法来识别或反求作用在结构上的动载荷。

动载荷识别在工程实践中具有重要意义，它可以用于工程结构设计，帮助工程师了解结构在服役中所受到的动载荷情况，从而进行优化设计；故障诊断，通过识别或者检测异常动载荷信息，帮助设计人员发现结构潜在的损伤或故障；安全评估，对结构在特定动载荷下的安全性进行评估，进一步为结构的服役寿命评估提供指导。

5.2 结构动载荷识别的基本原理

如前所述，动载荷识别是利用结构在动载荷作用下的动力学响应来反求载荷的一类方法。典型的动载荷识别过程如图 1-1-4 所示，可以看出，要想识别出作用在结构上的未知动载荷，首先需要建立动载荷识别模型，获取结构的动力学响应，然后选用合适的动载荷识别算法进行动载荷识别。这一过程的基本原理是：通过建立结构的反向动力学关系作为结构动载荷识别的模型，并以实测结构动力学响应为输入，利用合适的算法，计算获得作用于结构上的动载荷。

一个工程结构在动载荷的作用下会产生相应的动力学响应，这个过程所反映的是结构的正向动力学传递关系，而这个正向的动力学传递关系通常可以采用结构正动力学模型(如基于模态叠加法的频响函数模型、基于有限元建模的时域振动方程等)来描述；而从结构动力学响应逆向求解动载荷的过程，所反映的是一个逆向动力学传递关系，需要用结构逆动力学模型来描述。与结构正动力学模型的直接建模相区别的是：结构逆动力学模型往往很难直接建立，通常要通过对正向模型求逆或模型辨识的手段来获得；在建立起结构逆动力学模型之后，将实测的结构动力学响应作为结构逆动力学模型的输入，通过特定的算法，就可计算获得作用在结构上的动载荷。

5.2.1　动载荷识别模型

要识别作用在工程结构上的动载荷，首先需要建立动载荷识别模型。建立动载荷识别模型的实质，就是建立一个结构逆动力学模型。显然，它的准确与否直接影响动载荷识别结果的精度。众所周知，工程结构的动力学建模方法通常分为两大类：一类是理论建模方法，另一类是试验建模方法。对工程结构来说，理论建模方法就是根据工程结构的实际情况，对结构进行适当的力学简化，然后采用有限元方法，将复杂的连续结构离散成一个具有有限个自由度的离散结构，再建立起结构的动力学方程(即振动运动的矩阵微分方程)。理论建模方法原理简单，但是模型的准确性受限于建模者的工程实践经验，并且在整个建模过程中(从工程结构的物理模型到经过一定简化的力学模型，再到用矩阵微分方程表征的数学模型的过程)，都可能会带来不同程度的建模误差。

为了减少理论建模过程中带来的各种误差(即模型简化和各种假设带来的误差)，科研人员研发出了试验建模方法。试验建模方法就是对实际结构进行动力学试验，测试作用在结构上的已知外激励载荷(输入)和结构产生的动力学响应(输出)数据，通过一定的模态识别方法来辨识其模态参数(模态质量、模态阻尼、固有频率、固有振型)，进而建立结构的动力学模型(通常是用模态参数表示的频响函数或传递函数模型，也称为非参数模型)。试验建模方法的优势在于能够建立比较可靠的动力学模型，避免了理论建模方法中存在的各种简化和假设所带来的误差。但它也有一定的局限性，当工程结构的工作环境很复杂时，结构支持条件模拟(即做试验时的边界条件模拟)的准确性，以及模态参数识别方法本身的精度等，都会在很大程度上影响结构动力学试验建模的准确性。

5.2.2　结构动力学响应的测试

进行动载荷识别的前提是需要获得结构的动力学响应，这可以通过传感器(常用的动态测试传感器有应变计、加速度计、激光位移传感器等)来测量。由于我们不可能测试结构上所有点的动力学响应，所以动力学响应测点的选取是非常重要的，由于动载荷识别的反问题特点和动响应测点数的限制，使用不同的响应测点会得到不同的动载荷识别结果。为了降低动载荷识别误差，需要对传感器的位置进行优化，如果选用的传感器布置位置不合适，就很难获取充分的动力学响应数据，甚至出现严重的不适定问题。从频域分析的角度看，试验测试所获取的结构动响应的频带都是有限的，因此，动载荷识别结果的唯一性很难保证。在确定传感器位置之前，需要解决以下两个方面的问题：①最少的传感器数目；②最优的传感器位置。

在测量结构动力学响应时，选用多少个传感器来测量是最重要的。如果选用的传感器数量太多，就会带来数据处理量太大、信息冗余等问题；但如果选用的传感器数量过少，就会使测试的动力学响应信息不充分，不能正确识别出作用在结构上的动载荷。目前还没有一种统一的传感器位置布置优劣的评价方法，一般是通过系统矩阵(或者频响函数矩阵)的条件数来决定传感器位置布置的优劣。如果矩阵的条件数小，就说明选取的传感器位置很好；如果矩阵的条件数很大，就说明选取的传感器位置欠佳，因为系统矩阵的条件数越大，动载荷识别过程中的各种误差在传播过程中也就越大，从而导致不准确的载荷识别结果。此外，在动力学响应测试过程中，还会受到测试噪声干扰。为了提高动力学响应测试信号的信噪比，保证动力学响应信号测试的有效性和可靠性，在测量结构动力学响应时，需要通过统计平均方法或者滤波方法来减小测试噪声对实测动力学响应信号的影响。

最后需要说明的是，不同的动响应采集方法得到的动响应信号质量有所差异，对于低频段的动响应信号，动态应变信号往往采集质量较高，而加速度响应信号则精度较低；而对于高频段的动响应信号，加速度响应信号质量则往往高于动态应变信号。因此，在实际应用中，采用相同的识别方法，选用不同的动力学响应类型识别得到的动载荷也会有一定的差异。例如，用动态应变响应可以较准确地识别出低频段的动载荷，而用加速度响应识别低频动载荷，精度就会下降。反之，用加速度响应可以较准确地识别出高频动载荷，而用动态应变响应的识别结果则精度较低。

5.2.3 动载荷识别的不适定问题

动载荷识别问题是结构动力学第二类反问题，反问题有解的前提条件是具备适定性。“适定性”这个概念最早是由法国数学家 Hadamard 在 1923 年针对数学物理问题中的微分方程定解问题提出来的。他认为，一个微分方程，如果同时满足以下三个条件：①方程的解存在；②方程的解唯一；③方程的解稳定，即方程的解连续依赖于输入(解随着初始条件的改变而连续改变)，则称该问题是适定问题，反之则称该问题为不适定问题。对应于上述三个条件不适定问题有三种类型。从数学角度上来讲，自然科学领域和工程领域中所遇到的反问题大部分都是不适定问题，造成不适定的原因有很多，如反问题中输入的数据有限等。

动载荷识别研究中所遇到的不适定问题主要是第三类不适定问题(即不满足上述第三个条件)，也称为离散不适定问题。因为引起结构响应的动态外载荷是一定存在的，否则结构产生不了动力学响应，所以存在性是肯定满足的。为了保证识别结果的准确性，在动载荷识别过程中，通常布置的响应点个数要远大于激励点的个数，这样离散后的矩阵方程就可以在超定条件下进行求解，在最小二乘意义下，矩阵方程的解就是唯一的，从而解的唯一性也就满足了。动载荷识别中经常遇到的是离散不适定问题，而正则化方法是解决离散不适定问题的最有效方法，其中最常用且最行之有效的方法是 1963 年由苏联著名学者 Tikhonov 提出的 Tikhonov 正则化方法。在动载荷识别方法中，使用不同的正则化方法会得到不同的识别结果。通常的做法是采用直接正则化方法来处理线性系统的反问题，如截断奇异值分解方法(TSVD)、总体最小二乘方法、Tikhonov 正则化方法等，尤其当存在模型误差和测量误差时，总体最小二乘方法是一个很好的选择。在处理非线性系统中的反问题时，通常采用迭代正则化方法，如 Landweber 迭代法、共轭梯度法、牛顿迭代法等。关于各类正则化方法的详细介绍，读者可以参考文献[27]。

5.2.4 传统动载荷识别方法

1. 直接求逆法

直接求逆法是动载荷识别的一种经典方法，它通过频域内对结构动力学正模型的频响函数矩阵进行直接求逆，获得频响函数矩阵的逆矩阵，再将结构频域响应列阵与频响函数矩阵的逆矩阵相乘，从而得到施加在结构上的频域动载荷列阵。

多自由度系统在外部动载荷 $\boldsymbol{F}(t)$ 作用下的动力学方程为

$$\boldsymbol{M}\ddot{\boldsymbol{x}}(t)+\boldsymbol{C}\dot{\boldsymbol{x}}(t)+\boldsymbol{K}\boldsymbol{x}(t)=\boldsymbol{F}(t) \tag{5-2-1}$$

其中，$\boldsymbol{M}$ 为系统的质量矩阵；$\boldsymbol{C}$ 为系统的阻尼矩阵；$\boldsymbol{K}$ 为系统的刚度矩阵；$\ddot{\boldsymbol{x}}(t)$、$\dot{\boldsymbol{x}}(t)$ 与 $\boldsymbol{x}(t)$ 分别为系统的加速度响应、速度响应与位移响应列阵。将时域动力学方程变换到频域，可以表示为

$$\left(-\omega^2\boldsymbol{M}+\mathrm{j}\omega\boldsymbol{C}+\boldsymbol{K}\right)\boldsymbol{X}(\omega)=\boldsymbol{F}(\omega) \tag{5-2-2}$$

其中，ω 为外部动载荷的激励频率；$\boldsymbol{F}(\omega)$ 为动载荷的傅里叶变换；$\boldsymbol{X}(\omega)$ 为动力学位移响应的傅里叶变换，则系统的频响函数矩阵 $\boldsymbol{H}(\omega)$ 为

$$\boldsymbol{H}(\omega)=(-\omega^2\boldsymbol{M}+\mathrm{j}\omega\boldsymbol{C}+\boldsymbol{K})^{-1} \tag{5-2-3}$$

频响函数矩阵 $\boldsymbol{H}(\omega)$ 建立了外部动载荷 $\boldsymbol{F}(\omega)$ 与动力学位移响应 $\boldsymbol{X}(\omega)$ 之间的关系，即

$$\boldsymbol{X}(\omega)=\boldsymbol{H}(\omega)\boldsymbol{F}(\omega) \tag{5-2-4}$$

直接求逆法的核心思想就是根据上述关系式，通过对频响函数矩阵直接求逆来获得外部动载荷，即

$$\boldsymbol{F}(\omega)=\boldsymbol{H}(\omega)^{-1}\boldsymbol{X}(\omega) \tag{5-2-5}$$

通常在工程振动领域使用的传感器是加速度传感器，测试得到的结构动力学响应是加速度响应，这时，同样有频域加速度响应 $\ddot{\boldsymbol{X}}(\omega)$ 与频域外部动载荷 $\boldsymbol{F}(\omega)$ 的关系式，即

$$\ddot{\boldsymbol{X}}(\omega)=\boldsymbol{H}_{\mathrm{a}}(\omega)\boldsymbol{F}(\omega) \tag{5-2-6}$$

其中

$$\boldsymbol{H}_{\mathrm{a}}(\omega)=-\omega^2(-\omega^2\boldsymbol{M}+\mathrm{j}\omega\boldsymbol{C}+\boldsymbol{K})^{-1} \tag{5-2-7}$$

称为加速度频响函数矩阵。从而同样可以通过求逆来求得外部动载荷：

$$\boldsymbol{F}(\omega)=\boldsymbol{H}_{\mathrm{a}}(\omega)^{-1}\ddot{\boldsymbol{X}}(\omega) \tag{5-2-8}$$

这种方法在理论上严密、清晰，计算直接、简单，但在固有频率附近，特别是对于频响函数矩阵维数很高(对应于自由度很大或测点很多)且阻尼较小的情况，频响函数矩

阵 $\boldsymbol{H}(\omega)$ 容易奇异，其逆矩阵的计算容易产生数值不稳定，在加速度响应测试具有误差的情况下，用式(5-2-8)直接识别的动载荷的精度通常会更差，因此，需要结合正则化技术来提高识别的结果准确性和数值稳定性。

2. 正则化方法

为了避免直接求逆法的不足，研究者引入了处理不适定问题的数学处理方法——正则化方法。正则化方法是通过在不适定问题的求解过程中加入额外的约束条件，使得问题的解变得稳定。典型的正则化方法是 Tikhonov 正则化方法，它通过引入一个正则化项，使得解的范数最小，从而使求解过程稳定。对于任意一个不适定代数方程

$$\boldsymbol{y}=\boldsymbol{A}\boldsymbol{x} \tag{5-2-9}$$

都可以通过 Tikhonov 正则化方法，将其转化为如下最优化问题：

$$J_{\lambda}=\min\left(\|\boldsymbol{A}\boldsymbol{x}-\boldsymbol{y}\|^{2}+\lambda^{2}\|\boldsymbol{x}\|^{2}\right) \tag{5-2-10}$$

其中，λ 为正则化参数。

通过调整参数 λ，使优化问题式(5-2-10)达到最小，从而得到式(5-2-9) 的正则化解向量 $\hat{\boldsymbol{x}}_{\lambda}$。具体求解上述最优化问题式(5-2-10)，可以转换成如下的形式来进行：

$$\min\left\|\begin{bmatrix}\boldsymbol{A}\\ \lambda\boldsymbol{I}\end{bmatrix}\boldsymbol{x}-\begin{bmatrix}y\\ 0\end{bmatrix}\right\|^{2} \tag{5-2-11}$$

利用最小二乘法，可以推导出式(5-2-11)的正则方程为

$$\left[\boldsymbol{A}^{\mathrm{H}}\lambda\boldsymbol{I}\right]\begin{bmatrix}\boldsymbol{A}\\ \lambda\boldsymbol{I}\end{bmatrix}\boldsymbol{x}=\left[\boldsymbol{A}^{\mathrm{H}}\ \lambda\boldsymbol{I}\right]\begin{bmatrix}y\\ 0\end{bmatrix} \tag{5-2-12}$$

通过化简式(5-2-12)可得

$$\left(\boldsymbol{A}^{\mathrm{H}}\boldsymbol{A}+\lambda^{2}\boldsymbol{I}\right)\boldsymbol{x}=\boldsymbol{A}^{\mathrm{H}}\boldsymbol{y} \tag{5-2-13}$$

对式(5-2-13)中的矩阵 $\boldsymbol{A}$ 进行如下奇异值分解：

$$\boldsymbol{A}=\boldsymbol{U}\mathrm{diag}\left(s_{n}\right)\boldsymbol{V}^{\mathrm{H}} \tag{5-2-14}$$

其中，酉矩阵 $\boldsymbol{U}$ 和 $\boldsymbol{V}$ 的列向量分别是矩阵 $\boldsymbol{A}$ 的左、右奇异向量，对角矩阵中的元素 $s_1 \geqslant s_2 \geqslant \cdots \geqslant s_n \geqslant 0$ 是矩阵 $\boldsymbol{A}$ 的奇异值。

现在将式(5-2-14)代入式(5-2-13)中进行化简处理可得正则化解为

$$\hat{\boldsymbol{x}}_{\lambda}=\boldsymbol{V}\begin{bmatrix}\ddots & & \\ & \dfrac{s_{n}}{s_{n}^{2}+\lambda^{2}} & \\ & & \ddots\end{bmatrix}\boldsymbol{U}^{\mathrm{H}}\boldsymbol{y} \tag{5-2-15}$$

通过式(5-2-15)可以看出，要想得到正则化解向量 $\hat{\boldsymbol{x}}_{\lambda}$，关键是确定正则化参数 λ。最常用的正则化参数选取方式有 L 曲线法和广义交叉检验(generalized cross validation,

GCV)方法。

1) L 曲线法

L 曲线法是一种用来分析不适定性问题的画图工具，具体做法是以 $\ln\|\boldsymbol{A}\boldsymbol{x}_\lambda-\boldsymbol{y}\|_2$ 为横轴，以 $\ln\|\boldsymbol{x}_\lambda\|$ 为纵轴进行画图，因为此图的形状像字母 L，故称为 L 曲线，而最佳正则化参数 λ 就是使 L 曲线上曲率最大的点所对应的 λ。令

$$\rho_\lambda=\ln\|\boldsymbol{A}\boldsymbol{x}_\lambda-\boldsymbol{y}\|_2,\quad \theta_\lambda=\ln\|\boldsymbol{x}_\lambda\|_2 \tag{5-2-16}$$

L 曲线的曲率为

$$L(\lambda)=\frac{\rho_\lambda'\theta_\lambda''-\rho_\lambda''\theta_\lambda'}{[(\rho_\lambda')^2+(\theta_\lambda')^2]^{3/2}} \tag{5-2-17}$$

其中，上标“′”表示对正则化参数的一阶求导运算；“″”表示二阶求导运算，最佳正则化参数就是 $L(\lambda)$ 最大值点的 λ 值。

典型的 L 曲线如图 5-2-1 所示，在 L 曲线的拐角(曲率最大)处，解的范数与残差范数得到很好的平衡，此时的正则化参数 λ 值即为最优正则化参数。当然在许多情况下，λ 值往往并不能直接确定，而是在一个参数区间取值后，再进行参数优选。

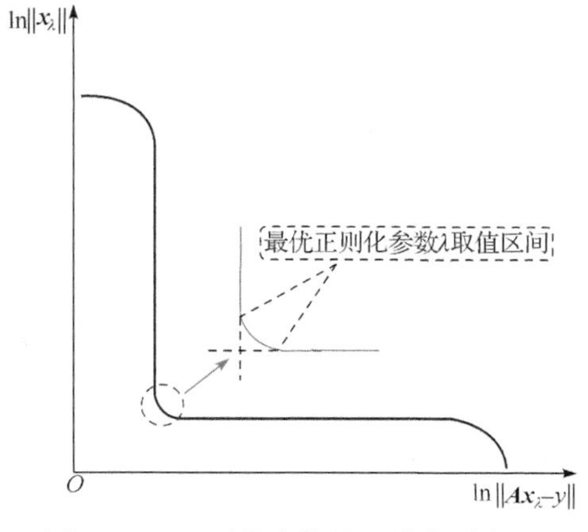

图 5-2-1　正则化参数的 L 曲线示意图

2) GCV 方法

GCV 方法是通过构造 GCV 函数 $G(\lambda)$ 来确定最优正则化参数的方法，最优正则化参数 λ 就是使得函数 $G(\lambda)$ 取最小值的 λ。GCV 方法的具体过程可以分为以下四个步骤。

第一步，计算正则化解 x_λ，可通过以下公式得到：

$$\boldsymbol{x}_\lambda=(\boldsymbol{A}^{\mathrm{T}}\boldsymbol{A}+\lambda\boldsymbol{I})^{-1}\boldsymbol{A}^{\mathrm{T}}y \tag{5-2-18}$$

其中，$\boldsymbol{A}$ 为代数方程中的系数矩阵；y 为观测数据；$\boldsymbol{I}$ 为单位矩阵；λ 为正则化参数。

第二步，构造并计算 GCV 函数值 $G(\lambda)$，计算公式如下：

$$G(\lambda)=\frac{\left\|\boldsymbol{A}\boldsymbol{x}_{\lambda}-y\right\|^{2}}{(\operatorname{trace}(\boldsymbol{I}-\boldsymbol{A}\hat{\boldsymbol{A}}))^{2}} \tag{5-2-19}$$

其中，$\hat{\boldsymbol{A}}=(\boldsymbol{A}^{\mathrm{T}}\boldsymbol{A}+\lambda\boldsymbol{I})^{-1}\boldsymbol{A}^{\mathrm{T}}$，也就是对矩阵 $\boldsymbol{A}$ 进行 Tikhonov 正则化后的伪逆矩阵。

第三步，绘制 GCV 曲线。GCV 曲线是 $G(\lambda)$ 随正则化参数 λ 变化的曲线；通常，会计算不同 λ 值对应的 $G(\lambda)$，然后绘制出 $G(\lambda)$ 对 λ 的曲线。横轴是正则化参数 λ，纵轴是 GCV 函数值 $G(\lambda)$。

第四步，确定最优正则化参数 λ。从绘制的 GCV 曲线中，找到函数 $G(\lambda)$ 的最小值点，这个点对应的 λ 就是最优的正则化参数。具体做法是，通过观察曲线或使用优化算法自动搜索最小值。

通常情况下，采用哪一种方法来确定最优正则化参数并没有严格的限制。

基于上述方法原理，本节用正则化方法来求解前文中直接求逆法所求解的动载荷识别问题。同样地，频域中的载荷与动响应之间的关系为

$$\boldsymbol{X}(\omega)=\boldsymbol{H}(\omega)\,\boldsymbol{F}(\omega) \tag{5-2-20}$$

如果频响函数矩阵 $\boldsymbol{H}(\omega)$ 是维数很小的方阵，且条件数很小，就可以采用直接求逆法进行识别；如果频响函数矩阵 $\boldsymbol{H}(\omega)$ 是维数很大的长方阵(对应于激励点数量少于响应测点数量的频响函数测量)，且条件数也很大，这时的动力学反问题就是不适定问题。为了提高动载荷的识别精度，需要进行一定的正则化处理。根据上述的正则化处理方法，为了求解上述不适定问题式(5-2-20)中的动载荷列向量 $\boldsymbol{F}(\omega)$，可以将式(5-2-20)的求解转化为如下的优化问题，其优化目标函数为

$$\min_{F}\left\{\left\|\boldsymbol{H}(\omega)\boldsymbol{F}(\omega)-\boldsymbol{X}(\omega)\right\|^{2}+\lambda\left\|\boldsymbol{F}(\omega)\right\|^{2}\right\} \tag{5-2-21}$$

其中，$\left\|\boldsymbol{H}(\omega)\boldsymbol{F}(\omega)-\boldsymbol{X}(\omega)\right\|^{2}$ 是数据拟合项，表示模型预测值与测量值之间的误差；$\lambda\left\|\boldsymbol{F}(\omega)\right\|^{2}$ 是正则化项，表示解的范数。

通过调整正则化参数 λ，使优化问题式(5-2-21)的目标函数达到最小，从而得到正则化解向量 $\hat{\boldsymbol{F}}(\omega)$。为了求得上述最优化问题式(5-2-21)的解，可以将其转换成如下的形式：

$$\min\left\|\begin{bmatrix}\boldsymbol{H}(\omega)\\ \lambda\boldsymbol{I}\end{bmatrix}\boldsymbol{F}(\omega)-\begin{bmatrix}\boldsymbol{X}(\omega)\\ 0\end{bmatrix}\right\|^{2} \tag{5-2-22}$$

利用最小二乘法，可以推导出式(5-2-22)的正规方程为

$$\left[\boldsymbol{H}(\omega)^{\mathrm{H}}\ \lambda\boldsymbol{I}\right]\begin{bmatrix}\boldsymbol{H}(\omega)\\ \lambda\boldsymbol{I}\end{bmatrix}\boldsymbol{F}(\omega)=\left[\boldsymbol{H}(\omega)^{\mathrm{H}}\ \lambda\boldsymbol{I}\right]\begin{bmatrix}\boldsymbol{X}(\omega)\\ 0\end{bmatrix} \tag{5-2-23}$$

通过简化式(5-2-23)可得

$$\left[\boldsymbol{H}(\omega)^{\mathrm{H}}\boldsymbol{H}(\omega)+\lambda^{2}\boldsymbol{I}\right]\boldsymbol{F}(\omega)=\boldsymbol{H}(\omega)^{\mathrm{H}}\boldsymbol{X}(\omega) \tag{5-2-24}$$

对式(5-2-24)中的矩阵 $\boldsymbol{H}(\omega)$ 进行如下奇异值分解：

$$\boldsymbol{H}(\omega)=\boldsymbol{U}\mathrm{diag}(s_n)\boldsymbol{V}^{\mathrm{H}} \tag{5-2-25}$$

其中，酉矩阵$\boldsymbol{U}$和$\boldsymbol{V}$的列向量分别是矩阵$\boldsymbol{H}(\omega)$的左、右奇异向量；对角矩阵中的元素$s_1 \geqslant s_2 \geqslant \cdots \geqslant s_n \geqslant 0$是矩阵$\boldsymbol{H}(\omega)$的奇异值。

现在将式(5-2-25)代入式(5-2-24)中进行化简处理可得：

$$\hat{\boldsymbol{F}}(\omega)=\boldsymbol{V}(\omega)\begin{bmatrix}\ddots & & \\ & \dfrac{s_n(\omega)}{s_n^2(\omega)+\lambda^2} & \\ & & \ddots\end{bmatrix}\boldsymbol{U}(\omega)^{\mathrm{H}}\boldsymbol{X}(\omega) \tag{5-2-26}$$

对式(5-2-26)中的正则化参数λ，可以利用 L 曲线法或 GCV 方法求出最优正则化参数λ，最后代回式(5-2-26)，就可求出待识别的动载荷$\hat{\boldsymbol{F}}(\omega)$。

5.2.5　基于机器学习的动载荷识别原理

1. 基本原理

基于机器学习的动载荷识别方法，主要是通过建立一种结构逆动力学模型的代理模型来实现的，就是指利用机器学习算法，从结构的已知“载荷-响应”数据中学习并建立起载荷与响应之间的映射关系(也称为机器学习模型)，从而实现动载荷的识别。

在结构动力学分析中，代理模型是一个能替代结构动力学运动方程的数学模型。它经过大量数据的训练，捕捉结构所受外部动载荷与结构动力学响应之间的映射关系。在基于机器学习的动载荷识别方法中，这种代理模型的构建是通过数据驱动的方法，利用机器学习算法从结构的动载荷与对应的动力学响应数据中(称为训练数据集)，学习出所隐含的复杂映射关系。机器学习提供了强大的工具来处理复杂的非线性关系和高维数据。通过对一个特定的结构动力学系统，训练出一个成熟的机器学习模型，就可以作为能够精确表征结构动力学反问题的代理模型，用来对结构所受的动载荷进行精确的识别。

2. 方法的优势与局限性

在动载荷识别方法中，基于机器学习的方法相对于直接求逆法和基于正则化的识别方法具有显著的优势，尤其在数值计算误差控制和反问题向正问题转化的处理方面，表现得尤为突出。

传统的动载荷识别方法，如直接求逆法和基于正则化的识别方法，通常依赖于系统的精确物理模型(如质量矩阵、阻尼矩阵和刚度矩阵)的已知信息。这些方法将动载荷识别问题视为一个典型的反问题，即通过观测结构的动力学响应来反推出作用在结构上的动载荷。然而，动力学反问题的特性使得其求解过程非常敏感，即便是微小的观测误差或模型误差，也可能导致计算结果误差的显著放大，频响函数在固有频率附近的求逆运算更是如此。这种数值计算的不稳定性是反问题求解的一个主要挑战，正是这种数值计算的不稳定性导致了传统动载荷识别方法在数值计算中容易出现误差累积和识别结果不准确的情况，虽然我们通过引入基于正则化的动载荷识别方法，可以在一定程度上消除这种不稳定性，尽量降低数值计算中的误差放大问题，但它仍然面临高阶矩阵难以处理、计算误差累积难以避免等问题，无法完全解决传统动载荷识别方法在数值计算中的这个固有难题。

基于机器学习的动载荷识别方法，则是通过数据驱动原理来建立一个机器学习模型，即结构动力学逆模型的代理模型，从而将反问题转化为正问题。具体来说，机器学习模型不是通过一个正模型的求逆运算获得的，而是通过大量的训练数据，学习获得从结构响应到动载荷之间的直接映射关系，来建立载荷识别的正模型。这样，动载荷识别的过程不再是从响应反向求解出动载荷的过程，而是一个通过训练好的模型直接进行前向预测的正问题。这种将反问题求解转化为正问题求解的思路带来了多方面的优势。首先，由于机器学习的本质是通过优化算法学习数据中的映射规律，因此它能够有效地消除传统方法中由于求逆运算而导致的数值不稳定性。其次，正问题的求解通常是稳定的，机器学习模型尤其是在处理含噪声数据或不完整数据时，能表现出更强的容错能力。通过数据增强等技术，所建立的机器学习模型还能进一步提高对数据受扰动的容忍度(即抗噪性)，从而确保识别结果的稳定性和准确性。

当然，基于机器学习的动载荷识别方法并不完善，目前也还在持续的研究发展中。机器学习模型的性能高度依赖于训练数据的数量和质量。为了训练一个能够准确识别动载荷的机器学习模型，通常需要大量高质量的训练数据，即训练数据集。高质量的训练数据集的主要来源是高保真的仿真数据集；通过高精度的动力学有限元模型进行数值仿真，可以在人为给定的已知载荷条件下，精确模拟出结构的动态响应。根据实际需求，可以在不同的工况下生成大量可靠的数据，涵盖从低载荷到高载荷以及不同类型、不同频段的工况。由于仿真数据的生成不受试验环境和设备的限制，成本较低且灵活性高，因此可以在短时间内获得大量的训练数据。这种规模化的数据生成能力使得仿真数据成为机器学习模型训练的主要数据来源，能够充分支持模型的训练，提升其在不同工况下的泛化能力和预测准确性。对于一些虽然在服役条件下无法测量，但在实验室环境下可以进行模拟测试的动载荷工况，如航炮发射的冲击载荷，也可以在实验室环境下基于地面炮击试验等模拟试验进行直接测试动载荷和相应的动力学响应，获得训练数据集。相比之下，实验室测试数据虽然具有高度的真实性，但其获取成本较高，且受限于试验设备和条件，数据的生成速度和规模远不及仿真数据。因此，实验室测试数据通常作为必要工况的补充数据使用。由于成本和时间的限制，在动载荷识别的工程应用中，实验室测试数据通常仅占训练数据集的小部分，其主要作用是为仿真数据提供必要的参考和验证，而不是作为主要的训练数据来源。

如前所述，基于机器学习的动载荷识别方法依赖于完备的训练数据集。如果训练数据集中不同类型载荷的数据分布不均衡，机器学习模型可能会对频繁出现的载荷类型有较好表现，而对少见的载荷类型表现较差。这需要运用机器学习方法时，在数据收集和处理阶段就对数据分布进行均衡处理，以确保机器学习模型对所有载荷类型都能有效识别。此外，在基于机器学习的动载荷识别中，机器学习模型作为结构动力学逆模型的代理模型，虽然能够在兼顾计算的高效性与精确性方面表现出色，但往往被视为“黑箱”，即机器学习模型的内部机制和决策过程难以解释，这是目前机器学习方法固有的不足。为了克服上述机器学习方法的不足，近年来越来越多的研究致力于将结构动力学的物理模型嵌入机器学习模型中，以提升其可解释性和鲁棒性。通过将结构动力学的物理模型融入机器学习模型中，可以有效地将物理约束和先验知识引入模型的训练过程中，减少对训练数据集的依赖，同时提高模型在各种载荷类型下的识别能力。此外，这种嵌入物理模型的方法不仅能够增强机器学习模型的可解释性，使其不再是完全的"黑箱"，还能够在一定程度上降低对数据分布均衡的要求，从而在保证高效计算的同时，实现对各种载荷类型更为精确的识别。这种结合物理模型与机器学习的混合方法，正在成为动载荷识别领域的一个重要发展趋势。

综合来看，相对于传统动载荷识别方法，基于机器学习的动载荷识别方法是更为先进有效的，在未来科学研究及工程实践中，有广阔的发展空间。

5.3　基于机器学习的动载荷识别方法

基于机器学习的动载荷识别方法的基础是挖掘动载荷识别的结构动力学原理，厘清机器学习模型在动载荷识别中所要映射的结构动力学关系；之后，选取合适的机器学习模型完成动载荷识别方法的构建。

在机器学习技术领域，深度学习技术的发展目前取得了最为明显的突破；而以深度神经网络为代表的深度学习模型，因其强大的特征提取与识别能力，逐渐成为动载荷识别领域中的关键工具之一。在众多深度学习模型中，时延神经网络(TDNN)作为一种典型的用于时间序列建模的神经网络，凭借其在时间序列数据处理中的独特优势，成为动载荷识别领域中所常用的神经网络模型之一。本节将详细介绍基于时延神经网络的动载荷倒序识别方法，以及时延神经网络在动载荷识别中的建模原理和具体应用方法。

5.3.1　面向动载荷识别的结构动力学分析

常见的工程结构大多属于(或者可以视为)线性时不变结构，利用结构有限元的思想，可将其离散为线性多自由度系统，从而可以根据杜哈梅积分原理建立动载荷与动力学响应之间的关系。

对于 n 自由度线性时不变离散振动系统，假设结构在 p 个自由度上受到动载荷的作用。考虑到加速度响应在结构动力学测试中较为普遍，本章的示例都基于加速度响应建立动载荷与动力学响应之间的关系。根据线性叠加原理，第 i 个自由度上的结构动力学加速度响应 $\ddot{x}_i(t)$ 与其所受的 p 个动载荷 $f_j(t)(j=1,2,\cdots,p)$ 的关系为

$$\ddot{x}_i(t)=\sum_{j=1}^{p}\int_0^t h_{ij}(t-\tau)f_j(\tau)\mathrm{d}\tau \tag{5-3-1}$$

后文为了表述方便，对各自由度上的响应和激励也可按试验中的习惯称为第 i 个响

应测点和第 j 个激励点。将式(5-3-1)在时间上进行离散化，可得

$$\ddot{x}_i(t)=\sum_{j=1}^{p}\left[h_{ij}(0)f_j(t)+h_{ij}(\Delta t)f_j(t-\Delta t)+\cdots+h_{ij}(n\Delta t)f_j(t-n\Delta t)\right] \tag{5-3-2}$$

其中，Δt 表示采样时间的时间间隔；$\ddot{x}_i(t)$ 表示 t 时刻振动系统在测点 i 的加速度响应；$f_j(t)$ 表示 t 时刻作用于激励点 j 的动载荷；$h_{ij}(k\Delta t)$ 表示 $t=k\Delta t(k=0,1,\cdots,n)$ 时刻结构响应测点 i 与激励点 j 之间的跨点加速度单位脉冲响应函数。

可以看出，任意时刻的结构振动加速度响应 $\ddot{x}_i(t)$，不仅是由该时刻的动载荷 $f_j(t)$ 决定的，还会受到该时刻之前所有的动载荷 $f_j(t),f_j(t-\Delta t),\cdots,f_j(t-n\Delta t)$ 的影响。由此，依据式(5-3-2)，可以进一步将动力学响应 $\ddot{x}_i(t)$ 与动载荷 $f_j(t)$ 的关系表示为

$$\ddot{x}_i(t)=\sum_{j=1}^{p}F_j\left[f_j(t),f_j(t-\Delta t),\cdots,f_j(t-n\Delta t)\right] \tag{5-3-3}$$

其中，$F_j[\cdot]$ 表示映射 $f_j(t)$ 与 $\ddot{x}_i(t)$ 之间正向关系的隐式函数关系。以此类推，$t+d\Delta t$ 时刻的加速度可写为

$$\ddot{x}_i(t+d\Delta t)=\sum_{j=1}^{p}F_j\left[f_j(t+d\Delta t),f_j(t-(d-1)\Delta t),\cdots,f_j(t),\cdots,f_j(t-n\Delta t)\right] \tag{5-3-4}$$

观察式(5-3-2)、式(5-3-3)与式(5-3-4)可知，t 时刻的外激励 $f_j(t)$ 会影响 $t,t+\Delta t,\cdots,t+d\Delta t$ 时刻的动力学响应，换句话说，动力学响应 $\ddot{x}_i(t),\ddot{x}_i(t+\Delta t),\cdots,\ddot{x}_i(t+d\Delta t)$ 中都包含着激励 $f(t)$ 的信息，则结构的动载荷识别问题可以表示为

$$f_j(t)=\sum_{i=1}^{N}G_i\left[\ddot{x}_i(t),\ddot{x}_i(t+\Delta t),\cdots,\ddot{x}_i(t+d\Delta t)\right] \tag{5-3-5}$$

其中，N 表示测点数量；$G_i[\cdot]$ 表示映射 $f_j(t)$ 与 $\ddot{x}_i(t)$ 之间逆向关系的隐式函数关系。

综上所述，对于线性时不变结构的动载荷识别问题，其数学本质可归纳为“序列数据—序列数据”的回归问题，所以用于动载荷识别的深度神经网络模型应采用可以处理序列数据与回归问题的网络类型。

5.3.2 基于时延神经网络的动载荷倒序识别方法

本节以线性时不变结构为研究对象，将有限长脉冲响应、结构线性振动理论，以及时延神经网络算法原理相结合，介绍基于时延神经网络的动载荷倒序识别方法。

1. 动载荷倒序识别理论

由于在工程实际中，我们用传感器采集的载荷和振动响应信号(通常为加速度信号)，都是时域内的连续模拟信号，然后通过模/数转换(A/D 转换)变为离散的数字信号存储在计算机中。本节基于动载荷与动力学响应的离散信号进行推导。在数字信号处理领域，

通常将“输入—输出”之间的对应关系不随时间变化的系统，定义为时不变系统。而在实际工程中，时不变系统也更具体是指系统参数不随时间变化，对应着数学上的常系数方程。我们还要用到另外一个概念——因果系统，它是指对于一个线性时不变系统，如果它在t时刻的输出 $y(t)$ 仅与系统当前和前序的输入有关联，而与系统后序的输入无关，则该系统被称为因果系统。同时，依据系统对于外界脉冲激励输入，导致系统所产生响应的时间影响来判断，还可将因果系统进一步划分为有限长脉冲响应系统和无限长脉冲响应系统[28]。对于无限长脉冲响应系统，当系统在t时刻受到外界的脉冲激励后，系统会因为该激励的影响，在之后无限长的时间范围内都持续产生响应，在结构动力学领域，无阻尼振动系统符合此特性；相应地，结构动力学领域的有阻尼振动系统则为有限长脉冲响应系统，从系统的脉冲响应函数的角度可以看出，系统受到瞬态激励，由于系统的阻尼作用，其脉冲响应函数决定了系统的响应在有限时间内会逐渐衰减至接近零。因此，对于一个因果系统的有限长脉冲响应函数 $h(t)$ ，将其在时域离散化，其脉冲响应持续时间可以划分为 n 个时间步；对于一个具有 d 个时间步脉冲响应 $h(n)$ 的因果有限长脉冲响应系统，有

$$h(n)=0,\quad n<0\text{和}n\geqslant d \tag{5-3-6}$$

这样，系统响应的卷积公式就可写为

$$y(n)=\sum_{k=0}^{d-1}h(k)\ddot{x}(n-k) \tag{5-3-7}$$

在系统受持续激励的情况下，系统的响应是脉冲响应函数与输入信号的卷积结果。即使在动载荷持续激励下，由于系统的阻尼特性，其加速度响应也不会无限增长，而是趋于一个稳定振幅，从而表现出 t 时刻的激励 $f_j(t)$ 对于系统响应的影响具有有限时长的特性，可认为其经过 $d\Delta t$ 时间后的结构动力学响应不再受 t 时刻激励的影响。因此，对于任意的有阻尼线性时不变振动系统，其响应都可等效为因果有限长脉冲响应的叠加。在此基础上，假设一个系统，其内部运行机制恰好是该系统的反向运算，若该系统输入信号是前后时序颠倒的加速度动力学响应 $\ddot{x}\{t\}$ ，则输出信号就是前后时序颠倒的动载荷 $f_j\{t\}$ ，此时，可以将这个“倒时序动力学响应—倒时序动载荷”系统，在时域内离散化之后，等效为具有 d 个时间步的因果有限长脉冲响应系统。

2. 动载荷倒序识别方法

结合式(5-3-5)，可以得到“动力学响应-动载荷”关系：

$$f(t)=R\left[\ddot{x}(t),\ddot{x}(t+1),\cdots,\ddot{x}(t+d)\right] \tag{5-3-8}$$

其中，$\ddot{x}(t),\ddot{x}(t+1),\cdots,\ddot{x}(t+d)$ 表示结构从t时刻到 $t+d$ 时刻的加速度动力学响应；$f(t)$ 表示t时刻作用于结构的动载荷；$R[\cdot]$ 表示 $f(t)$ 与 $\ddot{x}(t),\ddot{x}(t+1),\cdots,\ddot{x}(t+d)$ 之间的映射关系。

这样，可以利用时延神经网络，以隐式函数模型的方式进行上述映射关系 R 的精确描述和搭建，这便是利用时延神经网络的动载荷倒序识别方法的核心，其原理示意图见图 5-3-1。

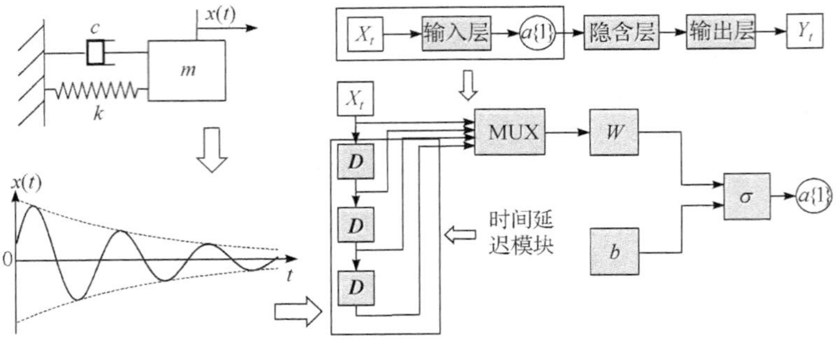

图 5-3-1 利用时延神经网络的动载荷倒序识别方法原理示意图

利用时延神经网络的动载荷倒序识别方法的具体实施步骤如下。

(1) 采集作用于实际结构的动力学响应数据样本与动载荷数据样本，并颠倒时序。

(2) 将颠倒时序后的数据样本进行划分，一般以 70%、10%和 20%的比例划分为训练集、验证集和测试集。

(3) 搭建时延神经网络模型，主要包括神经网络节点参数设置、时间延迟步设置等。

(4) 设置训练算法，对时延神经网络进行训练，使其达到收敛标准并避免过拟合(这里的过拟合，通俗地讲是指模型在训练数据上表现非常好，但在新数据上表现较差的情况。其原因通常是模型过于复杂，或者训练数据不足，导致模型学到了训练数据中的噪声和特例，而不是真正的相关关系)。

(5) 用完成训练的时延神经网络进行动载荷识别，即将倒时序的测试动力学响应数据输入时延神经网络，并将输出的动载荷倒序识别结果进行时序还原，就是所要识别的动载荷时间序列。

5.4 简化结构的动载荷识别示例

为了演示动载荷识别的过程，建立三自由度振动系统如图 5-4-1 所示(可视为简化的结构动力学系统模型)，其中系统各自由度上的集中质量均为 2kg，弹簧刚度均为 4000N/m，阻尼器的黏性阻尼系数均为 5N/(m·s)，根据结构动力学分析理论，可以求出系统的全部 3 阶固有频率分别为 3.17Hz、8.88Hz 及 12.83Hz。

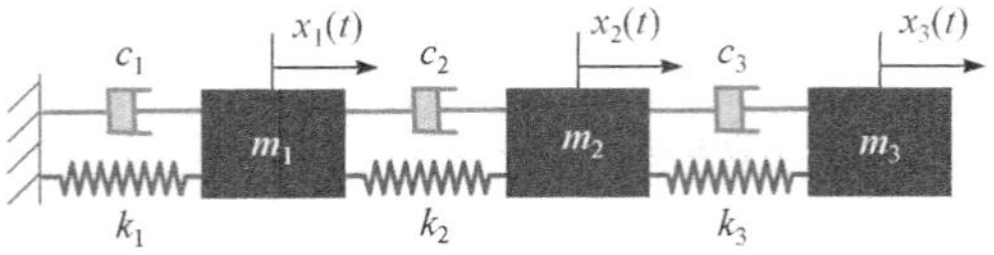

图 5-4-1 集中参数三自由度振动系统

5.4.1 基于频响函数矩阵求逆方法的动载荷频域识别

代码 5.1

首先,人为生成一个时长为 100s、幅值在[−100N,100N]区间内、频率范围为 0～100Hz 的窄带平稳随机时域信号样本。将其作为已知的平稳随机激励 $F(t)$ 作用在集中质量 m_3 上，并计算获得系统各自由度上的加速度振动响应时间历程 $\ddot{\boldsymbol{x}}(t)$ 的若干样本。在此基础上，用基于频响函数矩阵求逆方法来识别这个三自由度离散振动系统的动载荷。

1) 建立结构动力学方程

图 5-4-1 所示的三自由度系统的振动方程为

$$\boldsymbol{M}\ddot{\boldsymbol{x}}(t)+\boldsymbol{C}\dot{\boldsymbol{x}}(t)+\boldsymbol{K}\boldsymbol{x}(t)=\boldsymbol{f}(t) \tag{5-4-1}$$

其质量矩阵、阻尼矩阵和刚度矩阵分别见式(3-6-32)～式(3-6-34)。$\boldsymbol{f}(t)$ 为作用在各自由度上的动载荷组成的激励力向量。

2) 傅里叶变换

对加速度响应 $\ddot{\boldsymbol{x}}(t)$ 和外部激励 $\boldsymbol{F}(t)$ 做傅里叶变换，可以得到频域的响应信号 $\ddot{\boldsymbol{X}}(\omega)$ 和激励信号 $\boldsymbol{F}(\omega)$：

$$\ddot{\boldsymbol{X}}(\omega)=\mathcal{F}\left\{\ddot{\boldsymbol{x}}(t)\right\}=\int_{-\infty}^{+\infty}\ddot{\boldsymbol{x}}(t)\mathrm{e}^{-\mathrm{i}\omega t}\mathrm{d}t \tag{5-4-2}$$

$$\boldsymbol{F}(\omega)=\mathcal{F}\left\{\boldsymbol{F}(t)\right\}=\int_{-\infty}^{+\infty}\boldsymbol{F}(t)\mathrm{e}^{-\mathrm{i}\omega t}\mathrm{d}t \tag{5-4-3}$$

由于在动载荷识别的实际应用中，所有测试得到的时域样本信号都是有限长的时间序列，设样本时间长度为 T；则在有限时长 T 内对加速度响应 $\ddot{\boldsymbol{x}}(t)$ 和外部激励 $\boldsymbol{F}(t)$ 进行有限傅里叶变换，可以得到样本信号在频域内的有限傅里叶变换 $\ddot{\boldsymbol{X}}_{\mathrm{T}}(\omega)$ 和 $\boldsymbol{F}_{\mathrm{T}}(\omega)$：

$$\ddot{\boldsymbol{X}}_{\mathrm{T}}(\omega)=\mathcal{F}\left\{\ddot{\boldsymbol{x}}(t)\right\}=\int_{-\frac{T}{2}}^{\frac{T}{2}}\ddot{\boldsymbol{x}}(t)\mathrm{e}^{-\mathrm{i}\omega t}\mathrm{d}t \tag{5-4-4}$$

$$\boldsymbol{F}_{\mathrm{T}}(\omega)=\mathcal{F}\left\{\boldsymbol{F}(t)\right\}=\int_{-\frac{T}{2}}^{\frac{T}{2}}\boldsymbol{F}(t)\mathrm{e}^{-\mathrm{i}\omega t}\mathrm{d}t \tag{5-4-5}$$

其中，$\mathcal{F}$ 表示傅里叶变换算子。

3) 频响函数矩阵计算

加速度频响函数矩阵 $\boldsymbol{H}(\omega)$ 可以通过如下公式计算：

$$\boldsymbol{H}_{\mathrm{a}}(\omega)=-\omega^2(-\omega^2\boldsymbol{M}+\mathrm{j}\omega\boldsymbol{C}+\boldsymbol{K})^{-1} \tag{5-4-6}$$

4) 动载荷识别

通过求解以下方程可以得到识别的动载荷向量 $\boldsymbol{F}_{\mathrm{T}}^{\mathrm{I}}(\omega)$：

$$\boldsymbol{F}_{\mathrm{T}}^{\mathrm{I}}(\omega)=\boldsymbol{H}_{\mathrm{a}}(\omega)^{-1}\ddot{\boldsymbol{X}}_{\mathrm{T}}(\omega) \tag{5-4-7}$$

5) 功率谱密度计算

从识别的动载荷向量样本 $\boldsymbol{F}_{\mathrm{T}}^{\mathrm{I}}(\omega)$ 中提取出作用在 m_3 上的动载荷样本，记为 $F_{\mathrm{T},3}^{\mathrm{I}}(\omega)$，

计算针对这一识别动载荷样本 $F_{T,3}^{I}(\omega)$ 的自功率谱密度 $S_{F_{T,3},T}^{I}(\omega)$ 和真实动载荷样本 $F_{T,3}(\omega)$ 的自功率谱密度 $S_{F_{T,3},T}(\omega)$。

$$S_{F_{T,3},T}^{I}(\omega)=\frac{1}{T}\left[F_{T,3}^{I}(\omega)\right]^{※}F_{T,3}^{I}(\omega)=\frac{1}{T}\left|F_{T,3}^{I}(\omega)\right|^{2} \tag{5-4-8}$$

$$S_{F_{T,3},T}(\omega)=\frac{1}{T}[F_{T,3}(\omega)]^{※}F_{T,3}(\omega)=\frac{1}{T}\left|F_{T,3}(\omega)\right|^{2} \tag{5-4-9}$$

其中，$[F_{T,3}(\omega)]^{※}$ 与 $[F_{T,3}^{I}(\omega)]^{※}$ 分别表示 $F_{T,3}(\omega)$ 与 $F_{T,3}^{I}(\omega)$ 的共轭。

6) 识别结果检验

将识别的动载荷功率谱密度与真实动载荷的功率谱密度进行对比，如图 5-4-2 所示，可以看到，对本例采用频响函数矩阵求逆方法可以精确地识别出作用在 m_3 上的随机动载荷。

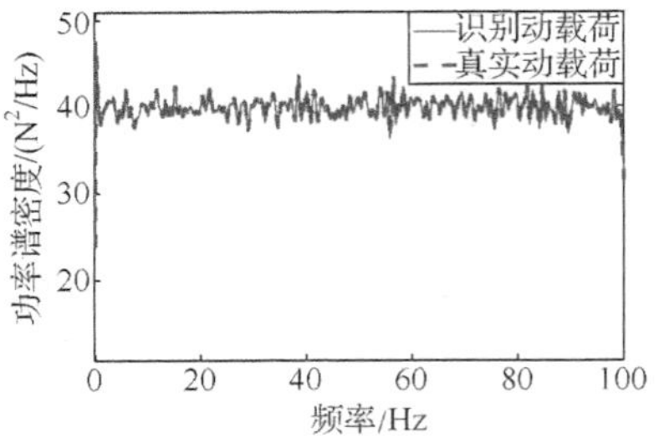

图 5-4-2 基于直接求逆法的三自由度振动系统动载荷频域识别结果

在这个简单的三自由度振动系统的动载荷识别示例中，直接求逆法同样能够精确识别出动载荷，主要原因在于三自由度系统频响函数矩阵的维数很低且在仿真分析中没有考虑加速度响应的测量噪声，也就是说，频响函数矩阵不容易奇异且加速度响应没有考虑测量误差，使得直接求逆法可以直接从测量数据中精确反演出动载荷的功率谱密度。然而，对于实际工程中的复杂结构的动载荷识别，通常需要采用正则化方法。

5.4.2 基于时延神经网络的动载荷倒序识别

代码 5.2

本节采用基于时延神经网络的动载荷倒序识别方法对图 5-4-1 所示的三自由度系统进行动载荷识别，具体步骤如下。

1) 数据准备

首先，生成输入载荷信号，与 5.4.1 节一样，人为生成一个时长为 100s、幅值在[−100N,100N]区间内、频率范围为 0～100Hz 的窄带平稳随机时域信号样本，并将其作为已知的平稳随机激励 $F(t)$ 作用于三自由度离散振动系统的集中质量 m_3 上，仿真计算获得系统在各自由度上的加速度振动响应时间历程 $\ddot{\boldsymbol{x}}(t)$ 的若干样本。这些加速度振动响应数据用于构建动载荷识别模型的输入数据集。

2) 数据划分

将获取到的加速度动响应数据按比例划分为训练集、验证集和测试集。具体比例为：训练集占 70%，用于模型的训练；验证集占 10%，用于在训练过程中监控模型性能，防止过拟合；测试集占 20%，用于最终评估模型的识别性能。这样可以确保模型的训练数据、验证数据和测试数据相互独立，保证模型的泛化能力。

3) 模型构建

构建用于动载荷倒序识别的时延神经网络模型，该模型由三层组成，如图 5-4-3 所示。

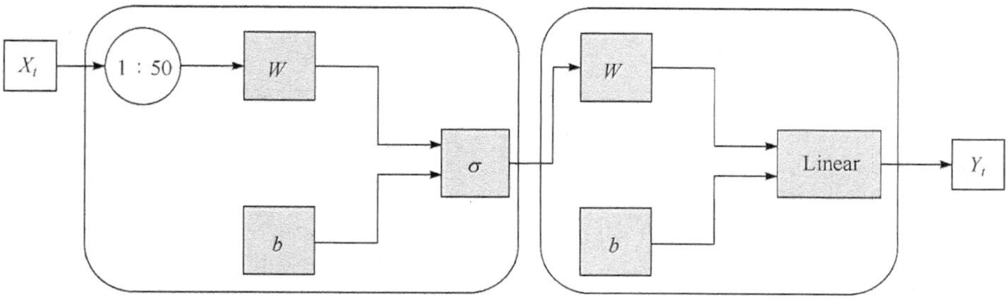

图 5-4-3 时延神经网络模型

时延神经网络分为输入层、隐含层和输出层，其中输入层的时延参数设为 50，神经元数为 1；隐含层神经元的个数设为 64；输出层神经元个数设为 1，如表 5-4-1 所示。

表 5-4-1 时延神经网络参数

层次	类型	神经元/节点数	时间延迟步数	激活函数
输入层	序列输入层	1	50	线性
隐含层	全连接层	64	无	Sigmoid
输出层	序列输出层	1	无	线性

4) 模型训练

使用训练集数据对时延神经网络进行训练。训练过程中，输入的倒时序振动加速度响应数据通过序列输入层输入到网络中，网络通过前向传播计算输出的倒时序动载荷信号。然后，采用最小均方差(MSE)函数来计算输出与目标动载荷信号之间的误差。通过反向传播算法调整网络权重，以使误差最小化。在每次训练迭代 10 次后，使用验证集数据对模型进行验证，监控模型性能，检查是否出现过拟合现象。如果验证集上的误差不再减小，或者开始增加，则可能发生了过拟合，需要调整模型或者训练策略。

5) 模型测试

训练完成后，使用测试集数据对模型进行测试。将测试集中的振动加速度响应数据输入训练好的时延神经网络模型中，输出识别的倒时序动载荷信号。将识别得到的动载荷时域信号样本 $\hat{F}(t)$ 与测试集中的真实动载荷信号样本 $F(t)$ 进行对比，采用 MSE 为衡量标准，如式(5-4-10)所示。也可以通过对比两者的时间历程和功率谱密度函数的吻合度来进行评估，如图 5-4-4 所示。良好的吻合度表明模型具有较好的识别能力。

$$\mathrm{MSE}=\frac{1}{N}\sum_{i=1}^{N}\left[F(t)-\hat{F}(t)\right]^2 \tag{5-4-10}$$

通过以上步骤，可以实现对三自由度离散振动系统动载荷特征信号的精确识别。

与传统的直接求逆法相比，时延神经网络能够直接识别出时域载荷，同时可以基于识别得到的时域载荷计算其功率谱密度函数。这使得基于时延神经网络的动载荷识别方法往往比直接求逆法更加全面，因为后者在多数情况下，只能识别出动载荷的功率谱密度，而无法直接获得时域信息。因此，时延神经网络在动载荷识别中展现出更为广泛的适用性。

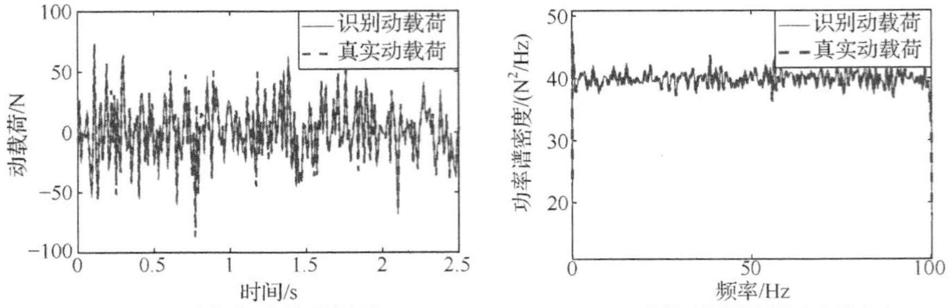

(a) 动载荷时域识别结果 (b) 动载荷识别结果功率谱密度

图 5-4-4 应用时延神经网络的三自由度振动系统动载荷识别结果

5.5 典型航空结构的动载荷识别示例

本节利用一个受随机激励(模拟抖振载荷)的垂尾模型结构来说明对一个实际结构，如何采用基于时延神经网络的动载荷倒序识别方法识别作用在其上的动载荷，具体可参考文献[29]。垂尾结构模型如图 5-5-1 所示，采用根部固支的方式安装于试验台上。试验中采用 2 台功率放大器分别驱动 2 台电磁激振器，在模型表面一侧的#1 点与#2 点进行垂直方向的平稳随机激励；在模型表面另一侧选取 5 个加速度响应测点(A4～A8)，采用加速度传感器测量加速度响应，采用力传感器测量动载荷，采用多功能信号采集仪对动载荷信号样本与加速度响应信号进行样本采集，采样频率为 500Hz。

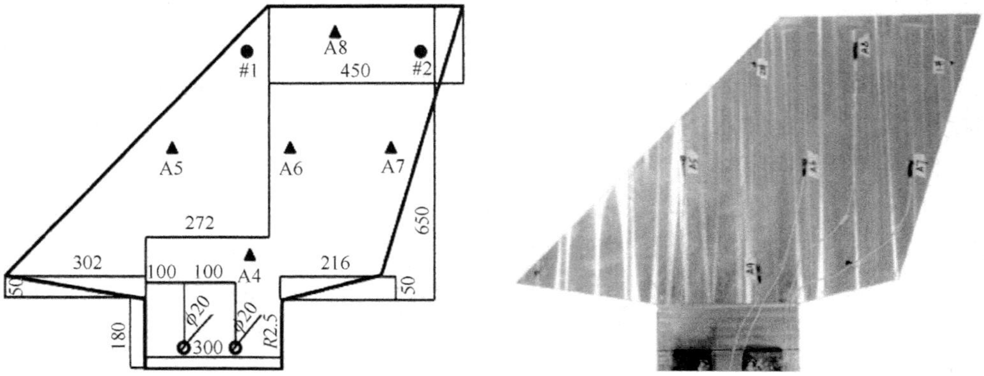

图 5-5-1 垂尾结构模型及试验测点激励点设置

1. 垂尾结构模型动载荷识别试验

首先进行训练样本的试验测试，在激励点#1、#2 用激振器对模型进行激励，用加速度传感器在测点 A4～A8 测试模型的加速度响应，将用力传感器测试的随机载荷信号作为输出样本(图 5-5-2)，各测点的加速度信号作为输入样本(图 5-5-3)，组成训练数据集，各训练样本采集时间为 20s。

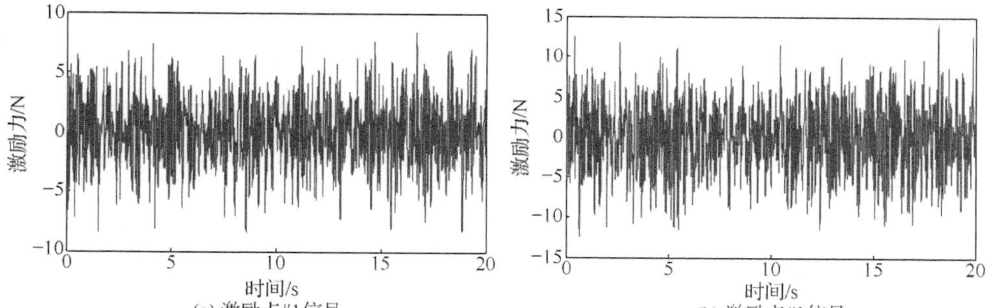

(a) 激励点#1信号　(b) 激励点#2信号

图 5-5-2　两个激励点的载荷信号(训练样本)

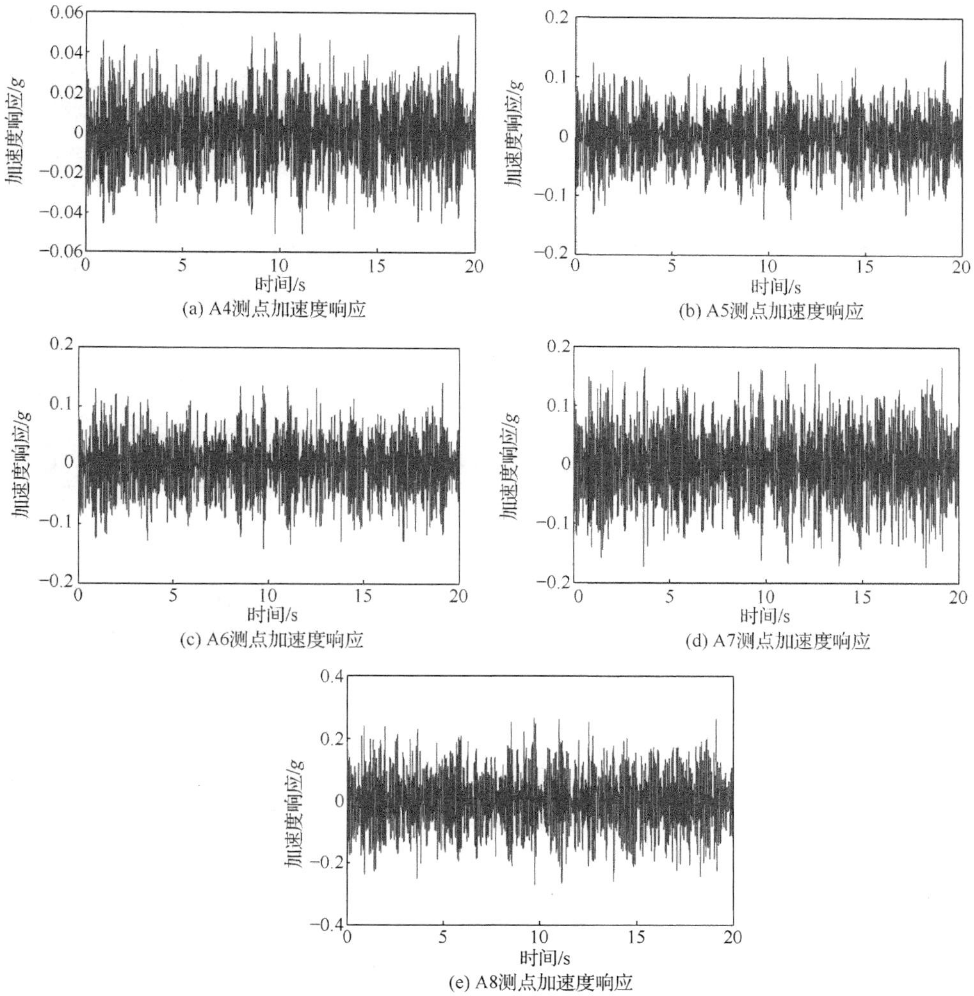

(a) A4测点加速度响应　(b) A5测点加速度响应　(c) A6测点加速度响应　(d) A7测点加速度响应　(e) A8测点加速度响应

图 5-5-3　测点 A4～A8 的加速度响应(训练数据样本)

2. 动载荷识别结果

建立一个三层的时延神经网络，分别为输入层、隐含层和输出层，其中输入层的时延参数设为 50，神经元数为 5；隐含层神经元的个数设为 64；输出层神经元个数设为 2，如表 5-5-1 所示。将训练样本集按照倒序输入到时延神经网络中进行网络的训练，该时延神经网络经过 207 步训练达到收敛。

表 5-5-1　时延神经网络参数

层次	类型	神经元/节点数	时间延迟步数	激活
输入层	序列输入层	5	50	线性
隐含层	全连接层	64	无	Sigmoid
输出层	序列输出层	2	无	线性

随后进行动载荷识别。同样在#1、#2 激励点对模型进行激励，并在 A4～A8 测点测试加速度响应，采集的加速度响应和动载荷样本信号的时间长度为 6s，采样频率为 500Hz，加速度响应样本信号如图 5-5-4 所示。

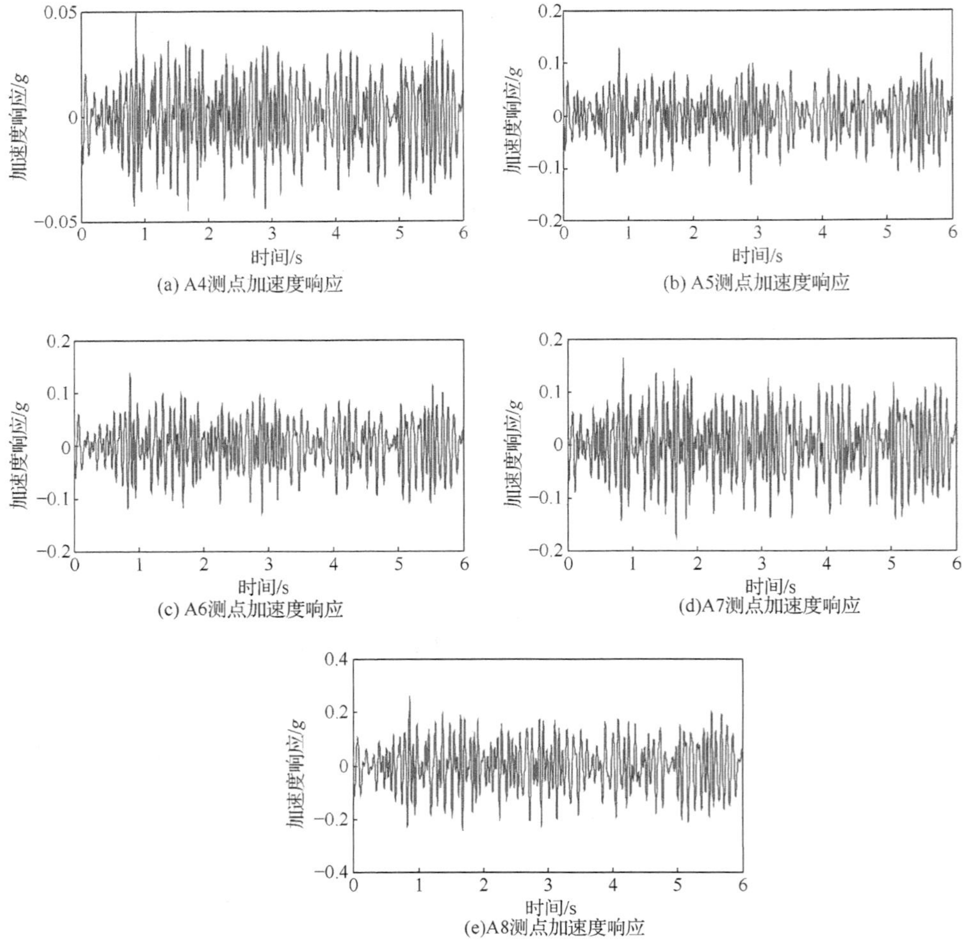

图 5-5-4　各响应测点的加速度响应(识别的输入样本)

将测得测点 A4～A8 的加速度响应信号作为识别的输入样本，倒序后输入训练好的时延神经网络中，识别出激励点#1、#2 处作用的随机载荷，如图 5-5-5 所示。由图可以直观地看到，激励点#1、#2 的载荷样本的时间历程识别结果与真实载荷样本的时间历程具有较好的吻合度，这表明时延神经网络倒序识别方法在时域中能很好地跟踪识别出随机外激励。

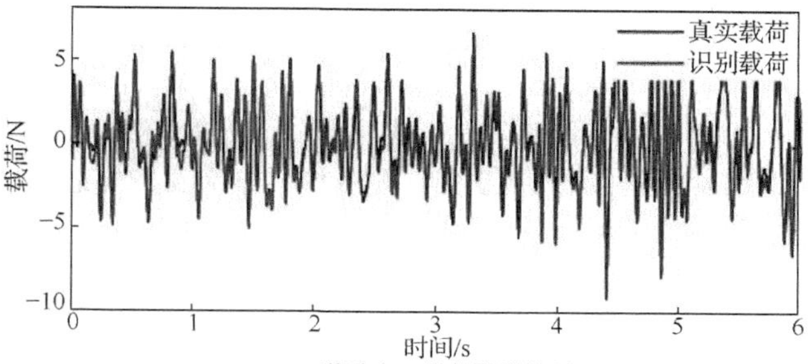

(a) 激励点#1载荷识别结果

彩图 5-5-5

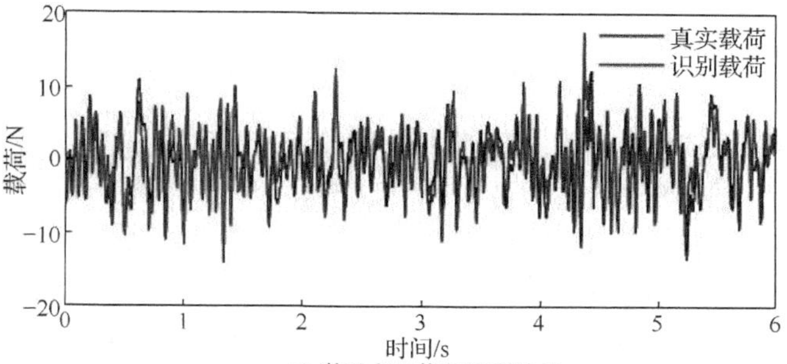

(b) 激励点#2载荷识别结果

图 5-5-5　各激励点载荷样本识别结果

根据激励点#1、#2 处所识别出的载荷时间历程样本，得到其对应的功率谱密度函数，并分别与激励点#1、#2 处所施加的真实载荷的功率谱密度函数进行对比，如图 5-5-6 所示。可以看到，激励点#1、#2 的载荷识别结果功率谱密度函数曲线与真实载荷功率谱密度函数曲线吻合较好，这也从另一个角度表明时延神经网络倒序识别方法可以精确地识别出垂尾模型上作用的随机动载荷。

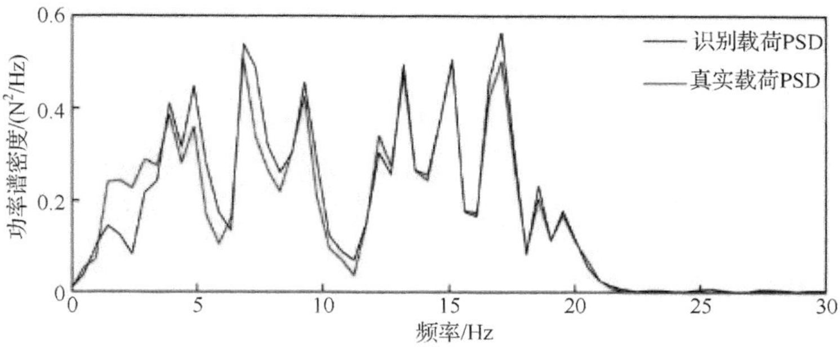

(a) 激励点#1载荷识别结果PSD

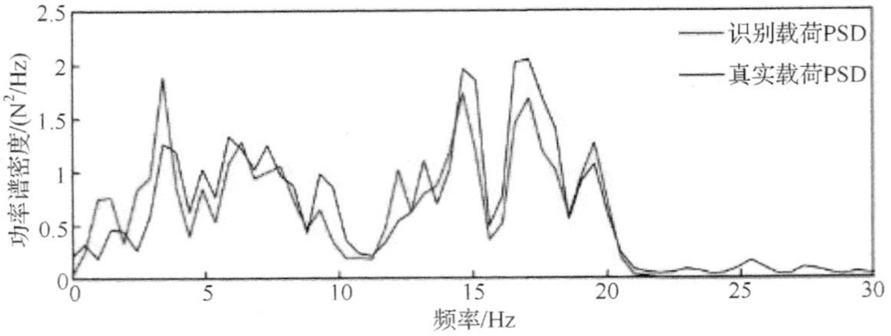

(b) 激励点#2载荷识别结果PSD

彩图 5-5-6

图 5-5-6 各激励点识别载荷的功率谱密度函数对比

思 考 题

1. 简述动载荷识别的意义及用途。
2. 简述动载荷识别的不适定问题。
3. 简述用直接求逆法进行动载荷识别的步骤。
4. 简述用正则化方法进行动载荷识别的步骤。
5. 简述机器学习动载荷识别的基本原理。
6. 简述机器学习动载荷识别的优势与局限性。
7. 简述基于时延神经网络的动载荷倒序识别方法的原理与步骤。
8. 针对 5.4 节中动载荷识别示例，利用位移频响函数，采用直接求逆法建立其动载荷识别方法，编写相关程序对比识别结果。
9. 针对 5.4 节中动载荷识别示例，利用位移或加速度频响函数，采用正则化方法建立其动载荷识别方法，编写相关程序对比识别结果。
10. 针对 5.4 节中动载荷识别示例，利用位移频响函数，采用基于时延神经网络的动载荷倒序识别方法建立其动载荷识别方法，编写相关程序并对比识别结果。

第 6 章

基于振动的结构损伤检测

结构损伤检测是结构健康监测的核心，结构损伤检测就是通过结构的物理特性来检测结构的损伤状态。近些年发展起来的基于振动的结构损伤检测，是指通过结构的振动特性变化来检测结构损伤状态的一种技术途径，是结构动力学理论与方法在结构健康监测中的应用。基于振动的结构损伤检测以结构的局部损伤会改变结构振动特性为理论依据，通过在待检测结构上安装传感器测试结构的振动响应，结合振动响应信号的处理与分析技术，获得结构的振动特性及其变化，据此来判定结构是否存在损伤，若检测到有损伤，则还可根据需要进一步判断损伤位置和损伤程度等。由于兼具离线检测和在线检测的潜力，基于振动的结构损伤检测在结构健康监测中占有非常重要的地位。

6.1 结构损伤检测的基本概念

6.1.1 为什么要进行结构损伤检测

随着航空航天技术的大力发展，航空航天装备的结构构型越来越复杂、任务形式越来越繁多、载荷环境也越来越恶劣，在航空航天装备服役期间，因结构强度、刚度及稳定性不足而产生的结构局部损伤的案例也越来越多，如果不能及时发现并采取措施，结构的局部损伤就会扩展而导致结构的完整性受损，产生严重的经济损失及社会影响。因此，如何及时、有效地检测出结构的局部损伤，是保证航空航天结构安全服役的强烈需求，也是提升航空航天装备的任务能力、降低维护成本的关键所在。

对于现有的或即将设计制造的航空航天结构，都需要进行结构损伤检测和维护，然而传统的按照计划的检测已经难以满足对检测效率及经济性的需求。因此，提高检测效率、降低检测成本，并最终实现在线监测的结构健康监测(structural health monitoring，SHM)以及达到更为全面的结构故障预测与健康管理(prognostic and health management，PHM)，是这一领域的发展方向。结构健康监测就是利用先进传感/驱动元件(嵌入集成或外装在结构上)，在线实时地获取与结构健康状态相关的信息(如位移、速度、加速度、应变、温度等)，结合先进的信号信息处理方法，提取结构损伤特征参数，构建出结构损伤指标，探测、定位结构的损伤，确定结构损伤的程度，进而实现结构健康状态的评估。

随着传感测试技术的发展，各种能表征结构健康状态的原始物理响应信号，均可以使用相应的传感器测试获得，因此，结构健康监测的核心技术就是如何从包含结构损伤信息的结构原始物理响应信号中提取出结构损伤特征参数，并以此检测、定位结构损伤并确定其损伤程度，这也正是结构损伤检测(structural damage detection，SDD)所要完成的工作。

6.1.2 结构损伤检测的分类

结构损伤检测是结构健康监测的核心，Rytter 提出的结构损伤检测层次分类法首次对结构损伤检测进行了较为全面的分类[30]。

层次 1：判定结构是否有损伤(发现损伤)；

层次 2：判定结构损伤的位置(定位损伤)；

层次 3：评估结构损伤的程度(评估损伤程度)；

层次 4：预估结构的剩余寿命(预测寿命)。

一般认为，层次 1～层次 4 的损伤检测能力是逐步深入的，即发现损伤是结构损伤检测的最基本任务，通常所有结构损伤检测方法都必须能发现损伤；在发现损伤的基础上，定位损伤及评估损伤程度是对结构损伤检测的较高要求，定位损伤有助于及时对损伤进行修复，而评估损伤程度有助于何时对损伤进行修复；预测寿命是对结构损伤检测的最高阶要求，通常需结合结构疲劳理论在定位损伤和评估损伤程度之后开展。

在结构损伤检测层次分类法的基础上，还可以根据是否需要完好结构信息，对结构损伤检测方法进行分类，通常分为对比检测方法和非对比检测方法。对比检测方法是需要通过对比完好结构与损伤结构的损伤特征参数，根据损伤特征参数的差异来构建损伤指标并进行结构损伤检测。因此，在使用对比检测方法进行结构损伤检测时，必须在结构发生损伤以前就已经获得完好结构的相关健康信息。而非对比检测方法只需要获得损伤结构的损伤特征参数，然后根据其损伤特征参数的异常来构建损伤指标并进行损伤检测。事实上，非对比检测方法隐含了与常规统计值或公认事实的对比，如利用结构固有振型曲线的不连续点进行损伤检测与定位时，实际是与完好结构的固有振型曲线是连续的这一事实进行隐性的对比。

根据是否需要建立结构的理论模型，结构损伤检测方法还可以分为基于模型的检测方法和不基于模型的检测方法。基于模型的检测方法首先需要建立结构理论模型(通常为动力学有限元模型)，然后利用理论模型所包含的结构特性，并联合使用待检测结构的相关结构特性，提取损伤特征参数、构建结构损伤指标，最终实现结构损伤检测；而不基于模型的检测方法则不需要建立结构的理论模型，直接利用从待检测结构上采集的响应信号，并联合相关理论及信号分析与数据处理技术，建立损伤特征参数、构建结构损伤指标，进而实现结构损伤检测。

另外，根据结构损伤检测是否在线，可分为在线损伤检测和离线损伤检测；根据所利用的力学响应信息，可分为静力学检测方法和动力学检测方法(即基于振动的结构损伤检测方法)。在本章重点介绍的基于振动的结构损伤检测方法中，根据利用的结构动力学信息类型，可分为基于响应信号处理的方法和基于模态参数分析的方法；根据是否使用结构的输入激励信息，可分为利用输入激励/输出响应的检测和仅利用输出响应的检测；根据结构损伤检测中所使用的信号类型，可分为利用结构变形(静态变形和振动位移)的检测、利用振动速度的检测、利用振动加速度的检测和利用动态应变的检测；等等。

6.1.3　怎样进行结构损伤检测

结构损伤检测通常包含主动结构损伤检测和被动结构损伤检测，主动结构损伤检测需要使用人工的激励源(即根据需要人为地给结构施加某种特定的激励，如超声波、X 射线、红外、振动等)，而被动结构损伤检测通常是指利用环境激励源(来自外部环境，如基于自然激励振动响应的结构损伤检测)对结构进行激励，其基本过程如图 6-1-1 所示，具体来说，包括如下四个主要过程。

(1) 给结构施加某种激励。不管是主动结构损伤检测中人工施加的激励，还是被动结构损伤检测中外部自然环境产生的激励，其目的都是使结构在激励下产生响应，且如果结构有损伤，则该响应会包含结构损伤的信息，即在激励源不变的情况下，结构的局部损伤会改变结构的响应特征。

(2) 采集结构上的响应数据。根据损伤检测方法的需求，需要在结构的合适位置上布置合适数量的传感器，以获取必需的结构响应特征。

(3) 提取结构损伤特征。只要结构有损伤，传感器测试获得的结构原始响应信号必定包含了一些与结构损伤状态相关的信息，如何从原始响应信号中提取出对结构损伤敏感的特征信息并以此构建判定结构损伤的指标，以提升结构损伤检测方法的准确性与可靠性，这也是结构损伤检测方法研究的核心。

(4) 判定结构健康状态。结合结构损伤特征，对结构健康状态进行综合评估，这里有可能涉及多个结构损伤指标的权衡与融合，对于主动结构损伤检测方法，可能还需要根据损伤特征相应地调节人工激励源，以便最终获得准确性更高的损伤检测结果。

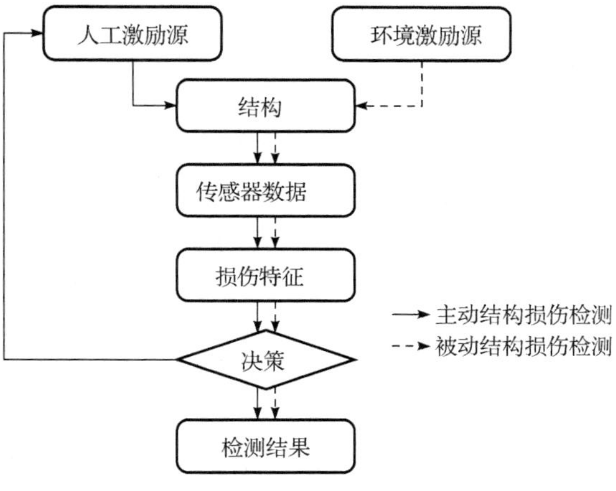

图 6-1-1　结构损伤检测的一般过程

6.1.4　基于振动的结构损伤检测

由结构损伤的物理过程可知，结构的局部损伤主要影响结构的局部刚度特性和阻尼特性，结构的振动响应信号中包含了结构的刚度和阻尼信息，且结构振动响应信号的测量相对较为简单、测试成本相对较低，而且随着计算机技术的飞速发展，基于振动的自动化损伤检测技术越来越容易实现。与此同时，振动信号可以在航空航天等工程结构服役过程中在线采集，这就避免了对某些结构进行离线检测所带来的巨大经济损失。由于结构振动响应测试显现出了其他响应测试方法所不具有的优点，基于振动的结构损伤检测已成为结构损伤检测研究领域的一个主要方向。

基于振动的结构损伤检测本质上属于动力学的第二类反问题，其基本思想为：结构的局部损伤会导致结构局部物理参数的变化(以刚度及阻尼变化为主，有时也会出现质量变化)，这些局部物理参数的变化必然引起结构动力学响应(包括时域响应、频域响应以及模态参数)的变化，进而可以利用模态参数、时域频域响应等结构动力学特性参数及其变化的检测来建立结构损伤特征参数，并以此构建结构的损伤指标，进而对结构损伤状态进行判定。

基于振动的结构损伤检测研究在近几十年来取得了长足的发展，但由于航空航天结构的复杂性，目前发展出的大部分结构损伤检测方法难以满足航空航天结构损伤检测方法的高可靠性要求。根据航空航天结构损伤检测的应用场景，必将涉及复杂结构的高维海量测试数据问题，给损伤检测方法带来的核心问题是：如何通过高维海量的振动响应测试数据来提取结构损伤特征，并实现对结构健康状态的识别与评估。近些年，以深度神经网络为代表的机器学习技术在处理各领域高维海量数据时表现出了优异的深层次特征提取能力，为建立复杂环境下航空航天结构损伤检测方法提供了一个强大而有效的解决方案，也是现代基于振动的结构损伤检测技术的一个重要发展方向。

本章后续内容如无特殊说明，结构损伤检测均指基于振动的结构损伤检测。

6.2 结构损伤检测的基本原理

结构损伤检测的目的是识别结构物理参数的变化，这决定了基于振动的结构损伤检测方法进行损伤识别通常都有一个对比的过程，通过对比待检测结构损伤特征参数与已知结构损伤特征参数的差异，来构建结构损伤指标并识别结构刚度、阻尼或质量的变化，如图 6-2-1 所示，其中 M 、 K 和 C 分别表示已知结构的质量、刚度和阻尼， ΔM 、 ΔK 和 ΔC 分别表示待检测结构的质量、刚度和阻尼的变化量。需要注意的是，刚度变化是最基本也是最重要的结构损伤形式，绝大部分结构损伤都体现在刚度损失上，也有部分结构损伤体现在阻尼变化上(如结构裂纹损伤导致的裂纹面摩擦会改变结构的阻尼特性)，仅有一些特定的结构损伤中可能包含质量的变化(如金属腐蚀损伤导致的结构材料损失)。如前所述，即便在某些方法中，仅使用了待检测结构的某些信息就可以实现损伤检测，然而这种方法往往对完好结构进行某些假设，即假设完好结构对应的信息满足一定的条件(如完好结构的振型曲线具有连续性和光顺性)，因此这种方法本质上也有一个隐性对比的过程。

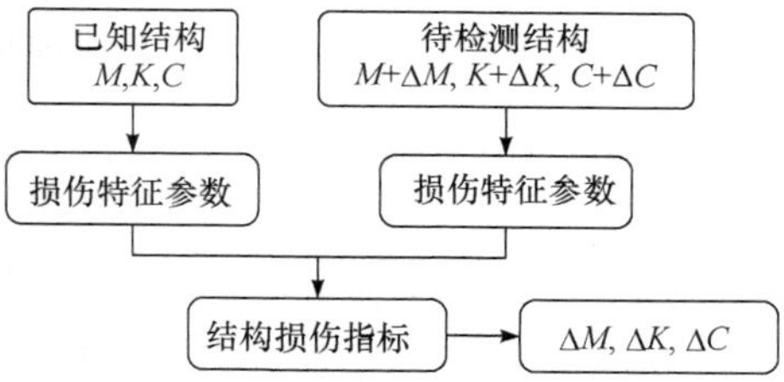

图 6-2-1 基于振动的结构损伤检测方法的损伤识别过程

6.2.1 结构损伤特征参数

结构损伤检测的核心问题是损伤特征参数的提取，结构理论模型的物理参数、模态参数、时域响应和频域响应等结构特性参数，都是可用于提取结构损伤特征参数的基本参数。需要强调的是，结构损伤特征参数是构建结构损伤指标的基础，有些结构损伤特征参数就是结构损伤指标，而有些损伤指标则需要利用损伤前后结构损伤特征参数的差异来进行构建。根据损伤检测所需要达到的层次，使用不同的结构特性参数及其组合，可以提取不同的结构损伤特征参数，一个较优的损伤特征参数必须对损伤敏感且有较高的抗噪能力，同时应适合从不完备的测试数据中进行提取。损伤特征参数的提取原则是所选取的损伤特征参数与损伤程度之间应尽量具备单调的关系，这种单调关系包含两个方面的要求：①损伤特征参数在有测量误差存在时应该是稳定的；②损伤特征参数与损伤程度之间可建立简单的映射关系。文献[31]采用损伤特征参数的灵敏性分析、抗噪性、对不完备测试信息的适应性和对损伤位置精确指示能力四个指标，对损伤检测方法进行评价，并给出这四个指标的量化公式，较全面地反映了损伤检测和健康监测在工程应用中遇到的多种问题，对损伤特征参数的提取及结构损伤指标的构建具有指导意义。

下面介绍现有基于振动的结构损伤检测方法中常用的一些结构损伤特征参数及对应的结构损伤指标。

1. 基于结构物理参数的损伤特征参数

如果可以通过某种方法分别获得损伤前后待检测结构的理论模型(如采用第 3 章模型修正技术分别获得损伤前后待检测结构的两个动力学有限元模型)，就可以直接采用结构物理参数(如质量、刚度或阻尼)作为结构损伤特征参数，并以损伤前后两个理论模型的质量、刚度或阻尼参数的变化直接定义结构损伤指标。绝大部分结构损伤都体现在刚度损失上，因此绝大部分损伤检测方法均以刚度参数作为结构损伤特征参数，并以损伤前后局部刚度的变化来定义结构损伤指标。

对于实际工程结构，大都使用有限元方法进行离散处理以建立结构动力学有限元模型，用动力学有限元模型的质量矩阵、刚度矩阵及阻尼矩阵来分别描述结构的质量、刚度及阻尼特性。以常见的结构刚度损伤为例，通常可给局部的单元刚度矩阵设置一个系数来表示局部刚度的相对量级(这里简称为局部单元刚度矩阵系数)。假定完好结构的第 i 个局部单元刚度矩阵系数为 p_i^{intact}，待检测结构的第 i 个局部单元刚度矩阵系数为

p_i^{damage}，根据局部单元刚度矩阵系数的相对变化来建立结构损伤指标 D_i：

$$D_i = \frac{p_i^{\text{intact}} - p_i^{\text{damage}}}{p_i^{\text{intact}}} \times 100\% \tag{6-2-1}$$

容易看出，结构损伤指标 D_i 就是局部单元刚度矩阵的折减系数，当 D_i 为零时，表示该结构局部没有损伤，当 D_i 为 1 时，表示该结构局部完全损伤。使用结构损伤指标 D_i，容易达到损伤检测的层次 3，即同时可以发现损伤并评估损伤的位置及程度。因此，结构损伤指标 D_i 被广泛地应用于现有的损伤检测中，如本书中所提及的基于模型修正的损伤检测方法就使用了该结构损伤指标。

2. 基于结构模态参数的损伤特征参数

结构的局部损伤会导致结构局部物理参数(如质量、刚度和阻尼)的变化，这些局部物理参数的变化必然引起结构模态参数的变化。在结构损伤检测时，可以直接利用结构模态参数及其组合(如固有频率、固有振型、振型曲率、柔度和柔度曲率等)来提取结构损伤特征参数并建立结构损伤指标。文献[32]较为详细地介绍了现有的各种基于模态参数及其组合的结构损伤特征参数，这里仅介绍几个比较有代表性的结构损伤特征参数及结构损伤指标。

1) 基于固有频率的损伤特征参数

工程结构都可以采用有限元素法离散为多自由度系统，根据第 2 章多自由度系统的相关振动理论可知，当结构发生损伤时，必然会引起结构各阶固有频率的变化。由于固有频率是结构的全局特性，定性分析可知，单纯采用某一阶固有频率的变化最多只能判断结构是否发生损伤。而结构不同位置、不同程度的损伤对结构的各阶固有频率的影响是不同的，因此，可以将结构各阶固有频率从小到大进行排列组成一个向量，并利用损伤前后该向量的相关性定义固有频率置信准则(natural frequency assurance criterion, NFAC)，即

$$\text{NFAC} = \frac{\left|\boldsymbol{\omega}_{\text{m}}^{\text{T}}\boldsymbol{\omega}_{\text{a}}\right|^2}{\left(\boldsymbol{\omega}_{\text{m}}^{\text{T}}\boldsymbol{\omega}_{\text{m}}\right)\left(\boldsymbol{\omega}_{\text{a}}^{\text{T}}\boldsymbol{\omega}_{\text{a}}\right)} \tag{6-2-2}$$

其中，$\boldsymbol{\omega}_{\text{m}}$ 表示由测试的待检测结构各阶固有频率组成的向量；$\boldsymbol{\omega}_{\text{a}}$ 表示由某种已知损伤位置的固有频率组成的向量。

这里的 $\boldsymbol{\omega}_{\text{a}}$ 可以通过在理论模型(通常为动力学有限元模型)上进行损伤的数值模拟并通过仿真分析获得，也可以在待检测结构上进行损伤的物理模拟并通过试验测试获得。由向量的相关性可知，当待检测结构的损伤状态与已知结构的损伤状态完全相同时，向量 $\boldsymbol{\omega}_{\text{m}}$ 与向量 $\boldsymbol{\omega}_{\text{a}}$ 应完全相同，即 NFAC=1。考虑到实际结构损伤检测中的测试误差，即便两种损伤状态完全相同，向量 $\boldsymbol{\omega}_{\text{m}}$ 与向量 $\boldsymbol{\omega}_{\text{a}}$ 也不会精确相同，即 NFAC 不会准确等于 1，但其必然会非常接近 1(这取决于测试的精度)。因此，在实际损伤检测中，往往需要模拟多种结构损伤获得多个 $\boldsymbol{\omega}_{\text{a}}$，并分别与 $\boldsymbol{\omega}_{\text{m}}$ 计算 NFAC，使得 NFAC 具有最大值(往往是接近于

1 的值)的已知损伤状态即可判定为待检测结构的损伤状态。

可以看到，使用 NFAC 作为结构损伤特征参数时，因为 NFAC 已包含了损伤前后的结构动力学特性参数，所以不能使用损伤前后 NFAC 的变化量来定义结构损伤指标，而是以各种已知损伤状态下的 NFAC 与 1 的接近程度来判定损伤，也可以说这里的 NFAC 既是结构损伤特征参数，又是结构损伤指标。

除上述直接采用固有频率组成向量外，还可以利用损伤前后固有频率的绝对变化量组成另一个固有频率变化量置信准则 NFAC_{Δ}，即

$$\mathrm{NFAC}_{\Delta}=\frac{\left|\Delta\boldsymbol{\omega}_{\mathrm{m}}^{\mathrm{T}}\Delta\boldsymbol{\omega}_{\mathrm{a}}\right|^{2}}{\left(\Delta\boldsymbol{\omega}_{\mathrm{m}}^{\mathrm{T}}\Delta\boldsymbol{\omega}_{\mathrm{m}}\right)\left(\Delta\boldsymbol{\omega}_{\mathrm{a}}^{\mathrm{T}}\Delta\boldsymbol{\omega}_{\mathrm{a}}\right)} \tag{6-2-3}$$

其中，$\Delta\boldsymbol{\omega}_{\mathrm{m}}$ 表示由测试的待检测结构损伤前后各阶固有频率变化量组成的向量；$\Delta\boldsymbol{\omega}_{\mathrm{a}}$ 表示由某种已知损伤位置的固有频率变化量组成的向量。与式(6-2-2)中的 $\boldsymbol{\omega}_{\mathrm{a}}$ 类似，这里的 $\Delta\boldsymbol{\omega}_{\mathrm{a}}$ 可以通过在理论模型(通常为动力学有限元模型)上进行损伤模拟并通过仿真分析获得，也可以通过在待检测结构上进行损伤模拟并通过试验测试获得。同样地，当待检测结构的损伤状态与已知结构的损伤状态完全相同时，向量 $\Delta\boldsymbol{\omega}_{\mathrm{m}}$ 与向量 $\Delta\boldsymbol{\omega}_{\mathrm{a}}$ 应完全相同，即 $\mathrm{NFAC}_{\Delta}=1$。考虑到实际结构损伤检测中的测试误差，即便两种损伤状态完全相同，向量 $\Delta\boldsymbol{\omega}_{\mathrm{m}}$ 与向量 $\Delta\boldsymbol{\omega}_{\mathrm{a}}$ 也不会完全相同，即 NFAC_{Δ} 值不会准确等于 1，但其必然会非常接近 1(这取决于测试的精度)。因此，在实际损伤检测中，往往需要模拟多种结构损伤获得多个 $\Delta\boldsymbol{\omega}_{\mathrm{a}}$，并分别与 $\Delta\boldsymbol{\omega}_{\mathrm{m}}$ 计算 NFAC_{Δ} 值，使得 NFAC_{Δ} 值具有最大值(往往是接近于 1 的值)的已知损伤状态即为待检测结构的损伤状态。

2) 基于固有振型的损伤特征参数

与固有频率类似，结构局部损伤会导致结构各阶固有振型的变化，工程上常用模态置信准则(modal assurance criterion，MAC)来评价两阶固有振型的相似程度。利用待检测结构的某一阶固有振型的测量值与某种已知损伤状态的同一阶固有振型可定义用于结构损伤检测的模态置信准则 MAC_r，即

$$\mathrm{MAC}_r=\frac{\left(\boldsymbol{X}_{r,\mathrm{a}}^{\mathrm{T}}\boldsymbol{X}_{r,\mathrm{m}}\right)^{2}}{\left(\boldsymbol{X}_{r,\mathrm{a}}^{\mathrm{T}}\boldsymbol{X}_{r,\mathrm{a}}\right)\left(\boldsymbol{X}_{r,\mathrm{m}}^{\mathrm{T}}\boldsymbol{X}_{r,\mathrm{m}}\right)} \tag{6-2-4}$$

其中，$\boldsymbol{X}_{r,\mathrm{a}}$ 表示某种已知损伤状态的第 r 阶固有振型；$\boldsymbol{X}_{r,\mathrm{m}}$ 表示待检测结构第 r 阶固有振型的测量值。

与上述 NFAC 中的 $\boldsymbol{\omega}_{\mathrm{a}}$ 和 $\Delta\boldsymbol{\omega}_{\mathrm{a}}$ 类似，$\boldsymbol{X}_{r,\mathrm{a}}$ 可以通过在理论模型(通常为动力学有限元模型)上进行损伤模拟并通过仿真分析获得，也可以通过在待检测结构上进行损伤模拟并通过试验测试获得。同样地，由向量的相关性可知，当待检测结构的损伤状态与已知结构的损伤状态完全相同时，向量 $\boldsymbol{X}_{r,\mathrm{m}}$ 与向量 $\boldsymbol{X}_{r,\mathrm{a}}$ 应完全相同，即 $\mathrm{MAC}_r=1$。考虑到实际结构损伤检测中的测试误差，即便两种损伤状态完全相同，向量 $\boldsymbol{X}_{r,\mathrm{m}}$ 与向量 $\boldsymbol{X}_{r,\mathrm{a}}$ 也不会完全相同，即 MAC_r 值不会准确等于 1，但其必然会非常接近 1(这取决于测试的精度)。

因此，在实际结构损伤检测中，往往需要模拟多种结构损伤获得多个 $\boldsymbol{X}_{r,\mathrm{a}}$，并分别与 $\boldsymbol{X}_{r,\mathrm{m}}$ 计算 MAC_r 值，使得 MAC_r 值具有最大值(往往是接近于 1 的值)的已知损伤状态即为待检测结构的损伤状态。

类似地，使用 MAC_r 作为结构损伤特征参数时，因为 MAC_r 已经包含了损伤前后的结构动力学特性参数，因此不能使用损伤前后 MAC_r 的变化量来定义结构损伤指标，而是以各种已知损伤状态下的 MAC_r 与 1 的接近程度来判定损伤，也可以说这里的 MAC_r 既是结构损伤特征参数又是结构损伤指标。

式(6-2-4)给出的 MAC_r 指标是针对第 r 阶固有振型的，考虑到利用每一阶模态都会获得一个 MAC_r 值，同时结合模态测试中低阶固有振型的测试精度相对较高，在实际结构损伤检测中，通常利用结构的前若干阶固有振型，分别获得多个 MAC_r 值再综合判断结构损伤状态，典型的结构损伤指标 $\mathrm{MAC}_{\mathrm{all}}$ 为

$$\mathrm{MAC}_{\mathrm{all}}=\sum_{r=1}^{N}\gamma_r \mathrm{MAC}_r \tag{6-2-5}$$

其中，MAC_r 表示采用第 r 阶固有振型计算的 MAC 值；γ_r 表示第 r 阶固有振型的加权系数，为保证 $\mathrm{MAC}_{\mathrm{all}}$ 值仍为小于等于 1 的数，各阶振型的加权系数 γ_r 的和应等于 1，即 $\sum_{r=1}^{n}\gamma_r=1$。通常，γ_r 的具体取值可根据对应阶固有振型测试精度给出，即测试精度越高、γ_r 值越大，若各阶模态的测试精度相当，则各阶固有振型的 γ_r 可取相同的值，即 $\gamma_r=1/n$。这样，分别计算待检测结构与多种已知损伤状态结构的 $\mathrm{MAC}_{\mathrm{all}}$ 值，使得 $\mathrm{MAC}_{\mathrm{all}}$ 值具有最大值(往往是接近于 1 的值)的已知损伤状态即为待检测结构的损伤状态。

由多自由度系统振动理论也可知，局部损伤(刚度降低)将导致固有振型的局部突变，进而引起此处固有振型曲率增大，这样即可根据固有振型曲率的增大来检测损伤位置甚至损伤程度，固有振型曲率的定义为

$$X''_{i,r}=\frac{X_{i+1,r}-2X_{i,r}+X_{i-1,r}}{h^2} \tag{6-2-6}$$

其中，$X''_{i,r}$ 表示第 r 阶固有振型曲率在第 i 个测点的值；$X_{i,r}$ 表示第 r 阶固有振型在第 i 个测点的值；h 表示两个测点之间的距离。

根据上述结构局部损伤对固有振型曲率的影响规律，如果某一阶固有振型的曲率在某一局部位置出现了显著的增加，该位置就是损伤位置，而曲率增加的程度也可以定性反映损伤的程度。可以看到，固有振型曲率既是结构损伤特征参数又是结构损伤指标。

采用固有振型曲率进行结构损伤检测时，有几个因素需要着重考虑：①由于固有振型曲率与损伤程度之间一般仅有定性关系，固有振型曲率增加程度与损伤程度之间的定量关系往往难以获得，因此在实际结构损伤检测中，往往需要提前结合大量数值仿真或试验测试，获得判定损伤存在或损伤程度的阈值(即固有振型曲率超过该阈值时即可判定该位置是否出现损伤或损伤程度有多大)；②选择不同的固有振型，往往检测效果也不一样，一般建议采用低阶固有振型，一方面低阶固有振型的测试精度较好，另一方面完好结构的低阶固有振型的变化较缓；③差分运算会导致数据点数减少，当固有振型包含 N

个测点时，固有振型曲率仅包含 $N-2$ 个数据点，因此采用固有振型曲率时应尽可能布置较多的测点。

3) 联合采用固有频率及固有振型的损伤特征参数

可以将固有频率及固有振型组合起来建立结构损伤特征参数，其中最简便的就是利用固有频率和固有振型建立结构的柔度矩阵。当采用模态质量为 1 对各阶振型进行归一化后，第 r 阶模态刚度 $K_r = \omega_r^2$ (其中 ω_r 表示第 r 阶固有频率)，则根据动柔度矩阵式 (3-5-64)，系统的柔度矩阵就是外激励频率 $\omega = 0$ 时的动柔度矩阵 $\boldsymbol{R}$，即

$$\boldsymbol{R} = \boldsymbol{H}(0) = \sum_{r=1}^{N} \frac{\boldsymbol{X}_r \boldsymbol{X}_r^{\mathrm{T}}}{\omega_r^2} \tag{6-2-7}$$

其中，$\boldsymbol{X}_r$ 表示按照模态质量为 1 进行归一化后的第 r 阶固有振型。结构损伤会导致结构局部刚度的变化，根据柔度矩阵与刚度矩阵互为逆矩阵的关系，结构局部损伤也必将导致结构柔度矩阵对应位置的变化，因此可利用结构损伤前后柔度矩阵的变化来定义结构损伤指标，即

$$\Delta \boldsymbol{R} = \boldsymbol{R}_{\text{intact}} - \boldsymbol{R}_{\text{damage}} \tag{6-2-8}$$

其中，$\boldsymbol{R}_{\text{intact}}$ 和 $\boldsymbol{R}_{\text{damage}}$ 分别表示完好结构和待检测结构的柔度矩阵，完好结构的柔度矩阵 $\boldsymbol{R}_{\text{intact}}$ 可利用完好结构的前 N 阶固有频率及固有振型测试值并根据式(6-2-7)计算获得，待检测结构的柔度矩阵 $\boldsymbol{R}_{\text{damage}}$ 则利用待检测结构的前 N 阶固有频率及固有振型测试值并根据式(6-2-7)计算获得。根据结构局部损伤对柔度矩阵的影响，$\Delta \boldsymbol{R}$ 中每一列(或行)中最大元素所对应的测点位置即为可能的损伤位置。

从上述几种典型的损伤特征参数可以看出，利用模态参数及其组合可以构造出不同的损伤特征参数，这是因为模态参数是结构的固有振动特性，受结构损伤状态的影响比较显著，这也是模态参数被广泛地应用于基于振动的结构损伤检测的一个原因。

3. 基于时域/频域振动响应的损伤特征参数

根据结构振动模态分析理论，模态参数不能直接测试，而是通过直接测试的结构时域或频域响应识别出来的，且模态参数仅仅为时域或频域响应中所包含的结构动力学特性信息的一部分，因此直接利用时域或频域振动响应也可以提取结构损伤特征参数并构建结构损伤指标。基本上所有形式的时域及频域振动响应都被应用于提取结构损伤特征参数，如响应的时间序列、自/互相关函数、自/互功率谱密度函数、相干函数、频响函数和传递率函数等。这里以自/互相关函数及传递率函数为例，介绍相关结构损伤特征参数的提取方法。

1) 基于自/互相关函数的损伤特征参数

自/互相关函数是典型的时域振动响应特性，假设可获得结构在某健康状态下 n 个测点的时域振动响应 $x_1(t), x_2(t), \cdots, x_n(t)$，则该结构健康状态对应的相关函数矩阵(correlation function matrix，CFM)为

$$\boldsymbol{M}_{\mathrm{R}}(\tau)=\begin{bmatrix} R_{11}(\tau) & R_{12}(\tau) & \cdots & R_{1n}(\tau) \\ R_{21}(\tau) & R_{22}(\tau) & \cdots & R_{2n}(\tau) \\ \vdots & \vdots & & \vdots \\ R_{m1}(\tau) & R_{m2}(\tau) & \cdots & R_{mn}(\tau) \end{bmatrix} \tag{6-2-9}$$

其中，$R_{ij}(\tau)$ 表示响应 $x_i(t)$ 与响应 $x_j(t)$ 的互相关函数在时间延迟为 τ 时的值，即

$$R_{ij}(\tau)=\lim_{T\to\infty}\int_0^T x_i(t+\tau)x_j(t)\mathrm{d}t \tag{6-2-10}$$

根据模态参数识别的自然激励法(natural excitation technique，NExT)，环境自然激励下结构的自/互相关函数是一系列与模态参数相关的衰减响应之和，与脉冲响应函数形式相同，即结构响应的自/互相关函数中包含了与结构健康状态密切相关的模态参数信息。

通常，采集到的结构振动响应都是一系列离散时刻的时间序列，即 $t_p = p\Delta t$ ($p=0,1,2,\cdots,P-1$)，Δt 为采样时间间隔，p 为时间采样点个数。则任意振动响应 $x_i(t)$ 对应的时间序列可写为 $x_i(0),\cdots,x_i(p),\cdots,x_i(p-1)$，根据离散数据自/互相关函数的计算方法，式(6-2-9)可改写为

$$\boldsymbol{M}_{\mathrm{R}}(p)=\begin{bmatrix} R_{11}(p) & R_{12}(p) & \cdots & R_{1n}(p) \\ R_{21}(p) & R_{22}(p) & \cdots & R_{2n}(p) \\ \vdots & \vdots & & \vdots \\ R_{m1}(p) & R_{m2}(p) & \cdots & R_{mn}(p) \end{bmatrix} \tag{6-2-11}$$

其中

$$R_{ij}(p)=\frac{1}{P-p}\sum_{l=0}^{P-1-p} x_i(l+p)x_j(l) \tag{6-2-12}$$

这样，针对每一组测试的结构振动响应，当 p 分别取不同值时，就能得到多个相关函数矩阵。上述相关函数矩阵虽然是采用位移振动响应建立的，但是采用振动的速度响应或加速度响应同样可以建立相关函数矩阵，显然，速度或加速度振动响应的相关函数矩阵也包含了与结构健康状态密切相关的模态参数信息。因此，互相关函数矩阵可以作为结构损伤特征参数，这种矩阵类的结构损伤特征参数通常可作为基于深度神经网络的结构损伤检测方法的输入数据，详见后续 6.3.2 节。

将式(6-2-11)中的时间延迟 p 设置为 0，就是内积矩阵(inner product matrix，IPM)的定义式，即

$$\boldsymbol{M}_{\mathrm{IPV}}=\begin{bmatrix} R_{11}(0) & R_{12}(0) & \cdots & R_{1n}(0) \\ R_{21}(0) & R_{22}(0) & \cdots & R_{2n}(0) \\ \vdots & \vdots & & \vdots \\ R_{m1}(0) & R_{m2}(0) & \cdots & R_{mn}(0) \end{bmatrix} \tag{6-2-13}$$

显然，内积矩阵也可作为结构损伤特征参数。内积矩阵的任一行或任一列称为内积向量(inner product vector，IPV)，这里以内积矩阵的第 j 列(即以第 j 个振动响应为参考响

应)为例，给出 IPV 的定义表达式，即

$$\boldsymbol{R}_{\mathrm{IPV}}=\left[R_{1j}(0)\quad R_{2j}(0)\quad \cdots \quad R_{nj}(0)\right]^{\mathrm{T}} \tag{6-2-14}$$

同样地，内积向量及内积矩阵均包含了结构的模态参数信息，都可以作为结构损伤特征参数来构建结构损伤指标，最简单的方法就是用损伤前后内积向量的差值来构建结构损伤指标[33,34]，即

$$\Delta\boldsymbol{R}_{\mathrm{IPV}}=\boldsymbol{R}_{\mathrm{IPV}}^{\mathrm{damage}}-\boldsymbol{R}_{\mathrm{IPV}}^{\mathrm{intact}} \tag{6-2-15}$$

其中，$\boldsymbol{R}_{\mathrm{IPV}}^{\mathrm{intact}}$ 和 $\boldsymbol{R}_{\mathrm{IPV}}^{\mathrm{damage}}$ 分别表示损伤前后采用同一个参考点建立的内积向量。根据内积向量的计算公式，有时为了避免损伤前后外激励幅值差异对内积向量的影响，在用式 (6-2-15)建立损伤指标之前，可对内积向量进行归一化，如 2 范数为 1 归一化，则式 (6-2-15)的损伤指标可改写为

$$\Delta\boldsymbol{R}_{\mathrm{IPV}}=\frac{\boldsymbol{R}_{\mathrm{IPV}}^{\mathrm{damage}}}{\left\|\boldsymbol{R}_{\mathrm{IPV}}^{\mathrm{damage}}\right\|_2}-\frac{\boldsymbol{R}_{\mathrm{IPV}}^{\mathrm{intact}}}{\left\|\boldsymbol{R}_{\mathrm{IPV}}^{\mathrm{intact}}\right\|_2} \tag{6-2-16}$$

另外，取互相关函数 $R_{ij}(p)$ 的幅值(即 $\max\left|R_{ij}(p)\right|$)，可定义互相关函数幅值矩阵：

$$\boldsymbol{M}_{\mathrm{CorV}}=\begin{bmatrix}\max\left|R_{11}(p)\right| & \max\left|R_{12}(p)\right| & \cdots & \max\left|R_{1n}(p)\right| \\ \max\left|R_{21}(p)\right| & \max\left|R_{22}(p)\right| & \cdots & \max\left|R_{2n}(p)\right| \\ \vdots & \vdots & & \vdots \\ \max\left|R_{m1}(p)\right| & \max\left|R_{m2}(p)\right| & \cdots & \max\left|R_{mn}(p)\right|\end{bmatrix} \tag{6-2-17}$$

互相关函数幅值矩阵的任一行或任一列称为互相关函数幅值向量(cross correlation function amplitude vector，CorV)，同样地，相关函数幅值向量及相关函数幅值矩阵均包含了结构的模态参数信息，都可以作为结构损伤特征参数，同时可利用损伤前后 CorV 的差异构建结构损伤指标[33,35]。

2) 基于传递率函数的损伤特征参数

传递率函数是典型的频域振动特征参数，假设可获得结构某健康状态下 n 个测点的时域振动响应 $x_1(t),x_2(t),\cdots,x_n(t)$，则该结构健康状态对应的传递率函数矩阵(transmissibility function matrix，TFM)可定义为

$$\boldsymbol{T}(\omega)=\begin{bmatrix}T_{11}(\omega) & T_{12}(\omega) & \cdots & T_{1n}(\omega) \\ T_{21}(\omega) & T_{22}(\omega) & \cdots & T_{2n}(\omega) \\ \vdots & \vdots & & \vdots \\ T_{m1}(\omega) & T_{m2}(\omega) & \cdots & T_{mn}(\omega)\end{bmatrix} \tag{6-2-18}$$

其中，$T_{ij}(\omega)$ 表示第 j 个测点到第 i 个测点的传递率函数，即

$$T_{ij}(\omega)=\frac{\mathcal{F}\left[x_i(t)\right]}{\mathcal{F}\left[x_j(t)\right]} \tag{6-2-19}$$

其中，$\mathcal{F}[\cdot]$ 表示傅里叶变换。通常，也可以采用功率谱估计方法来计算传递率函数以减小测试噪声的影响，即

$$T_{ij}(\omega)=\frac{G_{ij}(\omega)}{G_{jj}(\omega)} \tag{6-2-20}$$

其中，$G_{ij}(\omega)$ 表示第 i 个自由度振动响应 $x_i(t)$ 与第 j 个自由度振动响应 $x_j(t)$ 的互功率谱；$G_{jj}(\omega)$ 表示第 j 个自由度响应 $x_j(t)$ 的自功率谱。显然，结构上任意一个位置处发生损伤时，总有一些传递率函数会发生变化，即传递率函数矩阵中总有一些元素会由于结构损伤而发生变化，那么与互相关函数矩阵一样，传递率函数矩阵就反映了结构的健康状态，即传递率函数矩阵可以作为结构损伤特征参数。然而，传递率函数矩阵各个元素与损伤位置之间的关系较为复杂，并不像基于互相关函数的结构损伤特征参数 IPV 或 CorV 那样，可用损伤前后结构损伤特征参数的差异来构建结构损伤指标。因此，传递率函数矩阵通常可作为基于深度神经网络的结构损伤检测方法的输入数据，详见后续 6.3.2 节。

上述传递率函数矩阵虽然是采用位移振动响应建立的，但是根据振动的加速度响应、速度响应与位移响应的关系，容易知道采用任何一种振动响应量计算的传递率函数完全相同，因此可采用任一种振动响应量来构建传递率函数矩阵。

6.2.2 结构损伤检测的典型方法

结构的局部损伤会导致结构局部的质量、刚度或阻尼发生变化，进而引起结构动力学特性或动力学响应的变化，因此可以根据这些结构动力学特性或动力学响应的变化来提取结构损伤特征参数并构建结构损伤指标，识别出结构损伤。本节将通过基于模型的结构损伤检测方法和不基于模型的结构损伤检测方法，详细介绍结构损伤检测的几种典型方法。

1. 基于模型的结构损伤检测方法

基于模型的结构损伤检测方法，均要用到结构的理论模型(通常为动力学有限元模型)。基于模型的结构损伤检测方法的核心，就是如何充分挖掘结构理论模型参数所蕴含的损伤特征并应用于结构损伤检测。通常基于模型的结构损伤检测方法可以分为基于模型修正的结构损伤检测方法和基于完好结构理论模型的结构损伤检测方法两大类。

1) 基于模型修正的结构损伤检测方法

通过模型修正可以建立精确的结构动力学有限元模型，而结构若发生损伤，其动力学有限元模型中的质量、刚度及阻尼等参数也会发生变化，可以利用结构动力学有限元模型中的参数变化来进行结构损伤检测，这就是基于模型修正的结构损伤检测方法的基本原理。基于模型修正的结构损伤检测方法，就是通过对完好结构及待检测结构进行两次模型修正，利用两次修正后的动力学有限元模型参数的变化来定义结构损伤指标并进行损伤检测，检测的流程如图 6-2-2 所示。

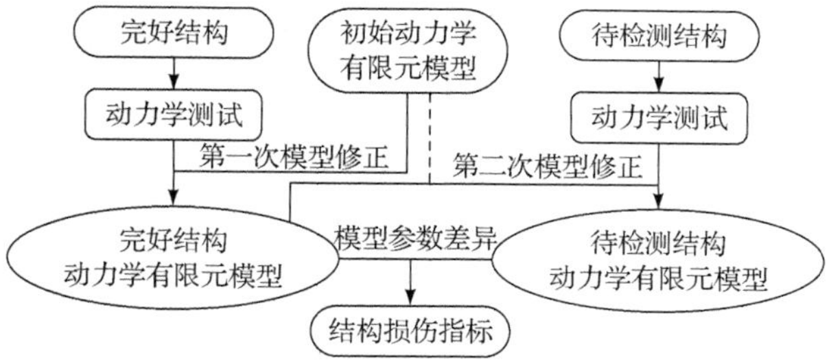

图 6-2-2　基于模型修正的结构损伤检测流程

首先，需要针对完好结构进行动力学测试以获得完好结构的动力学特性参数，并针对结构的初始动力学有限元模型，使用模型修正方法，获得完好结构的动力学有限元模型(通常也称为基准模型)；然后，采用同样的方法对待检测结构进行动力学测试以获得待检测结构的动力学特性参数，并以完好结构动力学有限元模型或结构初始动力学有限元模型为初始模型，使用同样的模型修正方法获得待检测结构的动力学有限元模型；最后，根据待检测结构与完好结构动力学有限元模型参数的差异，构建结构损伤指标，如式 (6-2-1)所示的基于局部刚度变化的结构损伤指标，并根据损伤指标的大小来判定结构损伤状态。

由于直接采用模型参数建立结构损伤指标，这类方法往往可以达到结构损伤检测的层次 3，即同时可以发现损伤并评估损伤的位置以及程度。可以看到，模型修正是这类方法的核心，关于模型修正方法读者可参阅本书第 3 章。

2) 基于完好结构理论模型的结构损伤检测方法

利用完好结构的理论模型建立包含各种结构健康状态及其对应动力学特性参数的结构健康信息数据库，并以此结构健康信息数据库作为参考，通过结构动力学特性参数的对比进行待检测结构的损伤检测，这就是基于完好结构理论模型的结构损伤检测方法的基本思想。基于完好结构理论模型的结构损伤检测方法，就是基于结构健康信息数据库的损伤检测方法，通过待检测结构的动力学特性参数与结构健康信息数据库中的动力学特性参数的对比匹配来实现损伤检测，其检测流程如图 6-2-3 所示。

首先，需要针对完好结构进行动力学测试以获得完好结构的动力学特性参数，并针对完好结构的初始动力学有限元模型，使用模型修正方法，获得完好结构的动力学有限元模型，即基准模型；然后，根据结构可能存在的损伤模式(如局部位置的刚度下降或阻尼增加等)，在完好结构动力学有限元模型上进行各种位置、各种程度的损伤模拟(如刚度下降或阻尼增加等)，并根据后续建立结构损伤指标的需求进行对应的结构动力学分析(包含时域、频域及模态分析等)，以获得各种结构健康状态下的动力学特性参数，进而建立包含结构健康状态与其动力学特性参数之间对应关系的结构健康信息数据库(如图 6-2-3 包含了 N 种结构健康状态 $S_1,S_2,\cdots,S_N$ 以及与之对应的 N 组结构动力学特性参数 $P_1,P_2,\cdots,P_N$)；最后，对待检测结构进行动力学测试以获得待检测结构的动力学特性参数，通过采用结构损伤特征参数，如式(6-2-2)所示的固有频率置信准则、式 (6-2-4)所示的模态置信准则等，计算获得待检测结构动力学特性参数与结构健康信息数据库中各种健康状态的结构动力学特性参数之间的相关程度，进而建立相应的结构损伤指标，通常与该结构健康信息数据库中结构动力学特性参数相关性最高的结构健康状态，即为该待检测结构的健康状态。

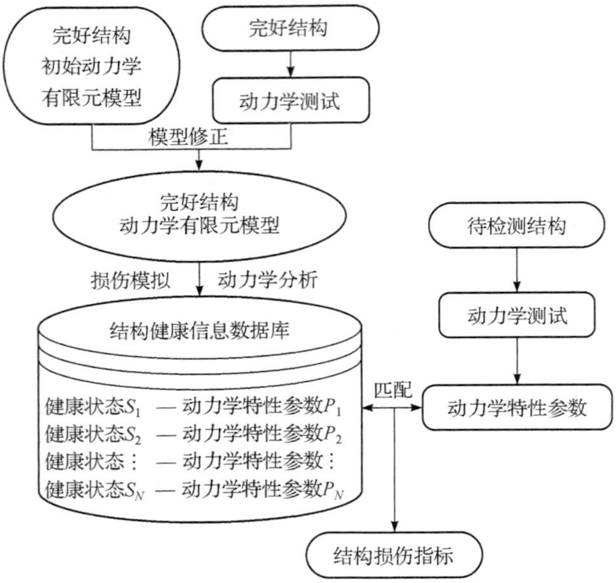

图 6-2-3　基于完好结构理论模型的结构损伤检测流程

这类方法可以达到的结构损伤检测层次，取决于结构健康信息数据库的构成：若结构健康信息数据库中的结构健康信息仅包含完好与损伤两类状态，则该方法仅能达到层次 1；若结构健康信息数据库中的结构健康信息包含完好状态与不同位置的损伤状态，则该方法能达到层次 2；若结构健康信息数据库中的结构健康信息包含完好状态与不同位置、不同程度的损伤状态，则该方法能达到层次 3。可以看到，要想达到损伤检测的层次 3，在建立结构健康信息数据库时就需要大批量的损伤模拟及动力学仿真分析。另外，由于结构健康信息数据库是这类方法的基础，而建立结构健康信息数据库的前提是获得准确的完好结构动力学有限元模型，因此，针对完好结构的模型修正也是这类方法的一个关键前提。

2. 不基于模型的结构损伤检测方法

如前所述，基于模型的结构损伤检测往往涉及模型修正问题，而模型修正本身就是一个较为复杂的问题，因而研究人员提出了不基于模型的结构损伤检测方法，其基本原理就是分别在完好结构及待检测结构上进行动力学测试，并利用待检测结构与完好结构的动力学特性参数的差异来构建损伤指标，其检测流程如图 6-2-4 所示。

首先，在完好结构上进行动力学测试，获得结构损伤检测方法所需要的结构动力学特性参数(包括时域振动响应、频域振动响应或固有频率、固有振型、模态阻尼等模态参数及其组合)的测试值；然后，在待检测结构上进行同样的动力学测试，获得待检测结构对应的结构动力学特性参数；最后，利用特定的对比方法，通过对比待检测结构动力学特性参数与完好结构动力学特性参数的差异，建立结构损伤指标(如式(6-2-8)所示的基于柔度变化的损伤指标)，并通过损伤指标的大小来评估结构损伤状态。

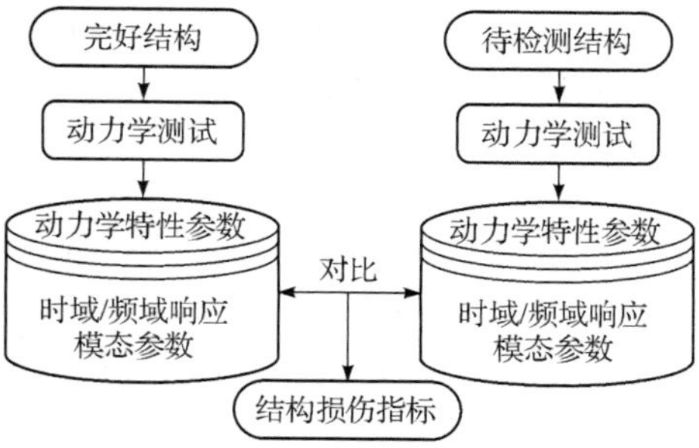

图 6-2-4　不基于模型的结构损伤检测流程

不基于模型的结构损伤检测方法的一个优点是不需要建立待检测结构的理论模型，直接利用从待检测结构上采集的结构振动信号来提取结构损伤特征参数并建立结构损伤指标；另一个优点是可以对实时采集的振动信号进行在线分析来进行损伤检测，且计算工作量一般较小，因而较容易实现结构的在线损伤检测。根据检测中所利用的结构动力学特性参数，不基于模型的结构损伤检测方法可分为基于模态参数的结构损伤检测方法和基于动响应的结构损伤检测方法。基于模态参数的结构损伤检测方法，就是利用在实际结构(包含完好结构及待检测结构)上测试的固有频率、固有振型、模态阻尼，以及各种模态参数组合的差值(或比值)来构造结构损伤指标，“结构的局部损伤会导致结构局部固有振型的突变”是这类损伤检测方法进行损伤定位的理论基础。基于动响应的结构损伤检测方法，通常利用在实际结构(包含完好结构及待检测结构)上测试的振动响应及其相关时域或频域分析结果的差值(或比值)来构建结构损伤指标，如 6.2.1 节中介绍的基于内积向量的结构损伤指标式(6-2-15)。

6.2.3　结构损伤检测的主要问题

基于振动的结构损伤检测方法涉及结构动力学分析理论及试验测试技术的诸多方面，其核心是获取结构损伤特征参数并建立结构损伤指标，这一过程将涉及动力学测试、模态参数识别、模型修正、损伤模拟、动力学分析和损伤识别六个主要问题，如图 6-2-5 所示。

图 6-2-5 用“完好结构”“结构健康信息数据库”“待检测结构”三个模块，总结了 6.2.2 节所介绍的三类典型损伤检测方法所涉及的所有主要问题，其中：1a 表示以获得结构时域振动响应为目的的动力学测试，1b 表示通过时域振动响应获得频域振动响应的频谱分析，2a 表示基于时域振动响应的模态参数识别，2b 表示基于频域响应的模态参数识别，3a 表示基于模态参数的模型修正，3b 表示基于时域振动响应的模型修正，3c 表示基于频域振动响应的模型修正，4a 表示在完好结构理论模型(通常为修正后的动力学有限元模型)上进行损伤模拟，4b 表示在完好结构试验模型上进行损伤模拟，5a 表示利用结构理论模型的时域振动响应仿真分析，5b 表示利用结构理论模型的频域振动响应仿真分析，5c 表示利用结构理论模型的模态参数仿真分析，6a 表示基于“完好结构”与“待检测结构”相关参数对比建立的损伤识别方法(例如，若直接对比理论模型物理参数就是基于模型修正的结构损伤检测方法；若对比结构的时域、频域振动响应或模态参数则就

是不基于模型的结构损伤检测方法)，6b 表示基于“结构健康信息数据库”与“待检测结构”相关参数对比建立的损伤识别方法(即基于完好结构理论模型的结构损伤检测方法)。

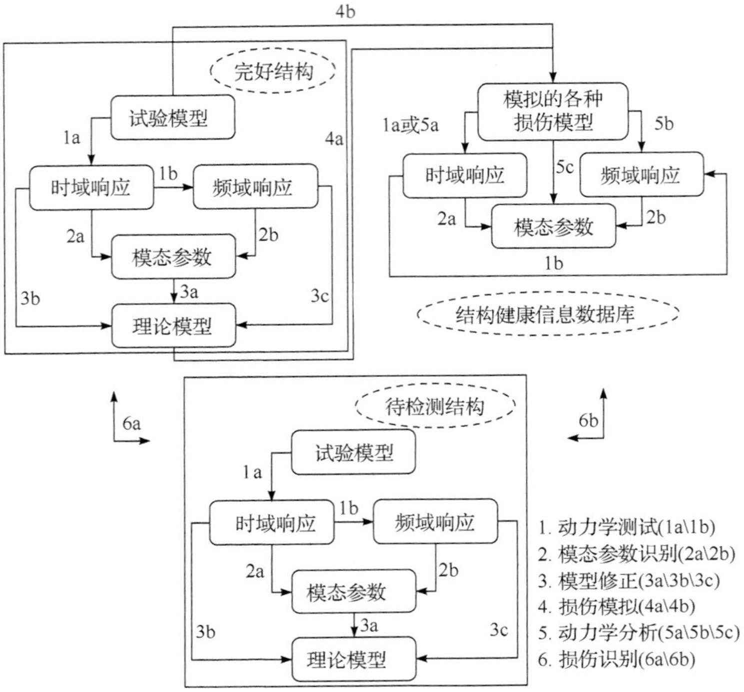

图 6-2-5　基于振动的结构损伤检测方法及其涉及的主要问题

6.3　基于机器学习的结构损伤检测

根据 6.2 节中的结构损伤检测基本原理，结构损伤检测本质上就是建立可测量的结构损伤特征参数与结构损伤状态之间的对应关系，要么属于优化问题(即利用优化算法获得与待检测结构的损伤特征参数最为匹配的结构损伤状态，该损伤状态即为待检测结构的损伤状态)，要么属于函数拟合问题(即建立结构损伤特征参数与结构损伤状态之间的函数关系，并将待检测结构测试获得的结构损伤特征参数输入给该函数，函数的输出即为待检测结构的损伤状态)，而机器学习方法在处理优化问题及函数拟合问题时有着优异的表现，因此，几乎所有的机器学习方法都可被应用到结构损伤检测领域。

基于机器学习的结构损伤检测方法涉及两个基本问题。

(1) 结构损伤特征参数(详见 6.2.1 节)的使用方式。对于优化问题，结构损伤特征参数通常用于建立结构损伤检测的目标函数；而对于函数拟合问题，结构损伤特征参数通常用作机器学习方法的输入。

(2) 结构损伤状态的具体含义。对于优化问题，结构损伤状态取决于优化过程中设计变量的形式，通常结构损伤状态就包含损伤位置及损伤程度，可以直接用局部单元的损伤指标来表示(如式(6-2-1))；对于函数拟合问题，结构损伤状态就是函数的输出，其含义非常广泛，可以是代表局部单元的损伤指标值，也可以是代表损伤状态的一些人为设置的数字，例如，代表结构是否发生损伤的数字 1 或 0(1 表示损伤、0 表示无损伤)，代表结构损伤状态的数字(不同位置、不同程度的损伤状态可用不同的数字表示)，描述结构不同位置损伤程度的比值(如 0%表示该位置无损伤，10%表示该位置的损伤程度为 10%)，等等。

本节以支持向量机、遗传算法和神经网络等传统机器学习方法，以及近年来广受关注的深度神经网络为例，介绍相关机器学习方法在结构损伤检测中的应用。

6.3.1　传统机器学习方法

1. 支持向量机

考虑到支持向量机的输入为一个 n 维向量，而输出为一个数，单个支持向量机在结构损伤检测的应用中，往往仅能用于判定某一损伤是否存在或者判定损伤的程度，而若要判断多种不同位置或者类型的结构损伤，往往需要训练多个支持向量机。采用支持向量机进行结构损伤检测的主要步骤如下[36]。

(1) 获取样本数据。一组典型的训练样本由一个输入向量和一个输出标量组成，输入通常为结构损伤特征参数，通常需要多组样本来训练支持向量机；6.2.1 节中介绍的结构损伤特征参数均可作为输入向量，输出通常为描述结构损伤状态的标量。例如，以结构的前若干阶固有频率为输入、以结构某一位置的刚度下降程度为输出，即可建立用于识别该位置损伤程度的支持向量机的样本数据。

(2) 训练支持向量机。根据问题的复杂程度，确定支持向量机的核函数，并采用训练样本对支持向量机进行训练，识别支持向量机中的待定系数。

(3) 进行损伤检测。将测试获得的结构损伤特征参数作为支持向量机的输入，则支持向量机的输出即为结构损伤状态。

2. 遗传算法

基于遗传算法(GA)的结构损伤检测是将结构损伤检测问题看成一个有约束的系统优化设计问题，利用遗传算法高效的并行优化搜索方法，求解全局最优解。利用遗传算法进行结构损伤检测的主要步骤如下[37]。

(1) 建立结构损伤检测的目标函数并根据目标函数建立遗传算法的适应值函数。通常目标函数由试验测试的结构损伤特征及理论分析结构损伤特征组成，当目标函数值最小时，理论分析的结构健康状态即为待检测结构的损伤状态，因此基于遗传算法的结构损伤检测方法属于基于完好结构理论模型的结构损伤检测方法。

(2) 确定设计变量(即描述结构健康状态的一组数据，通常为结构刚度或其他物理参数的变化量)及其取值范围，随机生成遗传算法的初始群体。

(3) 根据初始群体中的设计变量值并结合动力学分析，分别计算遗传算法中每一个个体的适应值。

(4) 当达到停止准则(一般为目标函数值小于某一给定值或迭代次数达到某一给定值)时，输出结构损伤检测结果(即设计变量值)；否则，通过选择算子、交叉算子、变异算子等一系列操作，产生新一代群体，并再次执行步骤(3)。

3. 浅层神经网络

本书在这里所讲的浅层神经网络是指传统的人工神经网络(ANN)，通常简称为神经网络，由于其包含的神经网络层数较少，有别于目前流行的层数较多的深度神经网络。在采用神经网络对结构进行损伤检测时，是通过对结构损伤特征/结构损伤状态的学习和训练，将其对应关系采用神经网络的神经元之间的连接权值存储下来的。通俗地讲，结构损伤检测的神经网络可理解为支持向量机在输出数据上的扩展，即将仅能输出一个标量的支持向量机扩展到可以输出一个向量的神经网络。也就是说，对于多种不同位置或类型的结构损伤检测，采用支持向量机时往往需要建立多个支持向量机以分别检测不同位置或类型的结构损伤，而采用神经网络时则仅需要建立一个神经网络，神经网络输出向量中的不同元素就可表示不同位置或类型的结构损伤状态。神经网络具有很强的容错能力、非线性映射能力和鲁棒性等优势。利用神经网络进行结构损伤检测主要有以下几个步骤。

(1) 获取训练样本。针对一系列结构损伤状态，并通过有限元分析或在实际结构上进行损伤模拟及试验测试，获取各个结构损伤状态下的结构损伤特征参数，建立以结构损伤特征参数为输入、以结构损伤状态为输出的训练样本数据。

(2) 搭建神经网络构型。结合结构损伤检测的输入参数(即结构损伤特征参数)和输出参数(即结构损伤状态)，搭建神经网络构型。

(3) 神经网络训练及验证。利用样本数据结合神经网络学习算法，训练并验证神经网络。

(4) 结构损伤检测。在待检测结构上进行动力学测试，获取待检测结构的损伤特征参数实测值，输入给训练好的神经网络，神经网络的输出即为结构损伤状态。

在结构损伤检测中常采用的神经网络一般都是前馈型网络，包括多层感知器神经网络、径向基函数神经网络和 BP 神经网络等。虽然采用神经网络开展结构损伤检测具有诸多优势，但针对具体结构的损伤检测，神经网络类型的选取、网络的泛化能力和鲁棒性都是需要深入研究的问题。

6.3.2 深度神经网络方法

神经网络为结构损伤检测带来了有效的解决方案，但从航空航天结构损伤检测的应用场景来说，必然涉及复杂系统的高维海量测试数据，传统的浅层神经网络对于可接受的样本数量和对复杂函数的表达能力都十分有限，而深度神经网络及与之对应的深度学习技术在处理工程领域中高维海量数据时表现出了优异的深层次特征提取能力，为建立复杂环境下高可靠性的航空航天结构损伤检测方法提供了一个强大而有效的解决方案。

目前，基于振动的结构损伤检测中常用的深度神经网络模型有堆栈自编码器(SAE)、卷积神经网络(CNN)、卷积自编码器(CAE)等。考虑到深度神经网络本质上还是一种神经网络，采用深度神经网络进行结构损伤检测的步骤与 6.3.1 节中的浅层神经网络完全一致，核心是神经网络构型的差异。因此，本节将结合我们在结构损伤检测研究中的最新成果，逐一介绍利用堆栈自编码器、卷积神经网络及卷积自编码器进行结构损伤检测的深度神经网络构型，以及深度神经网络中的典型损失函数与学习算法。

1. 深度神经网络的构型

1) 堆栈自编码器

堆栈自编码器是一种无监督的神经网络模型，它能够学习到输入数据的深层表示，通常用于特征提取及数据降维。

考虑最一般的情况，假定结构损伤特征参数为一个 $n\times n\times p$ 的三维矩阵(如 6.2.1 节中的相关函数矩阵、传递率函数矩阵等)。典型堆栈自编码器的输入输出一般都是向量，在应用堆栈自编码器进行结构损伤检测时，首先需要对结构损伤特征参数中的数据进行重构，得到包含 $n\times n\times p$ 个元素的向量。典型的结构损伤检测堆栈自编码器模型如图 6-3-1 所示，其中包括输入数据重组、编码器、解码器和损伤识别模块四个部分。通过数据重组操作，将 $n\times n\times p$ 的结构损伤特征参数变换为包含 $n\times n\times p$ 个元素的向量。编码器包含 N_{EL} 个全连接层，以实现数据的分步编码。解码器包含 N_{DL} 个全连接层(通常 $N_{DL}=N_{EL}$)，以逐步实现对数据的解码。再通过最小化编码器输入和解码器输出之间的误差来预训练编码器。损伤识别模块(由分类层或回归层构成)直接与编码器的输出相连，通过最小化识别误差对由编码器和损伤识别模块所组成的损伤检测神经网络进行训练，从而实现对结构损伤状态的识别。

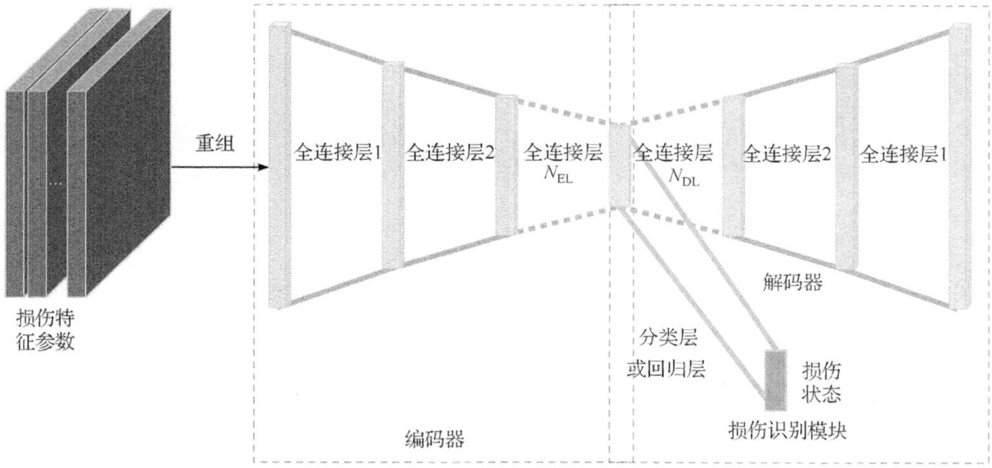

图 6-3-1　结构损伤检测的堆栈自编码器模型

2) 卷积神经网络

卷积神经网络是一种包含卷积计算的前馈型深度神经网络。通常包含卷积层、批归一化层和池化层等，常用的卷积神经网络是二维卷积神经网络。

假定结构损伤特征参数为一个 $n\times n\times p$ 的三维矩阵(如 6.2.1 节中的相关函数矩阵、传递率函数矩阵等)，这种结构损伤特征参数直接满足二维卷积神经网络对输入数据的要求。结构损伤检测的典型卷积神经网络模型如图 6-3-2 所示，首先由 N_{CL} 个卷积层以及批归一化层、池化层组成卷积模块(convolution module，CM)，卷积层用于特征提取，批归一化层和池化层用于提高网络训练效率和防止过拟合。然后，以结构损伤特征参数为输入，依次连接 N_{CM} 个卷积模块、用于二维数据到一维数据转换的拉直层、用于整合局部信息和类别区分的 N_{FC} 个全连接层。最后，连接分类层或回归层，并通过最小化识别误差来对卷积神经网络进行训练，实现对结构损伤状态的识别。

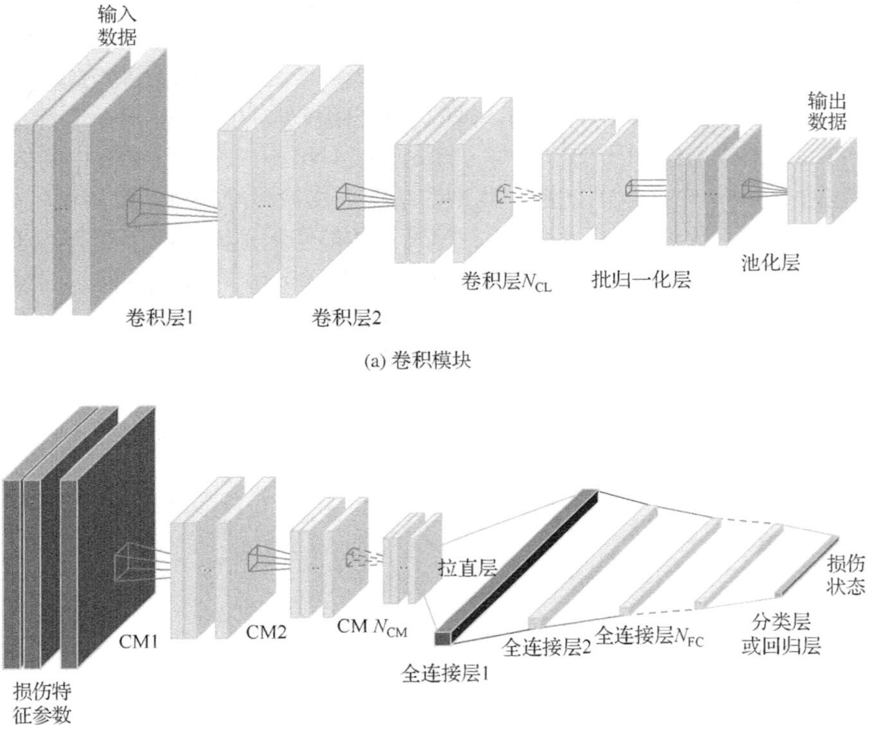

(a) 卷积模块

(b) CNN模型

图 6-3-2 结构损伤检测的卷积神经网络模型

3) 卷积自编码器

卷积自编码器结合了卷积神经网络和堆栈自编码器的网络结构。卷积自编码器的输入数据与二维卷积神经网络相同，卷积自编码器的整体结构与堆栈自编码器相同。

典型结构损伤检测的卷积自编码器模型如图 6-3-3 所示，首先由 N_{CEL} 个卷积层和一个池化层组成卷积编码模块(convolution encoder module，CEM)，由上采样层、填充层和 N_{CDL} 个转置卷积层(也称为反卷积层，通常 $N_{\mathrm{CDL}}=N_{\mathrm{CEL}}$)和池化层组成卷积解码模块(convolution decoder module，CDM)，池化层用于数据降维，上采样层和填充层是池化层的反向操作。然后以结构损伤特征参数作为输入和输出，由 N_{CEM} 个卷积编码模块组成编码器、N_{CDM}个卷积解码模块组成解码器，进而将编码器与解码器相连组成卷积自编码器，并通过最小化编码器的输入和解码器的输出之间的误差来完成卷积自编码器的预训练。最后，编码器的输出连接到包含一个拉直层、N_{FC} 个全连接层和一个分类层或回归层的损伤识别模块。通过最小化识别误差对由编码器和损伤识别模块组成的神经网络进行训练，实现对结构损伤状态的识别。

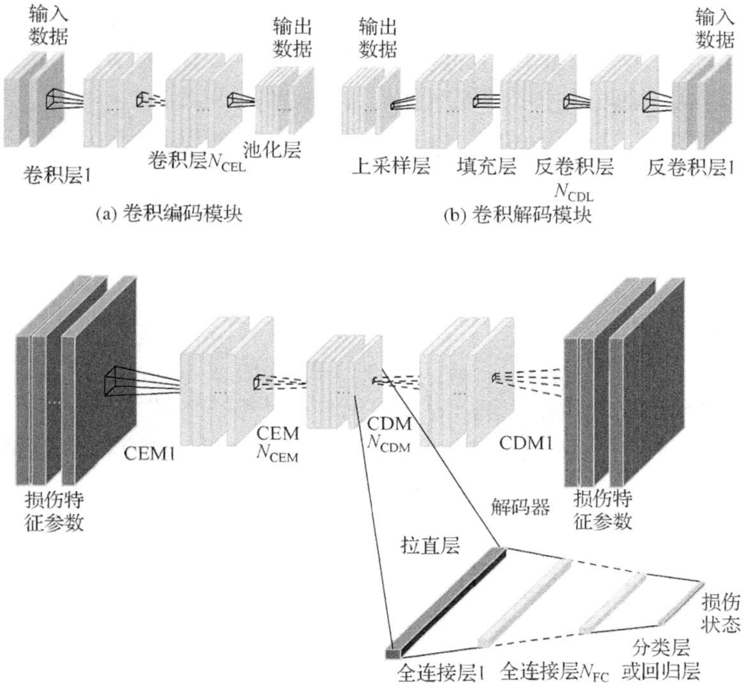

(a) 卷积编码模块　(b) 卷积解码模块

(c) 编码器　(d) 损伤识别模块

图 6-3-3　结构损伤检测的卷积自编码器模型

2. 损失函数

损失函数(loss function)是用于评估模型预测值与真实值一致程度的函数，也是构建深度神经网络的重要一环，对于不同的问题应选择不同的损失函数。结构损伤检测往往可以抽象为分类问题或回归问题，针对分类问题，目前最常用的损失函数为交叉熵，定义为

$$J(\theta)=-\frac{1}{m}\left\{\sum_{i=1}^{m}\sum_{j=1}^{k}p\left(x_{ij}\right)\log\left[q\left(\theta,x_{ij}\right)\right]\right\} \tag{6-3-1}$$

其中，m 表示样本数量；k 表示分类的类别数量；$p(x_{ij})$ 表示样本 x_i 为第 j 类的真实概率；$q(\theta,x_{ij})$ 表示模型参数为 θ 时将样本 x_i 预测为第 j 类的概率。

对于回归问题，常用 MAE 或 MSE 作为损失函数，其表达式分别见式(4-4-19)和式 (4-4-20)。

3. 学习算法

目前，在基于深度神经网络的结构损伤检测研究领域，常用的学习算法为自适应矩估计(adaptive moment estimation，Adam)算法，是一种结合了动量法(momentum)和均方根反向传播法(RMSProp)的高效优化算法，它通过自适应地调整每个参数的学习率来加速训练过程并提高训练的稳定性。Adam 算法从本质上看可以视为带有动量项的均方根反向传播算法，一方面它使用与动量法相似的方式来进行参数历史梯度的累积，从而更好地利用历史信息，另一方面利用梯度的一阶矩估计和二阶矩估计来动态调整每个参数的学习率，在获得更快收敛速度的同时使得波动的幅度更小。

在 Adam 算法中，主要涉及的参数有学习率 μ 、衰减率 ρ_1 与 ρ_2 、时间步长 t 以及避免出现分母为 0 的情况而设置的极小值 ε 。其中衰减率 ρ_1 与 ρ_2 为分别针对梯度的一阶矩估计和二阶矩估计而设置的，一阶矩估计 s_t 的计算公式为

$$s_t = \rho_1 s_{t-1} + (1-\rho_1) g \tag{6-3-2}$$

二阶矩估计 r_t 的计算公式为

$$r_t = \rho_2 r_{t-1} + (1-\rho_2) g^2 \tag{6-3-3}$$

其中，g 表示梯度值，可根据网络结构及优化目标并结合链式求导获得。

在对梯度进行一阶矩估计与二阶矩估计之后，需要对这两个值采用同样的方法进行偏差修正，修正后的一阶矩和二阶矩分别为

$$\hat{s}_t = \frac{s_t}{1-\rho_1^t} \tag{6-3-4}$$

$$\hat{r}_t = \frac{r_t}{1-\rho_2^t} \tag{6-3-5}$$

其中，时间步长 t 随着迭代次数的增加而增加，一般与迭代次数相同。

以修正后的一阶矩与二阶矩作为计算依据对参数的更新量进行计算，更新量为

$$\Delta_t = -\mu \frac{\hat{s}_t}{\sqrt{\hat{r}_t} + \varepsilon} \tag{6-3-6}$$

将 Adam 算法应用于神经网络反向传播过程的步骤如下：

(1) 随机初始化神经网络中所有的参数；

(2) 设置初始一阶矩、二阶矩、全局学习率以及衰减系数等参数；

(3) 通过损失函数计算获得当前梯度值；

(4) 对时间步长进行计算；

(5) 使用当前梯度值对累积梯度更新以进行一阶矩估计；

(6) 使用当前梯度值对累积梯度平方更新以进行二阶矩估计；

(7) 对一阶矩与二阶矩进行偏差修正；

(8) 通过修正后的一阶矩与二阶矩对参数的更新量进行计算；

(9) 对参数进行更新；

(10) 重复上述步骤(3)～步骤(9)，当达到最大停止迭代次数时停止迭代，输出此时

的参数值。

6.4　简化结构的损伤检测示例

本节采用图 6-4-1 所示的集中参数三自由度振动系统(可视为简化的结构动力学系统模型，其质量矩阵、刚度矩阵及阻尼矩阵见式(3-6-32)～式(3-6-34))，以基于振动的结构损伤检测方法应用的示例，来介绍本章提到的几种结构损伤检测方法的实施步骤。

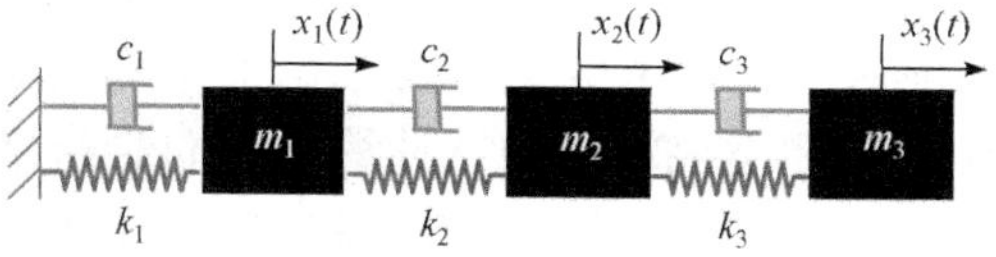

图 6-4-1　集中参数三自由度振动系统

为了进行结构损伤检测，假设一组完好结构的参数及两种损伤结构的参数，如表 6-4-1 所示。“损伤结构-1”仅弹簧 k_2 刚度下降，“损伤结构-2”的 k_2 刚度下降且阻尼系数 c_2 增加。

表 6-4-1　集中参数三自由度振动系统的参数值

结构状态	集中质量/kg			刚度系数/(N/m)			阻尼系数/[N/(m·s)]		
	m_1	m_2	m_3	k_1	k_2	k_3	c_1	c_2	c_3
完好结构	2.00	2.00	2.00	4000.00	4000.00	4000.00	5.00	5.00	5.00
损伤结构-1	2.00	2.00	2.00	4000.00	3600.00	4000.00	5.00	5.00	5.00
损伤结构-2	2.00	2.00	2.00	4000.00	3600.00	4000.00	5.00	5.50	5.00

6.4.1　基于内积向量的结构损伤检测

代码 6.1

本节采用内积向量作为结构损伤特征参数，对“损伤结构-1”进行损伤检测，以判定损伤出现的位置。根据内积向量法对激励形式的要求(仅包含系统第 1 阶固有频率的窄带随机激励[34])，考虑到系统的三阶固有频率分别为 3.17Hz、8.88Hz 及 12.83Hz，假设在第 1 个自由度上(即质量块 m_1)作用 0～5Hz 的窄带随机激励(含 10^4 个样本点)，采集 3 个自由度上的振动加速度响应，记为 $\ddot{x}_1(t)$ 、 $\ddot{x}_2(t)$ 及 $\ddot{x}_3(t)$ ，即可定义内积向量：

$$\boldsymbol{R}_{\mathrm{IPV}}=\left[R_{1j}(0)\quad R_{2j}(0)\quad R_{3j}(0)\right]^{\mathrm{T}} \tag{6-4-1}$$

其中，$j=1,2,3$ 表示计算内积向量的参考响应测点；$R_{ij}(0)$ 表示加速度响应 $\ddot{x}_i(t)$ 和 $\ddot{x}_j(t)$ 的内积再除以响应采样点个数，即

$$R_{ij}(0)=\frac{1}{N}\left\langle\ddot{x}_i(t),\ddot{x}_j(t)\right\rangle \tag{6-4-2}$$

其中，$\left\langle\ddot{x}_i(t),\ddot{x}_j(t)\right\rangle$ 表示加速度响应 $\ddot{x}_i(t)$ 和 $\ddot{x}_j(t)$ 的内积。

这样，可利用损伤前后内积向量的差异来建立损伤定位指标，为了消除损伤前后激励力的影响，在建立损伤指标之前应对损伤前后的内积向量分别进行归一化(本书采用内

积向量的 2 范数对其进行归一化)，即

$$\Delta \boldsymbol{R}_{\mathrm{IPV}} = \frac{\boldsymbol{R}_{\mathrm{IPV}}^{\mathrm{damage}}}{\left\| \boldsymbol{R}_{\mathrm{IPV}}^{\mathrm{damage}} \right\|_2} - \frac{\boldsymbol{R}_{\mathrm{IPV}}^{\mathrm{intact}}}{\left\| \boldsymbol{R}_{\mathrm{IPV}}^{\mathrm{intact}} \right\|_2} \tag{6-4-3}$$

为了凸显损伤位置，可对 $\Delta\boldsymbol{R}$ 进行一阶差分处理(记为 $\Delta\boldsymbol{R}'$)，即用 $\Delta\boldsymbol{R}$ 中的后一个元素减去前一个元素，这就导致向量 $\Delta\boldsymbol{R}'$ 比向量 $\Delta\boldsymbol{R}$ 少了一个元素。结合一阶差分的意义(即两个相邻元素之间的变化程度)，损伤指标 $\Delta\boldsymbol{R}'$ 仅可用于判定两个测点之间结构参数是否发生突变。对于本例，$\Delta\boldsymbol{R}$ 是一个包含 3 个元素的向量，则 $\Delta\boldsymbol{R}'$ 是一个包含 2 个元素的向量，仅能用于判断测点 1 与测点 2 之间(即 k_2 降低)、测点 2 与测点 3 之间(即 k_3 降低)的损伤。

图 6-4-2 给出了损伤前后三个自由度上的前 20s 加速度响应曲线。为避免仿真响应求解过程的初始瞬态响应对检测结果的影响，计算内积向量时采用了 10s 之后的振动响应，图 6-4-3 给出了以 $\ddot{x}_3(t)$ 为参考点计算内积向量的损伤检测结果。可以看到，从损伤前后加速度响应很难看出损伤的存在，但损伤前后内积向量的变化量在损伤附近有了明显的变化，并且损伤指标 $\Delta\boldsymbol{R}'$ 准确指示出损伤发生在测点 1、2 之间。因为本示例是非常简单的振动系统且测点非常少，导致结构损伤指标不凸显，随着结构规模的增大和测点的加密，内积向量损伤指标曲线对损伤的指示作用将会更加明显。

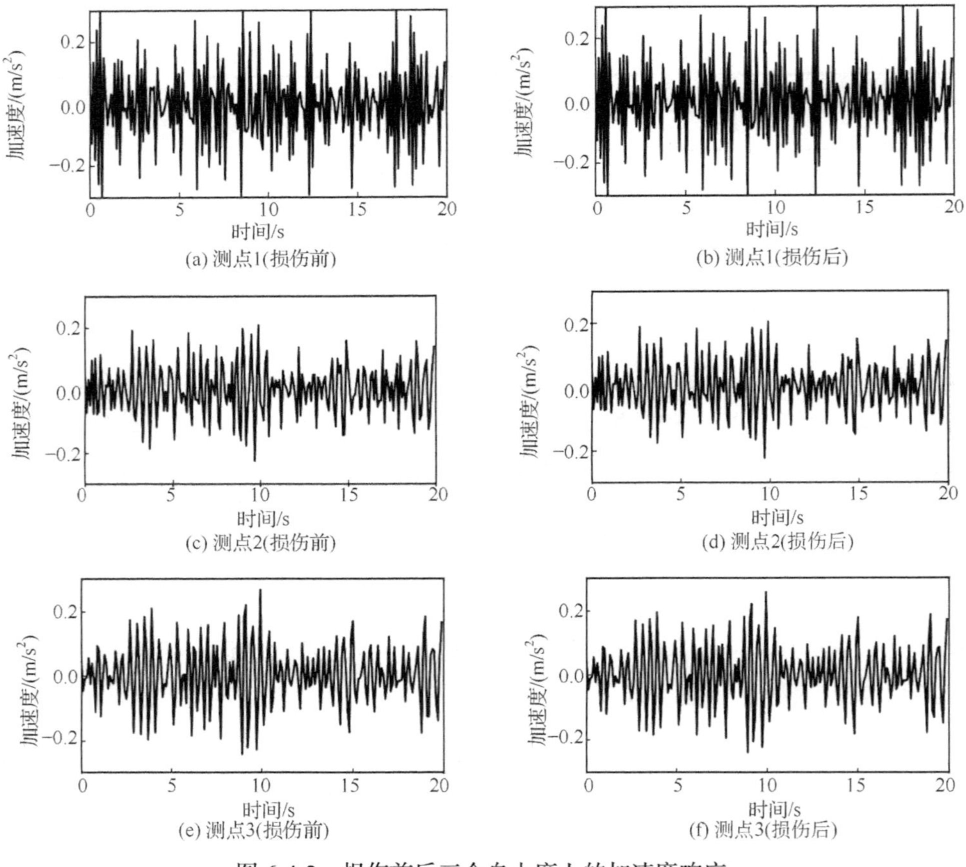

图 6-4-2 损伤前后三个自由度上的加速度响应

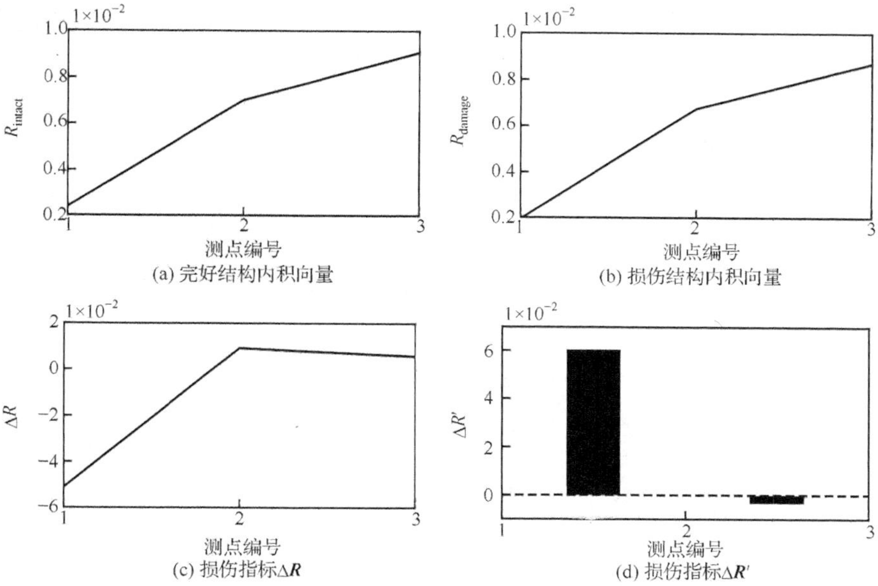

图 6-4-3 损伤检测结果

6.4.2 基于内积矩阵及卷积神经网络的结构损伤检测

代码 6.2

本节以内积矩阵为结构损伤特征参数，并采用分类卷积神经网络对“损伤结构-1”进行损伤检测，以确定其刚度下降的位置与程度。如 6.4.1 节所述，假设在第 1 个自由度上(即质量块 m_1)作用 0～5Hz 的窄带随机激励(含 10^5 个样本点)，采集 3 个自由度上的振动加速度响应，记为 $\ddot{x}_1(t)$ 、 $\ddot{x}_2(t)$ 及 $\ddot{x}_3(t)$ ，则可定义其内积矩阵：

$$
\boldsymbol{M}_{\mathrm{IPV}}=\begin{bmatrix} R_{11}(0) & R_{12}(0) & R_{13}(0) \\ R_{21}(0) & R_{22}(0) & R_{23}(0) \\ R_{31}(0) & R_{32}(0) & R_{33}(0) \end{bmatrix} \tag{6-4-4}
$$

其中， $R_{ij}(0)$ 表示加速度响应 $\ddot{x}_i(t)$ 和 $\ddot{x}_j(t)$ 的内积再除以响应采样点个数，如式(6-4-2)所示。考虑到深度神经网络的训练需要大量的样本数据，针对每一种结构健康状态都需要获得多个内积矩阵。这样，针对每一种结构健康状态下所有测点的加速度响应，将其进行分段处理并分别计算内积矩阵，即可获得当前结构健康状态下的多组内积矩阵。

首先，获得样本数据。考虑到待检测结构的损伤模式为单个弹簧刚度下降，为了识别损伤位置并确定损伤程度，样本数据必须包含各个位置不同程度的损伤，为简化起见，这里的样本数据只包含完好结构及每一个弹簧刚度分别下降 5%、10%以及 15%三种损伤状态，即样本数据中包含了 1+3×3=10 种结构健康状态。针对每一种结构健康状态，其样本数据库的构造方式如图 6-4-4 所示，将该结构健康状态下采集的 3 个测点时域振动响应信号分割为 K 个数据子集，每个数据子集均包含了各个响应测点在同一时间段的振动响应信号(采样点数为 P)；针对每一个数据子集内 3 个测点的响应信号，利用式(6-4-4)即可获得该数据子集对应的 1 个内积矩阵，就构成了当前数据子集下的结构健康特征数据(对应于当前结构健康状态下一个样本的输入数据)；针对 K 个数据子集，可以获得 K 组内积矩阵(对应于当前结构健康状态下 K 个样本的输入数据)；利用当前结构健康状态下 K 个样本的输入数据，再结合当前结构健康状态的标签，就可组成当前结构健康状态下的样本数据库(含 K 个样本)。结合激励力信号，本例取 K=500，P=200，这样针对 10 种结构健康状态，共获得 5000 个带标签的样本数据。

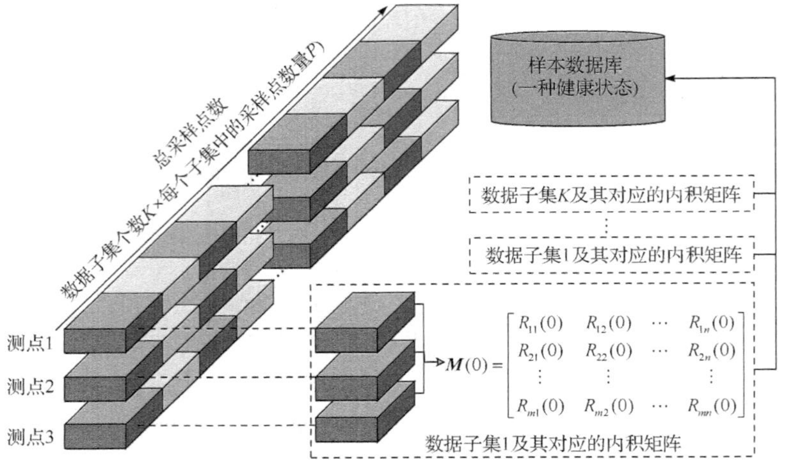

图 6-4-4 基于内积矩阵的样本数据库的构造方式

然后，建立卷积神经网络结构。结合图 6-3-2 所示的结构损伤检测的卷积神经网络模型的基本构成，并考虑本例输入数据，搭建了卷积神经网络，其超参数如表 6-4-2 所示。

表 6-4-2 采用的卷积神经网络结构(以内积矩阵为输入)

层	类型	输入维数	输出维数	核数量	核尺寸	步长	填补	激活函数
1	卷积层	(3,3,1)	(3,3,16)	16	(2,2)	1	Same	ReLU
2	卷积层	(3,3,16)	(3,3,32)	32	(2,2)	1	Same	ReLU
3	批归一化层	(3,3,32)	(3,3,32)	—	—	—	—	—
4	池化层	(3,3,32)	(2,2,32)	—	(2,2)	1	—	—
5	拉直层	(2,2,32)	(128)	—	—	—	—	—
6	全连接层	(128)	(128)	—	—	—	—	ReLU
7	全连接层	(128)	(32)	—	—	—	—	ReLU
8	分类层	(32)	(10)	—	—	—	—	Softmax

在神经网络训练过程中，训练集、验证集及测试集所采用的数据量均为 8∶1∶1，网络训练过程中损失函数值及识别准确率随训练代数的变化曲线如图 6-4-5 所示，测试集的混淆矩阵如图 6-4-6 所示。可以看到，网络对 k_2 和 k_3 损伤的样本几乎能够全部识别正确，但对完好结构和 k_1 损伤结构产生了混淆。因为传统的内积向量方法对 k_1 损伤的检测存在局限性，这表明由此发展而来的内积矩阵方法对 k_1 损伤仍然不能达到很好的检测效果。此外，激励位置位于质量块 m_1 上也是导致混淆识别完好结构和 k_1 损伤结构的样本的原因之一，因为激励的存在有可能掩盖了损伤对结构响应的影响。

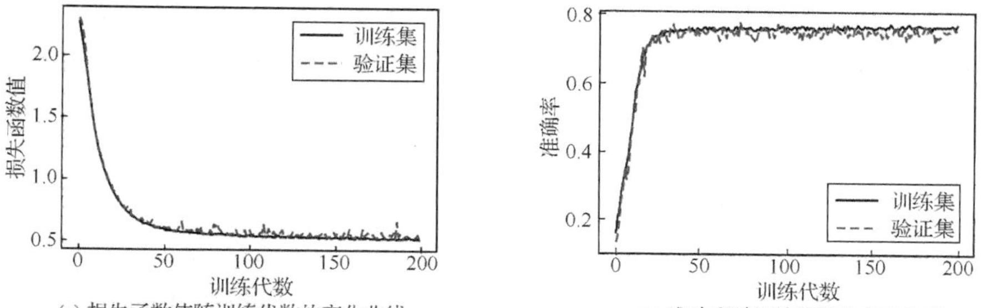

(a) 损失函数值随训练代数的变化曲线　　(b) 准确率随训练代数的变化曲线

图 6-4-5　网络训练过程

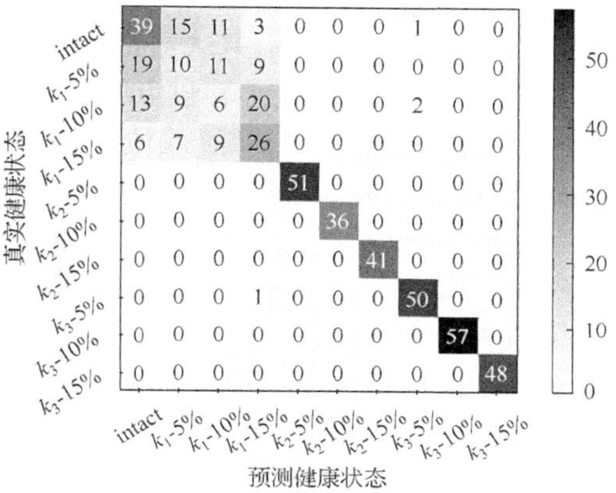

图 6-4-6　测试集的混淆矩阵

最后，对待检测结构进行损伤检测。针对待检测结构，计算其在第 1 个自由度上(即质量块 m_1)受到 0～5Hz 窄带随机激励下的加速度响应，采用图 6-4-4 的方式计算出 36 个内积矩阵，分别将其代入上述训练好的神经网络之中，检测结果如图 6-4-7 所示(柱状图上的数字 36 表示所有样本中检测出该损伤的次数)，可以看到有 36 个样本均检测出弹簧 k_2 刚度下降 10%，表明该方法具有很高的检测精度。

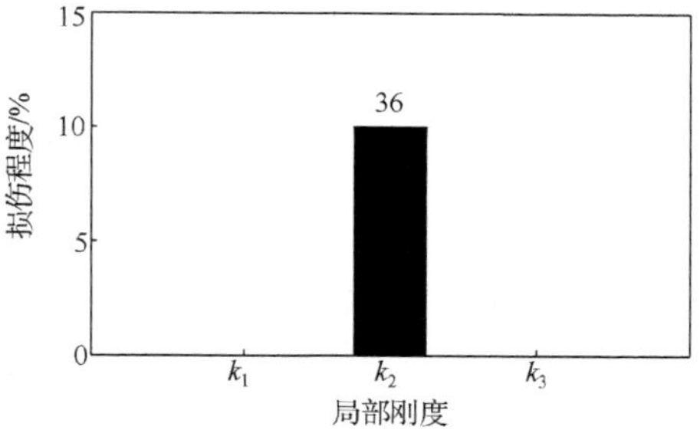

图 6-4-7　待检测结构的检测结果

代码 6.3

6.4.3　基于传递率函数矩阵及卷积神经网络的结构损伤检测

本节以传递率函数矩阵为结构损伤特征参数，并采用回归卷积神经网络对“损伤结构-2”进行损伤检测，以实现对刚度下降及阻尼增大损伤的定量检测。假设在第 1 个自由度上(即质量块 m_1)作用 0～16Hz 的窄带随机激励(含 3.2×10^5 个样本点)，采集 3 个自由度上的振动加速度响应，记为 $\ddot{x}_1(t)$ 、 $\ddot{x}_2(t)$ 及 $\ddot{x}_3(t)$ ，则可定义传递率函数矩阵：

$$\boldsymbol{T}(\omega)=\begin{bmatrix} T_{11}(\omega) & T_{12}(\omega) & T_{13}(\omega) \\ T_{21}(\omega) & T_{22}(\omega) & T_{23}(\omega) \\ T_{31}(\omega) & T_{32}(\omega) & T_{33}(\omega) \end{bmatrix} \tag{6-4-5}$$

其中， $T_{ij}(\omega)$ 表示加速度响应 $\ddot{x}_i(t)$ 和 $\ddot{x}_j(t)$ 之间在频域内的传递率函数。可以看出，$\boldsymbol{T}(\omega)$包含了响应数据的所有传递率函数组合。同样地，针对每一种结构健康状态下所有测点的加速度响应，将其进行分段处理并分别计算 $\boldsymbol{T}(\omega)$，即可获得当前结构健康状态下的多组 $\boldsymbol{T}(\omega)$。

其样本数据库的构造方式与 6.4.2 节的内积矩阵类似，不同之处在于需要对时域振动响应进行传递率分析，且使用的时域采样点数会对传递率函数的频率分辨率产生影响。假设已由前述方法确认损伤发生在自由度 1 和自由度 2 之间，这里对结构损伤程度进行回归定量检测。其中，样本数据包含 10 种 k_2 刚度变化(分别为 3280.00N/m、3440.00N/m、3600.00N/m、3760.00N/m、3920.00N/m、4080.00N/m、4240.00N/m、4400.00N/m、4560.00N/m 和 4720.00N/m)和 10 种阻尼 c_2 变化(分别为 4.10N/(m·s)、4.30N/(m·s)、4.50N/(m·s)、4.70N/(m·s)、4.90N/(m·s)、5.10N/(m·s)、5.30N/(m·s)、5.50N/(m·s)、5.70N/(m·s)和 5.90N/(m·s))的组合，共 100 种健康状态。针对每一种结构健康状态，其样本数据库的构造方式与图 6-4-4 类似：同样将时域振动响应信号分割为 K 个数据子集，每个数据子集均包含了各个响应测点在同一时间段的振动响应信号(采样点数为 P)；然后，每个子集内的所有时域振动响应信号测点之间计算传递率函数，并选择若干频率点上的传递率函数值组成传递率函数矩阵，如图 6-4-8 所示。本例取 K=1024，P=256，这样针对 100 种结构健康状态，共获得 102400 个带标签的样本数据，其中每一个样本的大小均为$3\times3\times64$ ，即选取了全频带上的 64 个频率点。

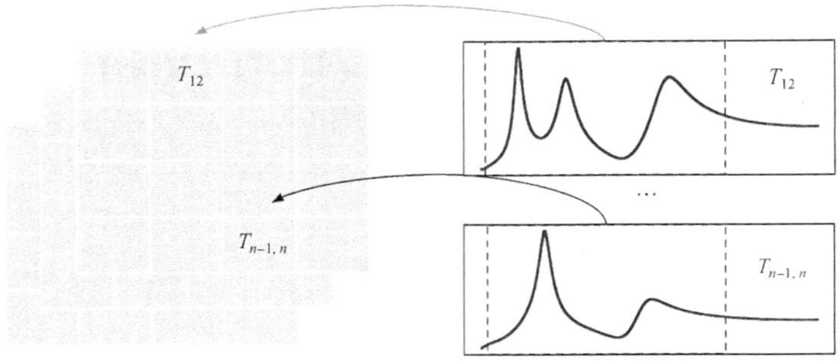

图 6-4-8 基于传递率函数矩阵的样本数据库的构造方式

然后，建立卷积神经网络结构。结合图 6-3-2 所示的结构损伤检测的卷积神经网络模型的基本构成，并考虑本例的输入数据，搭建了卷积神经网络，其超参数如表 6-4-3 所示。

表 6-4-3 采用的卷积神经网络结构(以传递率函数矩阵为输入)

层	类型	输入维数	输出维数	核数量	核尺寸	步长	填补	激活函数
1	卷积层	(3,3,64)	(3,3,32)	32	(2,2)	1	Same	ReLU
2	卷积层	(3,3,32)	(3,3,64)	64	(2,2)	1	Same	ReLU

续表

层	类型	输入维数	输出维数	核数量	核尺寸	步长	填补	激活函数
3	卷积层	(3,3,64)	(3,3,128)	128	(2,2)	1	Same	ReLU
4	卷积层	(3,3,128)	(3,3,128)	128	(2,2)	1	Same	ReLU
5	批归一化层	(3,3,128)	(3,3,128)	—	—	—	—	—
6	池化层	(3,3,128)	(2,2,128)	—	(2,2)	1	—	—
7	拉直层	(2,2,128)	(512)	—	—	—	—	—
8	全连接层	(512)	(128)	—	—	—	—	线性
9	全连接层	(128)	(64)	—	—	—	—	线性
10	全连接层	(64)	(32)	—	—	—	—	线性
11	回归层	(32)	(1)	—	—	—	—	线性

之后，进行网络训练。在神经网络训练过程中，训练集、验证集及测试集所采用的数据量均为 8∶1∶1。网络训练过程中损失函数值随训练代数的变化曲线如图 6-4-9 所示，对测试集的预测值分别如图 6-4-10 所示，预测误差分布如图 6-4-11 所示。可以看到，训练集与验证集的迭代曲线非常接近，说明网络并没有发生过拟合或欠拟合现象，且对刚度变化的模型训练迭代次数少于阻尼变化的模型训练迭代次数。同时，网络对局部刚度 k_2 的样本几乎全部预测正确，误差在±20N/m，相对误差为 0.5%左右。网络对 c_2 的样本同样几乎全部预测正确，误差在±0.06N/(m·s)，相对误差为 1.2%左右。两个结果均满足误差精度要求。对比两者的预测结果可以发现，网络对较低损伤程度即较低的刚度值和阻尼值变化预测较好，一旦损伤程度加大，其预测精度会稍微降低。

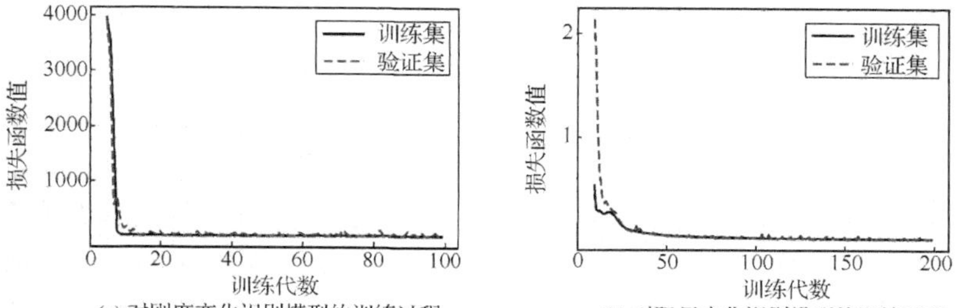

(a) 对刚度变化识别模型的训练过程　(b) 对阻尼变化识别模型的训练过程

图 6-4-9　损失函数值随训练代数的变化曲线

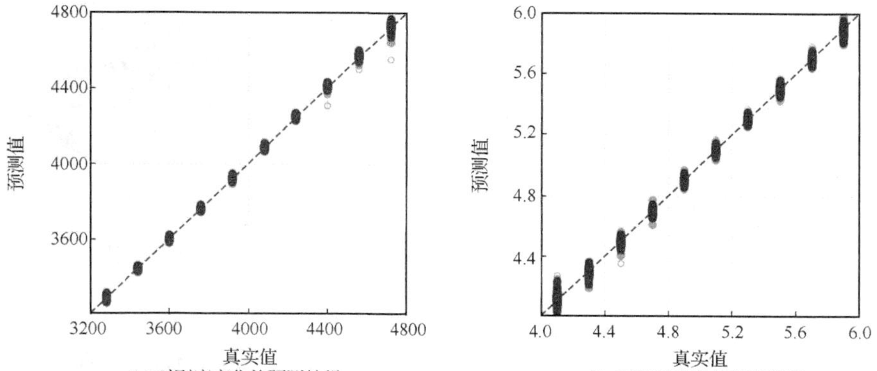

(a) 对刚度变化的预测结果　(b) 对阻尼变化的预测结果

图 6-4-10　对样本测试集的预测结果

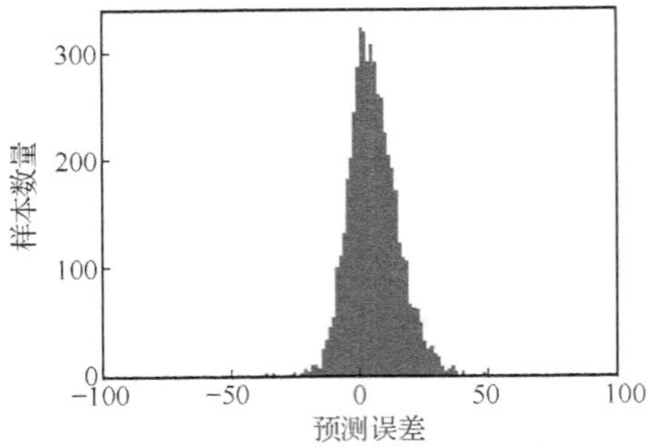

(a) 对刚度变化的预测误差分布

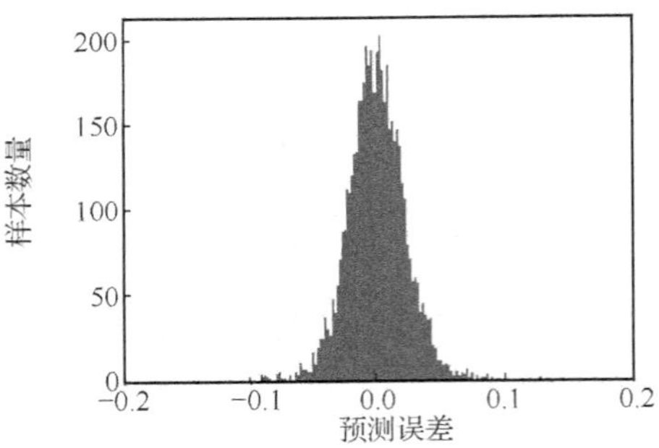

(b) 对阻尼变化的预测误差分布

图 6-4-11 对样本测试集的预测误差分布

6.5 典型航空结构的损伤检测示例

6.5.1 典型加筋壁板的螺栓松动检测

加筋壁板是航空领域中常用的一种结构形式，传统的加筋壁板一般采用螺栓或铆钉等紧固件将型材连接在壁板上，以提升壁板结构的承载能力，而紧固件松动是导致壁板承载能力下降甚至引发安全事故的隐患，本节将针对一个加筋壁板结构的紧固件松动检测，来简要介绍一种基于深度卷积神经网络及互相关函数矩阵的结构损伤检测方法，更加详细的内容读者可参阅文献[38]。

1. 加筋壁板模型及测试数据

采用常见的四边固支加筋壁板，如图 6-5-1 所示，加筋壁板由 1 块长度为 450mm、宽度为 350mm、厚度为 2mm 的铝板以及 3 根长度为 340mm、截面宽度为 25mm、壁厚为 2mm 的等边角铝组成，每根角铝与铝板均用 11 个 M5 螺栓连接，加筋壁板四边由宽度为 50mm、厚度为 20mm、长度为 450mm 或 350mm 的 8 块钢制夹板夹持，以模拟四边固支边界条件。

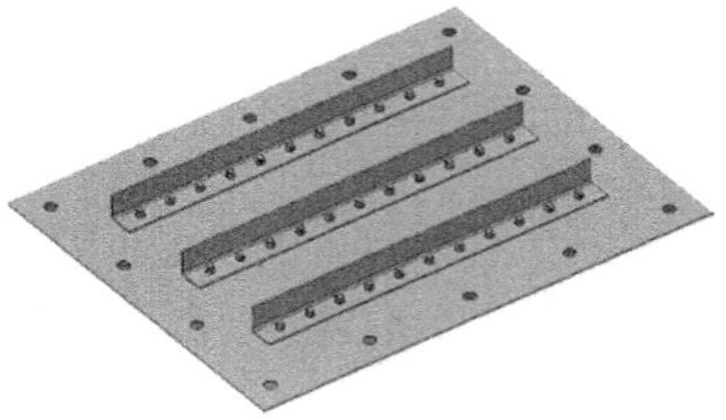
(a) 加筋壁板

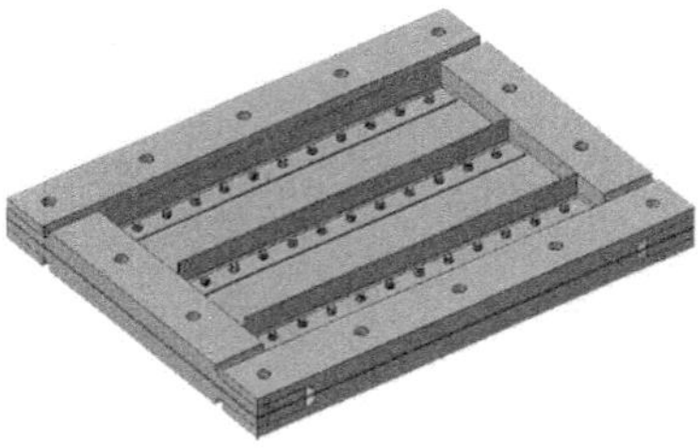
(b) 四边固支加筋壁板

图 6-5-1 加筋壁板示意图

为模拟航空结构所受的激励形式，采用某飞机振动加速度谱作为基础激励，并采用加速度响应来构建内积矩阵，试验布置及现场照片如图 6-5-2 所示。在振动控制系统中设置振动环境谱，并驱动振动台对四边固支壁板进行激励，最后利用数据采集系统采集布置在壁板上的 15 个加速度传感器记录的加速度响应。

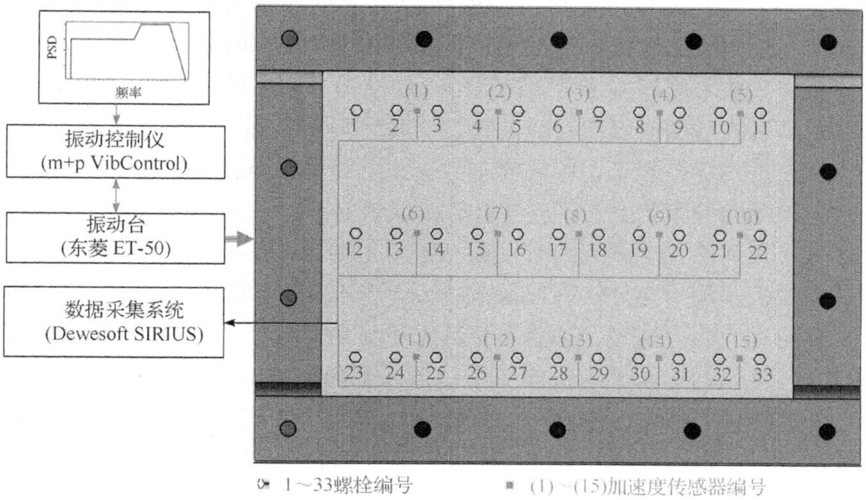

(a) 试验系统示意图

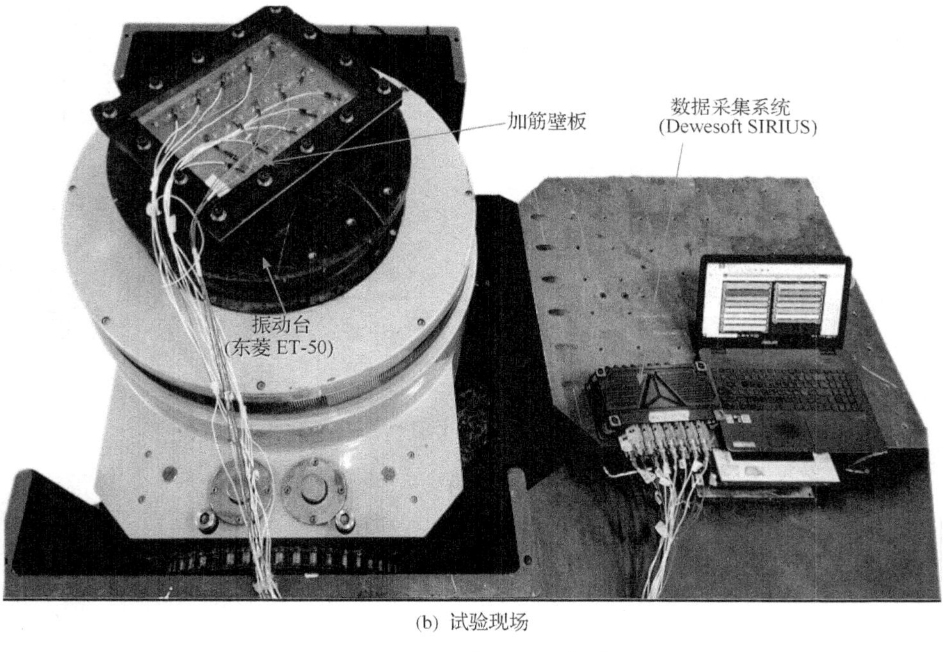

(b) 试验现场

图 6-5-2　加筋壁板振动试验

损伤检测试验中，分别模拟了 7 种结构损伤状态，包括完好状态以及分别松开 1、10、14、19、28、33 号螺栓的六种损伤状态，依次称为损伤状态 U、损伤状态 D1、损伤状态 D2、…、损伤状态 D6，针对每一种结构状态均采用 20kHz 的采样频率采集 15 个加速度传感器记录的信号时长为 50s 的加速度响应信号。

2. 损伤特征参数与训练样本

基于深度学习的结构健康监测方法的两个关键步骤就是样本数据库的构建以及网络模型的设计。样本数据库由一组损伤特征参数及其对应的结构健康状态标签构成，本例结构损伤特征参数采用相关函数矩阵(详见 6.2.1 节)。结合环境激励下结构响应自/互相关函数随时间延迟的增加而逐步衰减的特性，采用时间延迟分别为 0,1,2,…,$p-1$ 时获得的 p 个相关函数矩阵堆叠起来，作为样本数据库的特征数据。

针对每一种结构健康状态，其样本数据库的具体构建过程如图 6-5-3 所示：将某种结构健康状态下采集的各个测点的时域振动响应信号分割为 K 个数据子集，每个数据子集均包含了各个响应测点在同一时间段的振动响应信号(采样点数为 P)；针对每一个数据子集内所有测点的响应信号，可获得该数据子集对应的 1 组相关函数矩阵(含 p 个矩阵)，并将这 p 个矩阵堆叠起来，组成一个包含 p 个通道的二维矩阵，就构成了当前数据子集下的结构健康特征数据(对应于当前结构健康状态下一个样本的输入数据)；针对 K 个数据子集，可以获得 K 组相关函数矩阵(对应于当前结构健康状态下 K 个样本的输入数据)；利用当前结构健康状态下 K 个样本的输入数据，再结合当前结构健康状态的标签，就可组成当前结构健康状态下的样本数据库(含 K 个样本)。

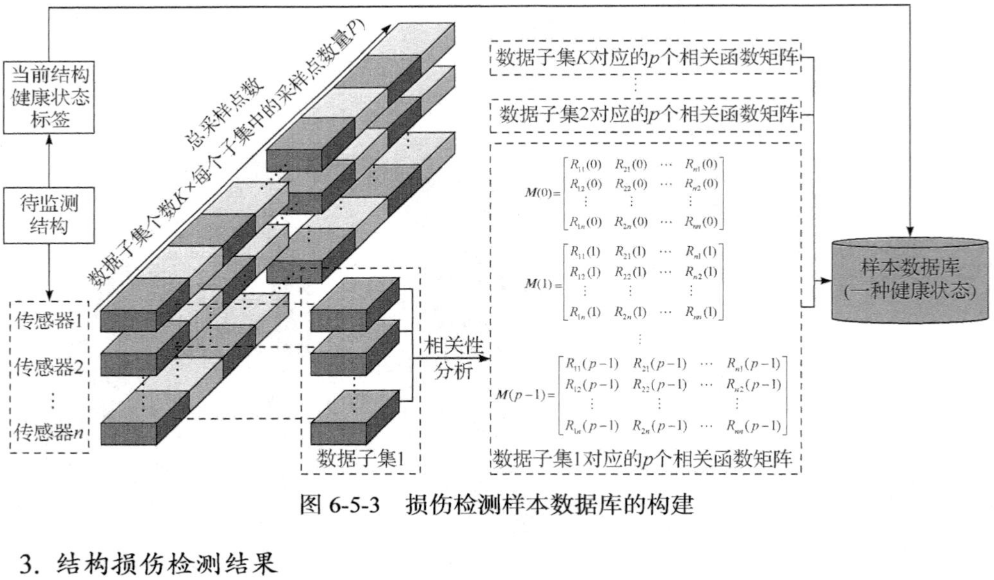

图 6-5-3 损伤检测样本数据库的构建

3. 结构损伤检测结果

根据相关性分析对测点数量的最低要求，仅采用 2 个测点的加速度响应信号，数据子集个数 K 取 1024、每个数据子集中的采样点 P 取 8192，分析相关函数矩阵个数 p 对识别准确率的影响。结合输入特征参数，采用的卷积神经网络结构如表 6-5-1 所示。在神经网络训练及方法验证过程中，训练集、验证集及测试集所采用的数据量均为 8 : 1 : 1。

表 6-5-1　采用的卷积神经网络结构

层	类型	输入维数	输出维数	核数量	核尺寸	步长	填补	激活函数
1	卷积层	(2,2,*p*)	(2,2,16)	16	(3,3)	1	Same	ReLU
2	卷积层	(2,2,16)	(2,2,32)	32	(3,3)	1	Same	ReLU
3	批归一化层	(2,2,32)	(2,2,32)	—	—	—	—	—
4	池化层	(2,2,32)	(1,1,32)	—	(2,2)	2	—	—
5	拉直层	(1,1,32)	(32)	—	—	—	—	—
6	全连接层	(32)	(32)	—	—	—	—	ReLU
7	分类层	(32)	(7)	—	—	—	—	Softmax

定性分析可知，相关函数矩阵个数 p 越大，神经网络输入数据的通道越多、包含的结构健康特征信息越多，健康监测的识别效果可能会越好。为了说明相关函数矩阵个数 p 对识别效果的影响，p 分别取值 1、5、50、200。图 6-5-4、图 6-5-5 分别给出了#2 及#11 两个测点在健康状态 U 及 D1 下的典型加速度响应时域历程(某一数据子集下的响应数据，即 8192 个采样点的数据)及对应的自/互相关函数 $R_{2,2}$、$R_{2,11}$ 及 $R_{11,11}$(p 取 200 时的所有相关函数值，即相关函数的前 200 个点)。可以看到，针对结构的不同损伤状态，其时域响应及相关函数均有所差异，但很难直观地从这些数据差异中区分损伤状态。后续的任务就是将这些相关函数矩阵按照图 6-5-3 的方法堆叠起来，构成卷积神经网络的输入数据，并进一步利用卷积神经网络的特征提取能力，将相关函数所描述的结构健康特征与其健康状态一一对应起来，以实现结构损伤检测。

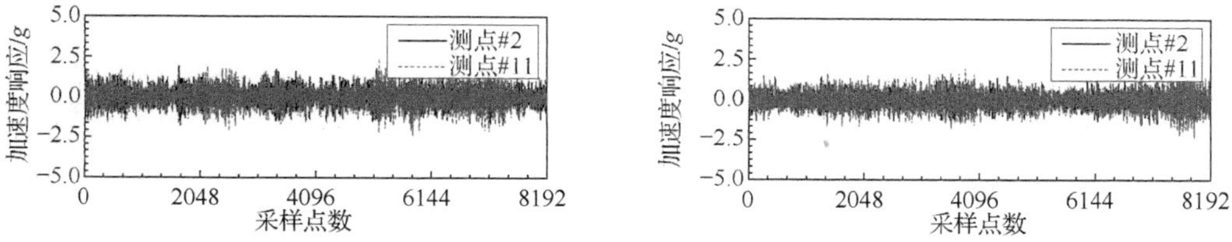

(a) 健康状态U　　(b) 健康状态D1

图 6-5-4　不同损伤状态下测点#2 及#11 的典型时域加速度响应

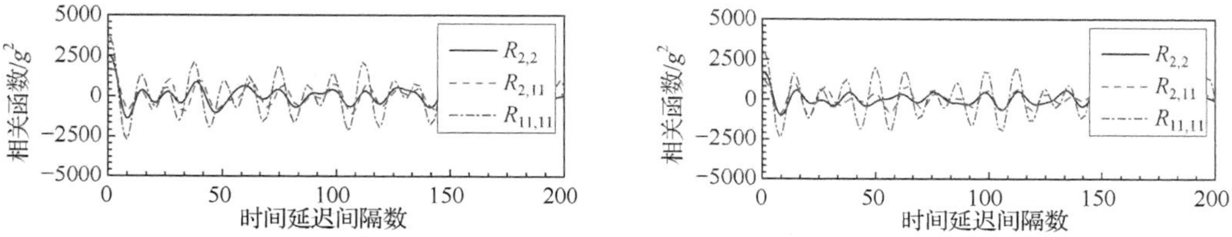

(a) 健康状态U　　(b) 健康状态D1

图 6-5-5　不同损伤状态下测点#2 及#11 的典型自/互相关函数

这样，利用#2 及#11 两个测点的时域加速度响应数据，并采用所提出的数据分组及样本数据库构造方法，可以获得模拟的 7 种结构健康状态下的样本数据库，图 6-5-6、图 6-5-7 分别给出了采用不同相关函数矩阵个数 p 值时，网络训练过程中的损失函数值与识别准确率的训练迭代曲线。

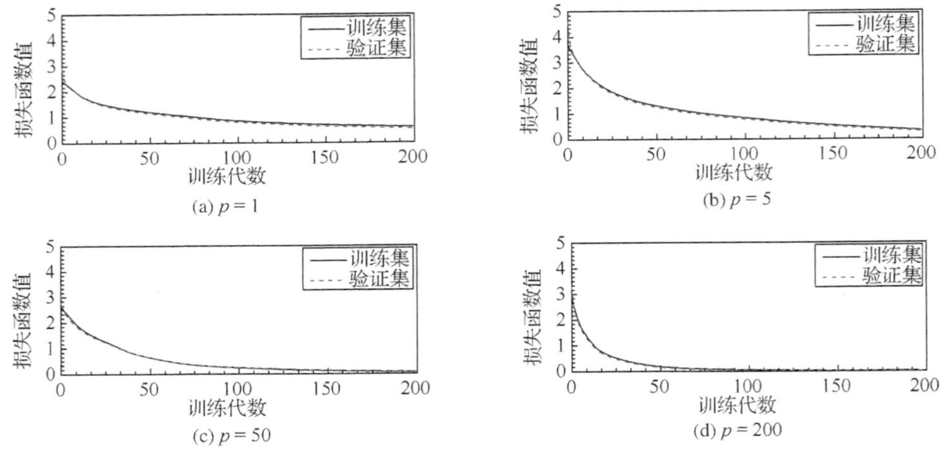

图 6-5-6 网络训练过程中的损失函数值变化曲线

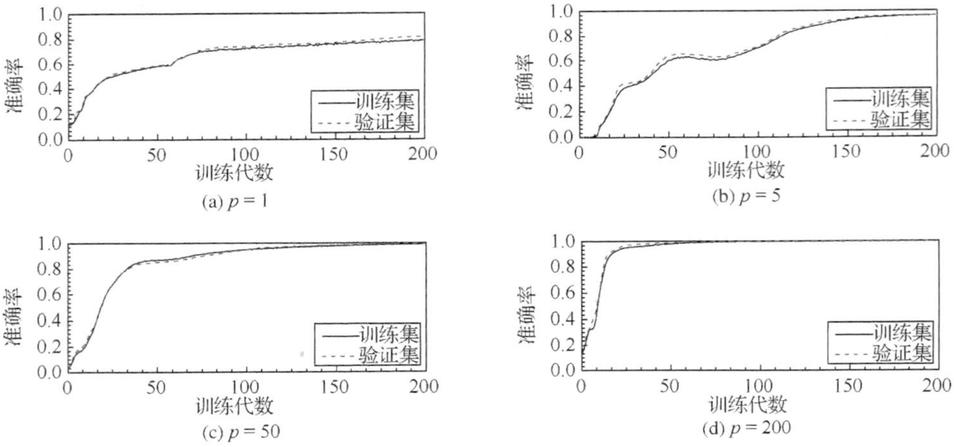

图 6-5-7 网络训练过程中的准确率变化曲线

从图 6-5-6 和图 6-5-7 中可以明显看出，随着相关函数矩阵个数 p 的增加，训练收敛速度加快，损失函数值减小且越来越接近 0，识别准确率提高且越来越接近 1。同时，训练集与验证集的迭代曲线非常接近，这表明搭建的网络在试验数据上并不存在过拟合现象。

为了进一步说明网络在测试集上的识别准确率，表 6-5-2 列出了相关函数矩阵个数 p 取不同值时网络的最终损失函数值及识别准确率。可以看出：①当 $p=1$ 时，网络的识别准确率仅为 80%左右；②随着 p 不断增加，网络的识别准确率显著增加，当 $p=50$ 时识别准确率就大于 99%，而当 $p=200$ 时，网络的识别准确率几乎等于 100%，这表明当相关函数矩阵个数 p 取值较大时，采用相关函数矩阵的方法具有很高的识别准确率。

表 6-5-2　相关函数矩阵个数 p 对识别结果的影响

p	损失函数值			准确率		
	训练集	验证集	测试集	训练集/%	验证集/%	测试集/%
1	0.6068	0.5517	0.5930	78.41	81.59	81.17
5	0.3384	0.3049	0.3163	96.30	96.51	96.79
50	0.0668	0.0576	0.0616	99.30	99.44	99.16
200	0.0112	0.0089	0.0101	99.98	100.00	100.00

从图 6-5-6、图 6-5-7 以及表 6-5-2 出现的规律可以看出，相关函数矩阵个数 p 值的增加，就是二维卷积神经网络输入数据的通道增加，其每一个通道内的数据就是 p 取不同值时的相关函数矩阵，而 p 取不同值时的相关函数矩阵包含了不同的结构健康特征信息，这就相当于通过增加输入数据通道来增强结构健康特征原始信息，而原始信息的增加使得卷积神经网络更容易提取出可对结构健康状态进行区分的深层特征，进而显著提升网络的训练收敛速度和识别准确率。

6.5.2　PMI 泡沫夹层复合材料结构脱黏损伤检测

闭孔刚性聚甲基丙烯酰亚胺(Polymethacrylimide，PMI)泡沫夹层复合材料结构现已成功应用于航空航天等领域，其在制造和服役过程中不可避免地会受到加工工艺和冲击载荷的影响而发生损伤，尤其是面板与芯材之间的脱黏损伤，这种损伤难以从外观上目视检测，从而带来严重的结构安全隐患。本节通过 PMI 泡沫夹层悬臂梁结构面板与芯材之间的脱黏损伤检测试验，简要介绍一种基于深度卷积神经网络及传递率函数矩阵的结构损伤检测方法，更加详细的内容读者可参阅文献[39]。

1. 悬臂梁模型及测试数据

采用的 PMI 泡沫夹层悬臂梁的几何尺寸为 $320\text{mm}\times 40\text{mm}\times 6.55\text{mm}$，固支端由一块钢板固定于水平台上，如图 6-5-8 所示。一共设置了 7 种结构状态，包括 1 种完好状态和 6 种脱黏损伤状态。更换试验件不可避免地会导致试验件原始状态及边界条件的变化，为了避免这一变化给结构状态带来损伤之外的影响，本节将在同一试验件上以损伤累加的形式设置不同的结构损伤状态，如表 6-5-3 所示，其中 D1～D6 分别代表图 6-5-8 中的 6 处损伤位置。本节的目的是演示基于深度卷积神经网络及传递率函数矩阵的结构损伤检测方法在 PMI 泡沫夹层结构脱黏损伤检测中的可行性及有效性，在试验中为了方便人为设置损伤，每处损伤均设置为宽度为 10mm 的贯穿脱黏损伤。

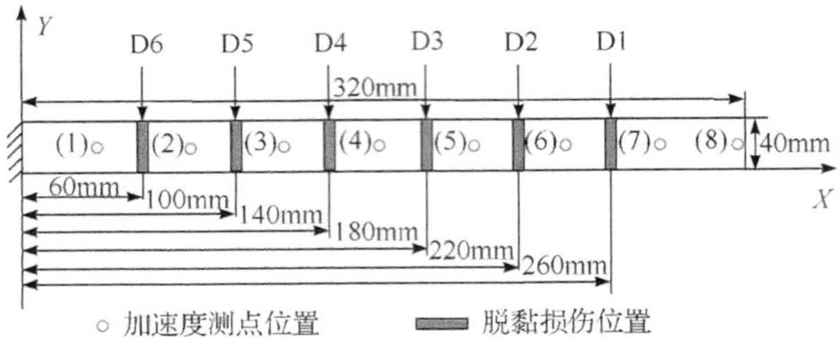

图 6-5-8 加速度测点及损伤位置

表 6-5-3 试验损伤状态设置

损伤状态	损伤累加形式	损伤状态	损伤累加形式
S1	D1	S4	D1 + D2 + D3 + D4
S2	D1 + D2	S5	D1 + D2 + D3 + D4 + D5
S3	D1 + D2 + D3	S6	D1 + D2 + D3 + D4 + D5 + D6

试验采用 0～2000Hz 的宽带随机作为激励，激励点位于悬臂梁自由端中部。试验现场布置如图 6-5-9 所示，使用试验分析软件生成宽带随机激励信号，驱动非接触式电磁激振器激励悬臂梁振动。利用数据采集仪和加速度传感器对悬臂梁上 8 个测点的加速度响应进行采集，这 8 个测点以 40mm 为间隔均匀布置在悬臂梁的中轴线上。采样频率和采样时间分别设置为 20480Hz、600s。

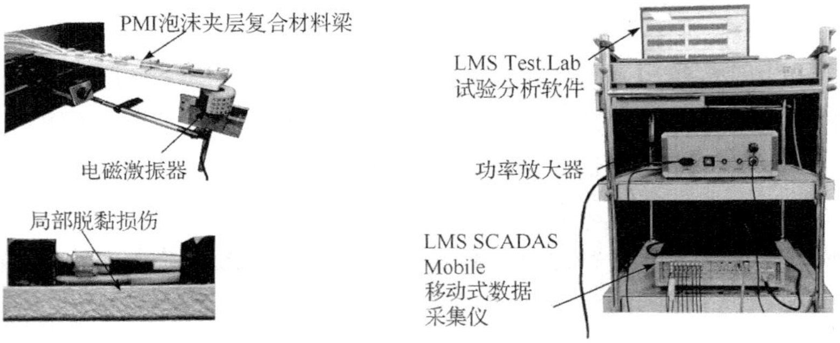

图 6-5-9 局部脱黏损伤检测试验布置

2. 损伤特征参数与训练样本

本例采用传递率函数矩阵(TFM，详见 6.2.1 节)作为二维卷积神经网络的输入来建立损伤检测方法。传递率函数在不同频率处对应着不同的函数值。若仅采用一个频率点处的 TFM，可将其称为单值传递率函数矩阵(single-valued TFM，STFM)；若同时采用感兴趣频带上的多个频率点，并将这些频率点处的 STFM 进行堆叠，可将其称为多值传递率函数矩阵(multivalued TFM，MTFM)。STFM 是一个二维矩阵，而 MTFM 是一个三维矩阵。

STFM 仅由各测点间的传递率函数在某一个频率点的对应函数值组成，所以这一频率点的选择至关重要，它直接决定了构造的 STFM 的质量。以完好结构为基准，取各测点间传递率函数的第一个峰值构造 STFM。由于各测点间的传递率函数的第一个峰值处的频率不尽相同，所以该 STFM 中的各个元素所对应的频率没有直接联系，将其命名为峰值-单值传递率函数矩阵(peak single-valued TFM, P-STFM)。固有频率是反映结构动力学特征的重要参数，因此也可以用完好结构某一阶固有频率所对应频率点处的函数值构造 STFM，将其命名为固有频率-单值传递率函数矩阵(natural frequency single-valued TFM，N-STFM)。

MTFM 可由 STFM 在深度方向拓展而成，即以上述选定的频率点为中心的频带内若干频率点处的 STFM 组成。可以看出，MTFM 具有多个通道，通道的数量应等于其选择的频率点数量 m ，且每一个通道上均包含了与结构损伤相关的信息。显然，STFM 是 MTFM 在 $m=1$ 时的特殊情况。根据拓展前建立 STFM 时的具体方法，MTFM 可分为峰值-多值传递率函数矩阵(peak multivalued TFM，P-MTFM)和固有频率-多值传递率函数矩阵(natural frequency multivalued TFM，N-MTFM)。由 STFM 的构造方式可知，P-MTFM 中的各个元素所对应的频带不尽相同，而 N-MTFM 中的各个元素所对应的频带均一致。

STFM 和 MTFM 的构造流程如图 6-5-10 所示。首先由原始加速度响应数据计算各测点间的传递率函数 $\mathrm{TF}_{1,2},\mathrm{TF}_{1,3},\cdots,\mathrm{TF}_{n-1,n}$ ；随后确定所要使用的传递率函数矩阵类型。若为峰值-单值传递率函数矩阵，则确定不同传递率函数峰值所对应的频率 ω_{ij} 。若为固有频率-单值传递率函数矩阵，则确定所要使用的固有频率 ω ；若不需要建立多通道特征，则直接使用确定的频率来构造 $\text{P-STFM}[i,j]=\mathrm{TF}_{i,j}(\omega_{ij})$ 、$\text{N-STFM}[i,j]=\mathrm{TF}_{i,j}(\omega)$ ；若需要建立多通道特征，则先确定频率点数量 m ，再确定包含 m 个频率点的频带 (ω_i,ω_j) ，那么多通道特征分别为 $\text{P-MTFM}[i,j,m]=\mathrm{TF}_{i,j}(\omega_i,\omega_j)$ 、$\text{N-MTFM}[i,j,m]=\mathrm{TF}_{i,j}(\omega_i,\omega_j)$ 。

将结构损伤特征 STFM 或 MTFM 与 CNN 相结合应用于结构损伤检测的基本流程如下。

(1) 采集结构在不同健康状态下的原始加速度响应。

(2) 针对一种结构健康状态，对 n 个测点的加速度响应进行切片处理，一共切成 N_c 段，每一片段含有 $N_\mathrm{d}\times n$ 个采样点。

(3) 按照图 6-5-10 的损伤特征构造流程，首先对每一段数据进行传递率分析，计算不同测点之间的传递率函数 $\mathrm{TF}_{1,2},\mathrm{TF}_{2,1},\mathrm{TF}_{1,3},\cdots,\mathrm{TF}_{n-1,n},\mathrm{TF}_{n,n-1}$ ；随后确定所要使用的结构损伤特征以及是否建立多通道特征，如 P-TFM，根据算法计算各传递率函数的第一个峰值所对应的函数值或以第一个峰值为中心的多个函数值，将其组集得到 1 个 STFM 或 MTFM，即针对 N_c 段一共可以得到 N_c 个 STFM 或 MTFM。

(4) 每一种结构健康状态(假设共有 k 种)均重复步骤(2)、(3)，可以得到 $N_c \times k$ 个 STFM 或 MTFM，即可构成 CNN 模型的样本数据库，将其以 8∶1∶1 的比例用于模型的训练、验证和测试。

(5) 利用训练集和验证集训练 CNN 模型，采用交叉熵函数作为损失函数：

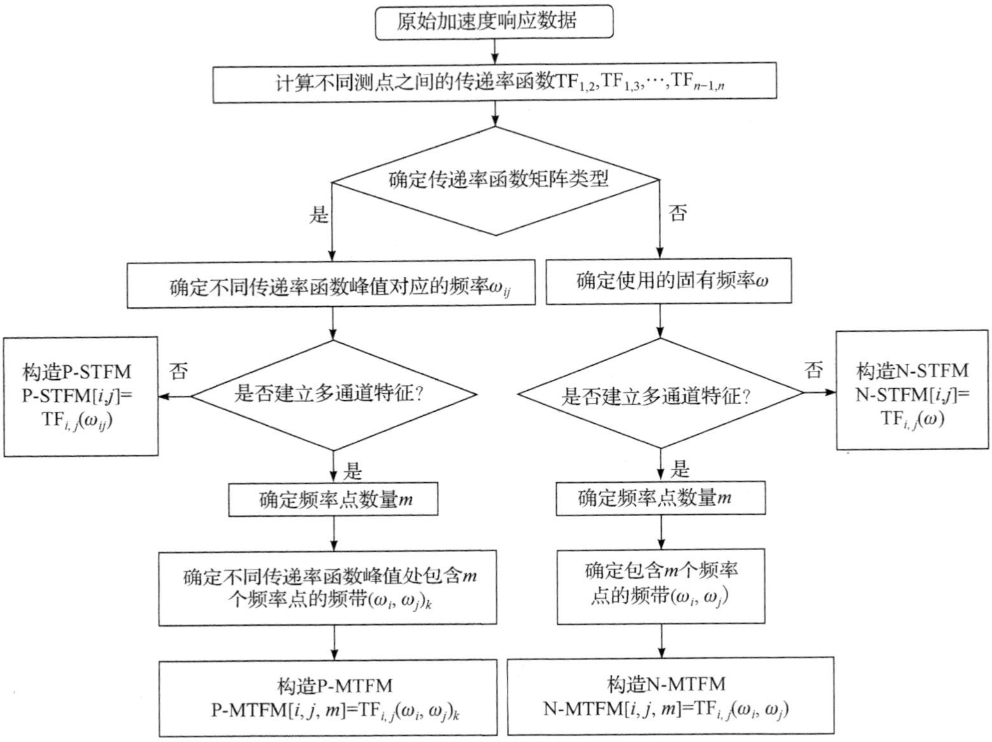

图 6-5-10 两种传递率函数矩阵的构造流程

$$L(\omega,b) = -\frac{1}{N_c \times k}\sum_{i=1}^{N_c\times k}\sum_{j=1}^{k} y_{ij}\log\left[p(\omega,b,x_{ij})\right] \tag{6-5-1}$$

其中，k 为结构健康状态类别数量；y_{ij} 为符号函数，若样本 x_i 的真实类别为 j 时取 1，否则取 0；$p(\omega,b,x_{ij})$ 为当前模型参数时将样本 x_i 预测为类别 j 的概率。

(6) 使用测试集对训练完成的网络模型进行测试，实现对测试集样本的损伤检测。

3. 结构损伤检测结果

图 6-5-11 显示了 7 种结构健康状态在不同测点之间的传递率函数对比，可以看到不同结构健康状态之间的传递率函数差异性较为明显。在损伤检测中，对每种结构健康状态，取各测点响应同一时间段的 8192 个采样点计算得到 1 个 TFM，共取 1024 个 TFM，即 $N_d = 8192$，$N_c = 1024$。7 种结构健康状态共得到 7168 个 TFM，将它们以 8∶1∶1 的比例用于 CNN 模型的训练、验证和测试。CNN 模型的参数设置见表 6-5-4。

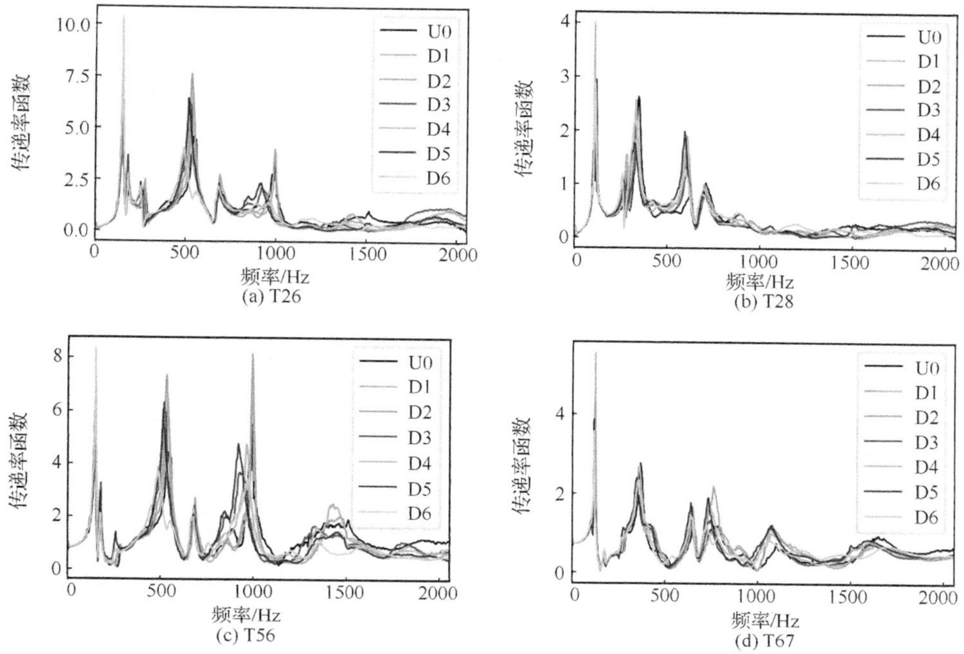

图 6-5-11　不同结构健康状态下的部分传递率函数

表 6-5-4　CNN 模型的参数设置

层数	类型	核数量	核尺寸	步长	填补	激活函数	输出大小
1	输入层	—	—	—	—	—	(*n*,*n*,*m*)
2	卷积层	32	(3,3)	(1,1)	Same	ReLU	(*n*,*n*,32)
3	卷积层	64	(3,3)	(1,1)	Same	ReLU	(*n*,*n*,64)
4	批归一化层	—	—	—	—	—	(*n*,*n*,64)
5	池化层	—	(2,2)	(2,2)	Valid	—	(*n*/2,*n*/2,64)
6	拉直层	—	—	—	—	—	(*n*/2**n*/2*64,1)
7	全连接层	64	—	—	—	—	(64, 1)
8	输出层	—	—	—	—	Softmax	(*c*, 1)

图 6-5-12 显示了在不同测点数量下基于 P-STFM 方法构造的样本数据库的训练过程，表 6-5-5 列出了训练完成的网络模型对相应测试集的平均识别准确率和损失函数值。可以看出，当测点数量 n 减少时，网络的迭代收敛速度逐渐减慢，损失函数值逐渐增加。当测点数量为 6 个时，网络模型的识别准确率为 100.00%，损失函数值为 0.0032，接近于 8 个测点时得到的结果，说明针对本示例的 PMI 泡沫夹层结构，仅使用 6 个测点就可准确识别各结构的健康状态；当测点数量为 3 个及以上时，网络的识别准确率均保持在 99.00% 以上，表现出很好的稳定性。

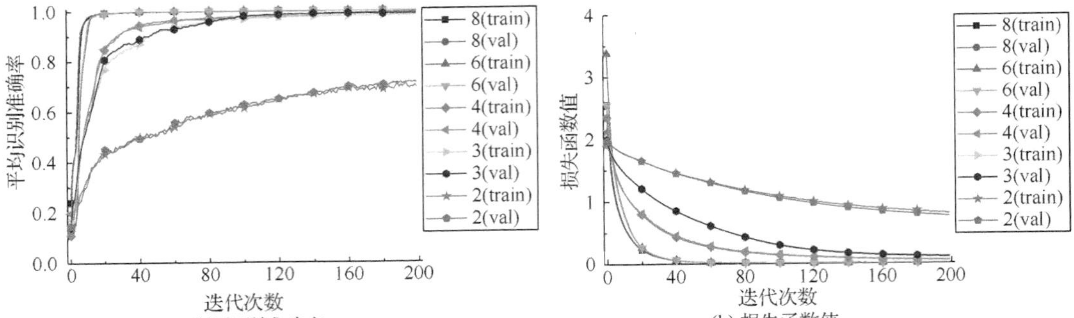

(a) 平均识别准确率
(b) 损失函数值

图 6-5-12 不同测点数量下基于 P-STFM 方法的训练过程

表 6-5-5 不同测点数量下测试集的平均识别准确率和损失函数值(P-STFM)

方法	指标	测点数量				
		8	6	4	3	2
P-STFM	平均识别准确率/%	100.00	100.00	99.16	99.16	71.29
	损失函数值	0.0030	0.0032	0.0458	0.0980	0.7564

思 考 题

1. 简述结构损伤检测的意义及用途。
2. 简述采用振动响应进行结构损伤检测的理论原理。
3. 简述基于模态参数的结构损伤特征参数。
4. 简述基于时域振动响应的结构损伤特征参数。
5. 简述基于频域振动响应的结构损伤特征参数。
6. 简述基于模型修正的结构损伤检测的原理及步骤。
7. 简述基于完好结构理论模型的结构损伤检测的原理及步骤。
8. 简述不基于模型的结构损伤检测的原理及步骤。
9. 简述机器学习算法在结构损伤检测中的应用方式。

10. 针对 6.4 节中的“试验结构-1”，以固有频率为结构损伤特征参数建立结构损伤检测方法(要求确定损伤位置及损伤程度)，编写相关计算程序。

11. 针对 6.4 节中的“试验结构-2”， 以传递率函数矩阵为结构损伤特征参数，并结合卷积自编码器建立结构损伤检测方法(要求确定损伤位置及损伤程度)，编写相关计算程序。

思考题参考答案

读者扫描下面的二维码可以查看并下载思考题的参考答案。

下载参考答案

参 考 文 献

[1] 王乐, 谷迎松, 杨智春. 飞行器振动力学：理论、应用与云实验[M]. 西安：西北工业大学出版社, 2024.

[2] 钟万勰, 吴锋. 辛数学及其工程应用[M]. 北京：科学出版社, 2020.

[3] 贺尔铭, 杨智春. 高等结构动力学[M]. 西安：西北工业大学出版社, 2016.

[4] 王彬文. 飞行器实验力学[M]. 北京：科学出版社, 2022.

[5] 隋允康, 宇慧平. 响应面方法的改进及其对工程优化的应用[M]. 北京：科学出版社, 2011.

[6] 赵永平. 支持向量回归机及其在智能航空发动机参数估计中的应用[D]. 南京：南京航空航天大学, 2009.

[7] 冯榆坤. 基于支持向量回归算法的船型优化设计研究[D]. 上海：上海交通大学, 2020.

[8] 高隽. 人工神经网络原理及仿真实例[M]. 2 版. 北京：机械工业出版社, 2007.

[9] 胡伍生. 神经网络理论及其工程应用[M]. 北京：测绘出版社, 2006.

[10] 杨淑莹, 郑清春. 群体智能与仿生计算: Matlab 技术实现[M]. 2 版. 北京：电子工业出版社, 2020.

[11] 李玉鑑, 张婷,等. 深度学习导论及案例分析[M]. 北京：机械工业出版社, 2016.

[12] 黄安埠. 深入浅出深度学习原理剖析与 Python 实践[M]. 北京：电子工业出版社, 2017.

[13]古利，卡普尔，帕尔. 深度学习实战:基于 TensorFlow 2 和 Keras: 第 2 版. [M]. 刘尚峰，刘冰,译.北京：机械工业出版社, 2021.

[14] ELMAN J. Finding structure in time[J]. Cognitive science, 1990, 14(2): 179-211.

[15] HOCHREITER S, SCHMIDHUBER J.Long short-term memory[J]. Neural computation, 1997, 9(8): 1735-1780.

[16] WAIBEL A, HANAZAWA T, HINTON G, et al. Phoneme recognition using time-delay neu-ral networks[J]. IEEE transactions on acoustics, speech, and signal processing, 1989, 37(3):328-339.

[17] 方同, 薛璞. 振动理论及应用[M]. 西安：西北工业大学出版社, 1998.

[18] RAO S S. Mechanical vibration [M]. 6th ed. Harlow: Pearson, 2017.

[19] MCCONNELL K G, VAROTO P S. Vibration testing: theory and practice [M]. 2nd ed. Hoboken: Wiley, 2008.

[20] 杨智春, 王乐, 李斌, 等. 结构动力学有限元模型修正的目标函数及算法[J]. 应用力学学报, 2009, 26(2): 288-296, 408.

[21] REN W X, CHEN H B. Finite element model updating in structural dynamics by using the response surface method[J].Engineering structures, 2010, 32(8): 2455-2465.

[22] 郭宁. 结构动力学模型的总体—局部一体化修正方法[D]. 西安：西北工业大学, 2017.

[23] 唐启义. DPS 数据处理系统：实验设计、统计分析及数据挖掘[M]. 2 版. 北京：科学出版社, 2010.

[24] 方开泰, 刘民千, 覃红, 等. 均匀试验设计的理论和应用[M]. 北京：科学出版社, 2019.

[25] 张梅. 均匀试验设计及其在大数据抽样中的应用[D]. 成都：四川大学, 2021.

[26] 袁博. 基于深度学习的有限元模型修正方法研究[D]. 西安：西北工业大学, 2024.

[27] 杨智春, 贾有. 动载荷识别方法的研究进展[J]. 力学学报, 2015, 47(2): 384.

[28] OPPENHEIM A V, WILLSKY A S, NAWAB S H. 信号与系统：第 2 版[M]. 刘树棠, 译. 北京：电子工业出版社, 2013.

[29] 夏鹏, 杨特, 徐江, 等. 利用时延神经网络的动载荷倒序识别[J]. 航空学报, 2021, 42(7): 389-397.

[30] RYTTER A. Vibration-based inspection of civil engineering structures [D]. Aalborg :Aalborg University, 1993.

[31] 孙晓丹, 欧进萍. 基于动力检测的损伤指标评价方法[J]. 振动与冲击, 2009, 28(1): 9-13, 191.
[32] MONTALVAO D. A review of vibration-based structural health monitoring with special emphasis on composite materials [J].The shock and vibration digest, 2006, 38(4): 295-324, 111.
[33] 王慧, 王乐, 田润泽. 基于时域响应相关性分析及数据融合的结构损伤检测研究[J]. 工程力学, 2020, 37(9): 30-37, 111.
[34] 王乐. 结构边界条件参数识别及损伤检测方法研究[D]. 西安: 西北工业大学, 2010.
[35] 于哲峰. 随机激励下结构损伤检测方法研究[D]. 西安: 西北工业大学, 2005.
[36] 张茂雨. 支持向量机方法在结构损伤识别中的应用[D]. 上海: 同济大学, 2007.

[37] 易伟建, 刘霞. 基于遗传算法的结构损伤诊断研究[J]. 工程力学, 2001, 18(2):64-71.
[38] 王慧, 王乐, 田鑫海. 基于相关函数矩阵及卷积神经网络的结构健康监测研究[J]. 工程力学, 2023, 40(5): 217-227.
[39] 田鑫海. 基于振动响应的 PMI 泡沫夹层结构深度学习损伤检测[D]. 西安: 西北工业大学, 2023.